UML 基础、案例与应用

（第 3 版）（修订版）

[美] Joseph Schmuller 著

李虎 李强 译

人 民 邮 电 出 版 社

北 京

图书在版编目（CIP）数据

UML基础、案例与应用：第3版修订版／（美）施穆勒（Joseph Schmuller）著；李虎，李强译. -- 北京：人民邮电出版社，2018.1
ISBN 978-7-115-47137-6

Ⅰ. ①U… Ⅱ. ①施… ②李… ③李… Ⅲ. ①面向对象语言－程序设计 Ⅳ. ①TP312.8

中国版本图书馆CIP数据核字(2017)第285841号

版 权 声 明

- ♦ 著   [美] Joseph Schmuller
  译   李 虎 李 强
  责任编辑   陈冀康
  责任印制   焦志炜
- ♦ 人民邮电出版社出版发行   北京市丰台区成寿寺路 11 号
  邮编   100164   电子邮件   315@ptpress.com.cn
  网址   http://www.ptpress.com.cn
  北京市艺辉印刷有限公司印刷
- ♦ 开本：787×1092   1/16
  印张：21
  字数：499 千字   2018 年 1 月第 1 版
  印数：1 – 2 400 册   2018 年 1 月北京第 1 次印刷

  著作权合同登记号   图字：01-2004-1311 号

定价：59.00 元

读者服务热线：(010)81055410   印装质量热线：(010)81055316
反盗版热线：(010)81055315
广告经营许可证：京东工商广登字 20170147 号

内 容 提 要

本书教读者循序渐进地、系统地学习 UML 基础知识和应用技术。和前一版相比，本书内容根据 UML 2.0 进行了补充和更新。

本书包括四部分内容。第一部分"基础知识"包括第 1 章到第 15 章，主要介绍 UML 语言的基础知识以及面向对象的概念和思想，还简单介绍了 UML 在开发过程中的应用方法。第二部分"学习案例"包括第 16 章到第 22 章，结合实例详细分析了 UML 的应用方法与技巧，还介绍了 UML 在热点领域设计模式中的应用。第三部分"高级应用"包括第 23 章和第 24 章，先是运用 UML 来描述设计模式和嵌入式系统，然后讨论 UML 在其他领域的应用前景。第四部分"附录"给出了每章的小测验答案，介绍了使用 Microsoft Visio 专业版绘制常用 UML 图的方法和步骤，还对常用 UML 图进行了总结。

本书适用于从事面向对象软件开发的软件工程人员，也特别适合 UML 的初中级学习者。

前　　言

当我们能够想象出如何运用技术来把事情做得更好时，一个复杂的系统就随之诞生了。开发人员所开发的系统正是要将构想变为现实，因此他们必须要能够充分地理解这种想象力并将其牢记在心中。

一个成功的系统开发项目的成功之处在于它能够在想象者和实现这些想象的系统开发人员之间建立起沟通的桥梁。统一建模语言（Unified Modeling Language, UML）就是一种建立桥梁的工具。它能帮你捕捉住对系统所发挥的想象力，并使你能够用这些想象出来的东西来和项目的风险承担人进行交流。UML 借助于一套符号和图形来帮助我们完成这些工作。每种图形在开发过程中都发挥其各自不同的作用。

本书的目标是让你通过高效的学习建立起 UML 的牢固基础。在本书每一章的内容中都为读者提供一些实例，以强化对所学知识的理解，并且在每章后面还留了一些习题让你能够将新知识学以致用。

第 3 版的新内容

在写本书的这一版的过程中，我仔细检查了本书的前两版，对其进行了精简，并增加和修改了一些必要内容。一些新增的内容是针对 UML 最新修改的 2.0 版本的，另外一些则是为了适应时间的流逝和技术的进步。

在前两个版本的第 14 章中都讲解了 UML 的一些基础的理论性概念。在第 3 版中，我们在很大程度上扩展了这一章，以包含 UML 2.0 中的新概念。

我细化了模型和图背后的一些思想，并针对它们增加了小测验和习题。作为改写的一部分，这一版中，我在每一个交互图前面都给出一个类图，以展示该类的操作。目的就是为了澄清在交互图中出现的消息，使它们显得更加直观。如果你了解一些 UML 的知识，你就会明白我的良苦用心。如果你不明白，那么在读完本书的时候，你就知道了。

本书的目标读者

本书针对那些需要快速掌握 UML 基础的系统分析员、项目经理、系统设计师和开发者。如果你需要尽快地使用 UML，或者需要了解足够多的 UML 知识以便理解其他人用 UML 所完成的工作，那么，这本书很适合你。

本书的组织结构

本书有 3 个部分。第一部分为"基础知识"部分，在这一部分中首先是对 UML 进行了综述，然后转向面向对象这个主题，面向对象的概念是建立对象图和类图时要用到的最基本的概念。本部分还讨论了用例（Use Case）——用于展示从用户的角度所观察到的系统功能的 UML 组件——以及如何实现用例图。我还花了额外的时间来讨论和面向对象及用例有关的基本概念，因为在使用 UML 的大部分时间里所要用到的东西都建立在这两个基本概念之上。在第一部分剩余的内容中还将介绍其余的 UML 图。

第二部分为"学习案例"。通过一个虚构的学习案例介绍了一种简化的系统开发方法。因此，第二部分说明了如何将 UML 运用到项目开发背景中去。在这部分中你将学习如何运用 UML 的各个组件协同工作来为系统建立模型。

第三部分为"高级应用"部分，介绍了 UML 在设计模式和嵌入式系统中的应用，还探讨了 UML 在其他几个领域的应用。

有不少供应商都提供用于创建 UML 图并将这些图组织成为模型的工具软件包。在附录 B 中，我们使用 Microsoft Visio 专业版完整地绘制 3 个 UML 图，向你展示这样一个工具软件包是如何使用的。另外，我们还简单介绍了其他 3 种建模工具。

在学习这 3 个部分的过程中，你只需要用铅笔和纸来画图，同时，需要对如何把模型当作系统设计的基础这个问题保持充分的好奇心。

本 书 约 定

在阅读本书的过程中，你将会发现以下特点。

- 每章开头都有"在本章中，你将学习如下内容"的提示。
- 新术语用黑体字标出，例如：沿着每个对象向下延伸的虚线，叫做**生命线**（lifeline）。
- 特殊的提示版块贯穿全书，它们提供额外的有用信息。

讨论对象概念的章节

第 2 章"理解面向对象"、第 3 章"运用面向对象思想"和第 4 章"关系"讨论面向对象这个主题。面向对象的概念对于全书的学习起着非常重要的作用。

让我们开始建模吧！

重要术语含义

参与者（**actor**）：发起用例或者从用例中获益的一个实体（系统或者人）。

聚集（**aggregation**）：一种特定类型的关联，在聚集关系中一个类是另一个类的组成部分，一个聚集类可以包含一个到多个部分类。

关联（**association**）：两类之间的关系。

属性（**attribute**）：类具有的特性。属性描述了对象所能具有的一个值的范围。

类（**class**）：具有相同属性和行为的一组或者一类事物；类是创建对象的模板。

约束（**constraint**）：在 UML 图中施加的规则。约束用大括号括起来的规则表达式表示，例如{capacity=16，18，or 20 pounds}。

领域（**domain**）：系统所处的概念范围。

继承（**inheritance**）：继承是一种特殊类型的关联，在继承关系中一个类自动获得了另一类的属性和操作。类的实例（例如类的对象）自动获得了类的属性和操作，也是继承。

多重性（**multiplicity**）：附加在关联上的一个标记。多重性说明了多少个类的实例可以和另一个类的一个实例发生关联。

对象（**object**）：类的一个实例，它的每个属性都有具体值。

操作（**operation**）：类可以做的事情。类的操作说明了类具有的行为。

统一建模语（**Unified Modeling Language，UML**）：用于绘制基于计算机的系统蓝图的语言。

UML 模型（**UML model**）：从多个视角描述一个系统的一个 UML 图集合。

用例（**Use Case**）：关于系统使用的一组场景。用例描述了用户所看到的系统。

目　　录

第一部分　基 础 知 识

第二部分　学习案例

第三部分　高 级 应 用

第四部分　附　　录

第一部分 基础知识

第1章 UML 简介

在本章中，你将学习如下内容：

- 为什么需要 UML？
- UML 的诞生。
- 如何用图表示 UML 模型的各个部分？
- 为什么使用 UML 提供的不同类型的图对我们来说很重要？

统一建模语言（Unified Modeling Language，UML）是当今世界上面向对象系统开发领域中最激动人心的工具之一。为什么呢？因为 UML 是一种可视化的建模语言，它能让系统构造者用标准的、易于理解的方式建立起能够表达出他们想象力的系统蓝图，并且提供一种机制，以便于不同的人之间有效地共享和交流设计结果。

交流思想是极为重要的。在 UML 出现以前，系统开发往往是无计划的议题。系统分析员尽力去获取客户的需求，用某种他自己能够理解（但客户不一定总能理解）的表示法来产生需求分析文档，然后将这个分析文档转交给一个程序员或者一个程序员小组，并且期待着最后所开发出的系统正是客户所需要的。

> **一些术语**
>
> 在本书中，系统（system）指的是硬件和软件的结合体，它能提供业务问题的解决方案。系统开发（system development）是为客户建立一个系统的过程，而客户（client）是需要解决问题的人。系统分析员（analyst）将客户所要解决的问题编制成文档，并将该文档转交给开发人员（developer），开发人员是为了解决客户的问题而构造软件并在计算机硬件上实施该软件的程序员。

由于系统开发需要人与人之间的交流，因此在开发过程的每个阶段中都很可能潜伏着错误。系统分析员可能没有正确地理解客户的需求。他编制的文档客户可能不能理解。系统分析员经常编写出语句冗长、内容庞大的需求文档，项目组的其他成员很难用上这些文档，这真是添乱。可笑的是，这些无足轻重的文档常常把重要的需求（以及需求之间的相关性）挤出人们的脑海。因此，系统分析的结果对程序员来说可能很不明确，随后程序员据此构造出的程序很可能不仅难以使用，而且根本不是客户所需要的最初问题的解决方案。

难道你不奇怪，为什么今天很多已经运行了很长时间的那些老系统既笨重、麻烦，而且又难以使用吗？

1.1　在纷繁复杂中寻求解决问题的办法

在计算机出现的早期，程序员们在编制程序之前几乎很少对手头问题进行详细的分析。如果他们真的对问题进行了充分分析的话，问题也就不是如此了。通常他们一开始就自底向上地编写程序，随着时间的推移代码不断扩充。这种大胆进行尝试的做法添加了一丝浪漫色彩，但是在今天这样一个高商业风险的社会里，这样做被证明是不适当的。

如今，一个经过深思熟虑的计划至关重要。客户必须理解开发组在做什么，如果开发组没有充分理解客户需求的话（或者如果客户在中途改变了自己的想法），客户必须能够指出需求所发生的变化。不仅如此，系统开发还是一个典型的群组工作，因此小组的每个成员必须要知道自己的那部分作品应该放到整体作品中的哪个位置（当然还需要知道这个整体作品是什么）。

随着世界变得越来越复杂，存在于这个世界中的基于计算机的系统也增加了复杂性。这些计算机系统通常包括多个硬件和软件单元、跨越长距离的网络设施，还要连接到信息量堆积如山的数据库上。如果你要创建一个成功的系统，怎么来对付这些问题的复杂性呢？

最关键的一点是要用一种系统分析员、客户、程序员和其他系统开发所涉及的人员能够理解和达成一致的方式来组织系统的设计过程。UML 就提供了这种组织方式。

不首先建立一个详细的蓝图，你不会马上开始建造一个诸如办公大楼这样的复杂建筑物。同样，不首先编制一个详细的设计计划，那么你也不大可能马上就在这栋办公大楼中建立起一个复杂的系统。拿给客户看的设计计划就如同建筑设计师拿给楼的买主的建筑物设计蓝图。设计计划应该源于对客户需求的细致分析。

短的开发周期是当今系统开发的又一个显著特征。当所要求的截止日期一个又一个地接踵而来时，可靠的系统设计是绝对必要的。

现代社会频繁发生的公司兼并使可靠的设计显得尤为必要。当一个公司收购了另一个公司，新成立的组织可能要对正在进行中的开发项目的许多重要方面（实施工具、编程语言及其他）进行修改。具有自我调整能力的"防弹项目蓝图"能够适应项目的大规模变更。如果设计是稳定可靠的，即使实施过程中遇到了变化，实施过程照样能够平稳地进行。

可靠的设计需要一种能被系统分析员、开发人员和客户接受为标准的设计表示法，就像电子工程师在电路图中所用的标准表示法以及在物理学中被作为标准的费因曼图所用的表示法那样。UML 就是这样的表示法。

1.2　UML 的诞生

UML 是 Grady Booch、James Rumbaugh 和 Ivar Jacobson 智慧的结晶，他们被人们称为"三个好朋友"。这几位先生在 20 世纪 80 年代和 90 年代的初期分别在不同的组织里工作，各自设计他们自己的面向对象分析与设计方法学。他们的方法学和其他同行竞争者相比取得了卓越的成果。到 20 世纪 90 年代中期，他们开始相互借鉴，然后决定相互合作共同推进这项工作。

第 2 章"理解面向对象"、第 3 章"运用面向对象思想"和第 4 章"关系"讨论面向对象这个主题。面向对象的概念对于全书的学习起着非常重要的作用。

1994 年，Rumbaugh 加入 Rational 软件公司，而 Booch 早已经在那里工作。第二年 Jacobson 也加入了 Rational 公司。

后面的事情，正如他们所说的，是具有历史意义的。UML 草案版开始在软件工业界流传开来，并且根据大量的反馈信息做了大幅度修改。由于许多公司感到 UML 能够适应它们的战略目标，因此一个 UML 联盟蓬勃发展起来。联盟的成员包括 DEC、Hewlett-Packard、Intellicorp、Microsoft、Oracle、Texas Instruments、Rational 和其他一些公司。1997 年，应"对象管理组"（Object Management Group，OMG）向外界征求标准建模语言的建议，联盟制订了 UML 1.0 版并提交给 OMG。

后来联盟继续发展，产生了 UML 1.1 版，提交给 OMG 后，于 1997 年被 OMG 采纳为标准。1998 年 OMG 接管了 UML 标准的维护工作，并且又制订了两个新的 UML 修订版。UML 成为软件工业界事实上的标准，并且仍在不断发展。UML 1.3 版、1.4 版和 1.5 版先后诞生，最近 OMG 正式批准了 2.0 版。大多数的面向对象模型和 UML 建模的相关图书，都是基于 UML 的早期版本，也就是说 1.x 版的。在本书中，我将向你展示 UML 的新旧版本之间的区别。

1.3　UML 的组成

UML 包括了一些可以相互组合为图表的图形元素。由于 UML 是一种语言，所以 UML 具有组合这些元素的规则。这里先不介绍这些元素和规则，而是直接介绍 UML 各种图的用法，因为这些图是进行系统分析时要用到的。

> 这样的方法类似于学习外语时首先是使用它而不是先学它的语法和组词造句。当你花了一定的时间来运用外语后，就很容易理解外语的语法规则和组词规则。

UML 提供这些图的目的是用多个视图来展示一个系统，这组视图被称为一个**模型**（ model ）。一个系统的 UML 模型有点像一个建筑物按照比例缩小并经艺术家粉饰后的建筑模型。在这里要注意的重要一点是一个 UML 模型只描述了一个系统要做什么，它并没告诉我们系统是如何被实施的。

下一小节将简单介绍 UML 中最常见的图和它们所表达的概念。在第一部分的后部，你将能更仔细地审视每种图。记住，由这些图再混合组图也是可以的，UML 提供了扩展这些图的方法。

> **模型**
> 在科学和工程技术领域中模型是一个很有用的概念。在最通常的意义下，当建立了一个模型后，其实就在运用已经了解的很多知识来帮助你理解暂时还不知道的很多东西。在某些领域中，一个模型可能是一组数学方程式；而在另一些领域中，一个模型可能是计算机仿真程序。模型可能有许多种类型。就我们的目的而言，一个模型是一组 UML 图，为了理解和开发一个系统，我们可以检查、获取和修改这些图。

1.3.1　类图

考虑一下你周围的世界。你周围的事物大部分都可能具有某些属性（特性），并且它们以某种方式体现出各自的行为。我们可以认为这种行为是一组操作。

你还会发现，事物很自然地都有其各自所属的种类（汽车、家具、洗衣机……）。我们把这些种类称为类。一个**类（class）**是一类或者一组具有类似属性和共同行为的事物。举一个例子，属于洗衣机（washing machine）类的事物都具有诸如品牌（brand name）、型号（model name）、序列号（serial number）和容量（capacity）等属性。这类事物的行为包括"加衣物（accept clothes）""加洗涤剂（accept detergent）""开机（turn on）"和"关机（turn off）"等操作。

图 1.1 是一个用 UML 表示法表示的洗衣机属性和行为的一个例子。矩形方框代表类的图标，它被分成 3 个区域。最上面的区域中是类名，中间区域是类的属性，最下面区域里列出的是类的操作。类图就是由这些类框和表明类之间如何关联的连线所组成。

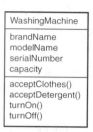

图 1.1　UML 类图标

注意类名、属性名和操作名之间的间隔。在 UML 中，由多个单词组成的类名，每个单词的首字母要大写，并且单词和单词之间不用空格（例如，WashingMachine）。属性名和操作名也遵从相同的约定，但其首字母不用大写（例如，acceptClothes()）。每个操作名的后面都有一对括号，我们将在第 3 章中解释其原因。

在第 4 章中，你将会看到由许多线条连接的矩形符号组成的类图，这些线条表示类之间是如何相关联的。

为什么要如此麻烦地考虑事物的分类和它们的属性及行为呢？为了与我们所处的这个复杂世界进行交互，大部分现代软件都模拟现实世界的某些方面。几十年的经验告诉我们，当软件代表了现实世界中的事物的类时，采用这种模拟方式开发软件最容易。类图就能为开发人员提供这种模仿现实世界的表达方式。

类图对系统分析也有很大帮助。它可以让分析员使用客户所采用的术语和客户交流，这样就可以促使客户说出所要解决的问题的重要细节。

1.3.2　对象图

对象（object）是一个类的实例，是具有具体属性值的一个具体事物。例如，你的洗衣机的品牌可能是"Laundatorium"，型号为"Washmeister"，序列号为"GL57774"，可洗涤 7 千克衣物。

图 1.2 中的图标说明了如何用 UML 来表示对象。注意对象的图标也是一个矩形，和类的图标一样，但是对象名下面要带下画线。在左边的这个图标中，具体实例的名字位于冒号的左边而该实例所属的类名位于冒号的右边。实例的名字以一个小写字母开头。也可能是一个匿名的对象，如图 1.2 右边的图标所示。这仅仅意味着尽管你指明了对象所属的类，但你并没有提供一个具体的对象名。

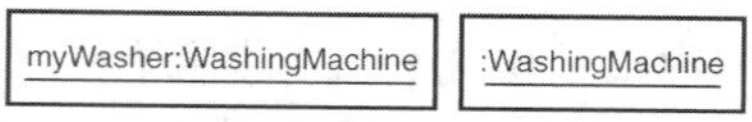

myWasher:WashingMachine	:WashingMachine

图 1.2　UML 对象图标，左边的图标代表一个具名的对象，右边的图标代表一个匿名的对象

1.3.3　用例图

用例（use case）是从用户的观点对系统行为的一个描述。对于系统开发人员来说，用例是一个有价值的工具：它是用来从用户的观察角度收集系统需求的一项屡试不爽的技术。这对于那些试图建立一个供人使用的（而不是计算机设备使用的）系统是很重要的。

我们在第 6 章"介绍用例"、第 7 章"用例图"、第 18 章"收集系统需求"和第 19 章"开发用例"中还要详细讨论用例。这里先举一个简单的例子。你使用一台洗衣机，显然是为了洗衣服（wash clothes）。图 1.3 说明了如何用 UML 用例图来描述这个需求。

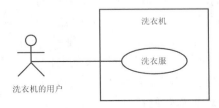

图 1.3　UML 用例图

代表洗衣机用户的直立小人形被称为参与者（actor）。椭圆形代表用例。注意参与者（它是发起用例的实体）可以是一个人也可以是另一个系统。还应该注意，用例位于一个代表着系统的矩形中，而参与者在矩形之外。

> **拼读注意**
> 为了能够清楚地表示这个概念，在读"use case"中的 use 的时候，轻发一个 s 的音（就像 truce 的最后一个音），而不要发 snooze 的最后一个音。

1.3.4　状态图

在任一给定的时刻，一个对象总是处于某一特定的状态。一个人可以是新生儿、婴儿、儿童、少年、青年或者成人。一个电梯可以处于上升或停止状态。一台洗衣机可以处于浸泡、洗涤、漂洗、脱水或者关机状态。

UML 状态图如图 1.4 所示，该图能够描述上面所提及的状态。该图说明洗衣机可以从一个状态转到另一个状态。

图 1.4　UML 状态图

> **转换**
>
> 　　从一个状态到另一个状态的转换并不总是线性的。有时候，条件指明了不同的路径。我们将在第 8 章"状态图"中讨论这一点。

　　在上图中，最顶端的符号代表起始状态，而最底端的符号表示终止状态。

1.3.5　顺序图

　　类图和对象图表达的是系统的静态结构。在一个运行的系统中，对象之间要发生交互，并且这些交互要经历一定的时间。UML 顺序图所表达的正是这种基于时间的动态交互。

　　仍以洗衣机为例，洗衣机的构件包括一个定时器、一个注水的进水管和一个用来装衣物的洗涤缸。当然，这些构件也是对象（以后你将会看到，一个对象之中还可以包含其他对象）。

　　当"洗衣服"这个用例被执行时，将会依次发生什么事情呢？假设你已经完成了"加衣物""加洗涤剂"和"开机"操作，那么步骤应按照如下顺序进行：

1．浸泡开始前，先通过进水管向洗涤缸中注水；
2．洗涤缸保持 5 分钟静止状态；
3．在浸泡之后，停止注水；
4．洗涤开始的时候，洗涤缸往返旋转 15 分钟；
5．洗涤完毕后，通过排水管排掉洗涤后的水；
6．洗涤缸停止旋转；
7．漂洗开始时，重新开始注水；
8．洗涤缸继续往返旋转洗涤；
9．15 分钟后停止向洗衣机中注水；
10．漂洗结束时，通过排水管排掉漂洗衣物的水；
11．洗涤缸停止旋转；
12．脱水开始时，洗涤缸顺时针方向持续旋转 5 分钟；
13．脱水结束，洗涤缸停止旋转；
14．洗衣过程结束。

　　我们把定时器、进水管和洗涤缸都假想为对象。假设每个对象都有一个或多个操作。对象之间通过相互传递消息来协同工作。每一条消息，都是发送者对象对接收者对象的一个请求，要求接收者对象完成（接收者对象的）一个操作。

　　让我们来看看这些操作。定时器能够：

■　为浸泡定时；
■　为洗涤定时；
■　为漂洗定时；
■　为脱水定时。

　　进水管能够：

■　开始注水；
■　停止注水。

　　洗涤缸能够：

■　　储存水；
■　　往返旋转；
■　　沿顺时针方向旋转；
■　　停止旋转；
■　　排水。

图 1.5 展示了如何用这些操作来创建一个顺序图，其中定时器、进水管、洗涤缸和排水管用匿名对象来表示，顺序图则捕获了在它们之间传递的消息。每一个箭头，代表着从一个对象到另一个对象的消息。在这个图中，定时器贯穿始终。因此，第一条消息是 timeSoak()，是定时器自己发送给自己的。第二条消息 sendWater() 是定时器发送给进水管的。最后一条消息 stopRotating() 是定时器发送给洗涤缸的。

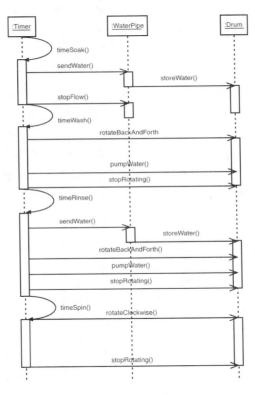

图 1.5　UML 顺序图

注意，有一个对象能够给自己发送消息（本例中的定时器）。还有，注意，并不是所有的箭头都具有相同的形状。我们将在第 9 章 "顺序图" 中了解更多相关内容。

注意，如果你忘了什么是匿名对象，请回过头去参阅图 1.2 所示的内容。

1.3.6　活动图

正如上一小节中提到的步骤一样，用例和对象的行为中的各个活动之间通常具有时间顺序。图 1.6 显示了步骤 4 到步骤 6 之间按顺序的 UML 活动图。

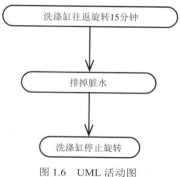

图 1.6　UML 活动图

> **再论转换**
>
> 在前面的"转换"中，我说过从一个状态到另一个状态的转换并不总是线性的，有时候会有不同的路径。活动图中也是这样，我们将在第 11 章"活动图"中了解到这一点。

1.3.7　协作图

系统的工作目标是由系统中各组成元素相互协作完成的，建模语言必须具备这种协作关系的表达方式。前面提到的顺序图就具备这种功能，图 1.7 所示的 UML 协作图（communication diagram[①]）也能够完成此项任务，不过其表达方式和顺序图略有不同。图 1.7 并不是和图 1.5 中的顺序图功能等同的协作图，它只是捕获了定时器、进水管和排水管之间的头几条简单的消息。它并不是按照垂直方向表示时间顺序，而是通过消息标记前面的数字来表示时间顺序的。

顺序图和协作图都能够表示对象之间的交互。因此，UML 中它们被合称为交互图（interaction diagram）。

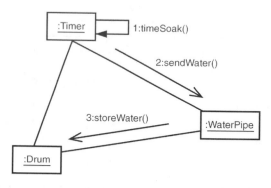

图 1.7　UML 协作图

> **名称变化**
>
> 协作图（communication diagram）是 UML 2.0 版本中的新名称。在以前的 1.x 版本中，它叫做 collaboration diagram。由于 2.0 版本的出现，你会看到这两个术语混用，请不必大惊小怪，因为它们是一回事。

---

① 译注：UML 2.0 中，将 collaboration diagram（协作图）更名为 communication diagram。

1.3.8 构件图

构件图和下一个要介绍的部署图将不再使用洗衣机这个例子来做说明，因为构件图和部署图和整个计算机系统密切相关。

现代软件开发是基于构件的，这种开发方式对群组开发尤为重要。这里暂不对此做详细介绍，仅用图 1.8 来说明如何用 UML 1.x 版本表示软件构件。

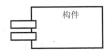

图 1.8   UML 1.x 版本中的软件构件图标

这是 UML 2.0 有所改进的地方。鉴于很多建模工作者反映这个图标很糟糕，UML 2.0 使用一个改进的标记。图 1.9 给出了表示一个软件构件的新的方式。

图 1.9   UML 2.0 中的软件构件图标记

尖括号做什么用？

图 1.9 中，单词 component 外围的尖括号是做什么用的？这个符号在 UML 中有着特殊的作用。我们将在稍后的部分"关键字和构造型"中介绍。

1.3.9 部署图

UML 部署图显示了基于计算机系统的物理体系结构。它可以描述计算机，展示它们之间的连接，以及驻留在每台机器中的软件。每台计算机用一个立方体来表示，立方体之间的连线表示这些计算机之间的通信关系。图 1.10 是部署图的一个例子。

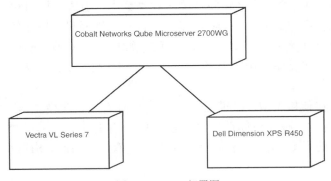

图 1.10   UML 部署图

1.4 其 他 特 征

前面曾提到过 UML 提供了一些用来扩展模型图的特征。本节描述这些特征中比较突出的一些。

1.4.1 注释

有时图中的某一部分不会给出明确的解释。此时 UML **注释**（note）很有用场。可以把注释看成是图形化的黄页。注释的图标是一个带折角的矩形。矩形框中是解释性文字。图 1.11 是注释的一个例子。注释和被注释的图元素之间用一条虚线连接。

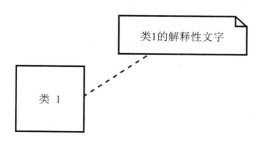

图 1.11   任何图中都可以附加注释来做解释说明

1.4.2 关键字和构造型

UML 提供了很多有用的项，但绝不是一个完全彻底的模型元素集。有时你所要创建的模型需要包含一些新的概念和符号。**构造型**（stereotype）使你能够在现有的 UML 元素的基础上创建新的元素。这有点像你从货架中买了一套衣服然后再把这套衣服裁剪成你所需要的尺寸（而不是买一堆布料从头开始制作）。可以把构造型和这种裁制类比。构造型用两对尖括号括起来的一个名称来表示，这个括号叫做双尖括号（guillemets）。这个被括起来的名称叫做关键字（keyword）。

有时候，UML 会为你创建新的模型。这时候，UML 并不是为某事物创建一个全新的符号，而是把一个关键字添加到已有的元素中。这个关键字表明了该元素的用法与其原来的意图多少有些不同。接口这个概念（你将在第 5 章"聚集、组成、接口和实现"中学习）是使用构造型的一个好例子。接口（interface）是一个没有属性而只有操作的类。它是可以在整个模型中反复使用的一组行为（具体原因将在第 5 章说明）。无须发明一个新的 UML 元素来表示接口，UML 可以在类图标中类名的上面加一个«Interface»关键字来表示接口，如图 1.12 所示。

构造型的概念在使用 UML 建模工具的时候特别有用。建模工具的一个重要特点是具备"字典"[①]的功能，能够跟踪你在模型中创建的所有的元素，包括类、用例、构件等等。字典只能够对已有的元素和基于这些元素的构造型有效。因此，构造型允许你创建一些新

_____

① 字典是我所使用的词，不同的建模工具中的叫法也不同。

的东西并把它们存储到字典中。这一点非常重要，因为字典能够帮助你管理自己的模型，并使你得以复用你所创建的元素。

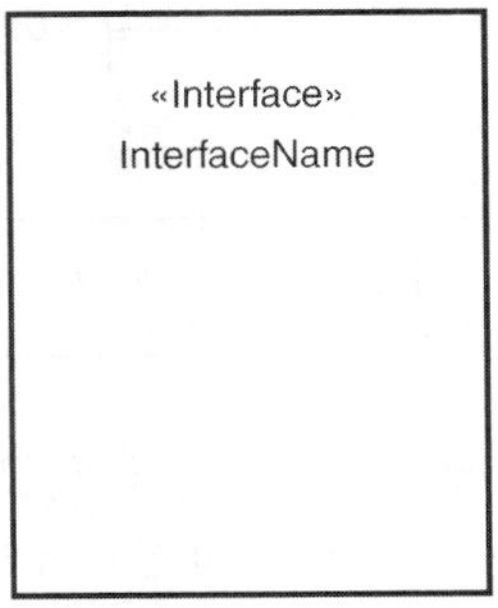

图 1.12　构造型是在现有的元素上添加一个带双尖括号的关键字，该关键字表明了该元素的用法与其原来的意图多少有些不同

在第 14 章中，我们将深入 UML 内部并探讨诸如构造型等概念的基础。现在，你只需要把构造型形象化地记为向 UML 图标中添加一个关键字。你还需要记住，当你使用 UML 的时候（尤其是当你使用 UML 建模工具的时候），你将会发现 UML 中有很多内建的构造型和预定义的关键字（如«component»、«Interface»等）。

> **退化？**
>
> 我第一次提到双尖括号是在前面的"构件图"部分。我提到，图 1.8 中的 UML 1.x 软件构件符号已经被图 1.9 中的 UML 2.0 符号所取代。我针对构造型所介绍的一切内容都表明，当你缺乏某种符号的时候，你可以用构造型来创建它。而在 UML 1.x 到 UML 2.0 中，构件图的情况正好相反，带有一个关键字的类图标替代了原有的符号。

1.5　UML 2.0 中的新图

除了对 UML 1.x 的图加以替换（如软件构件图标），UML 2.0 还加入了一些新鲜想法。

1.5.1　组成结构图

当你对一个类建模的时候，你会发现展示其内部结构是很有用的。当一个类由多个类构建而成的时候，你往往会有这种感觉。

例如，我们设想一个人是由思想（Mind）和身体（Body）组成的。在第 5 章中，你将看到传统的方法如何对这个表述建模。模型由线条和符号组成，它们把 Person 类连接到 Mind 类和 Body 类。

UML 2.0 的组成结构图（composite structure diagram）为你提供了一种全新的方法。你可以把每一个构件类放入到一个整体中。这种方法传达的思想就是，你从类结构的内部来审视这个类。图 1.13 向你说明了这个意思。

UML 1.x 版允许在类图中使用这种符号；UML 2.0 则把这种方法明确地定义为自己的一种图。

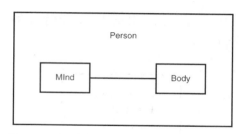

图 1.13　对一个类的内部结构建模的组成结构图

有关线条的哲学

随着我们更加深入了解面向对象的知识，你会发现连接两个类（如 Mind 和 Body）的线条通常都有一个名字。在图 1.13 中，我们该如何标注连接 Mind 类和 Body 类的线条呢？多年来，哲学家对这个问题一直是百思不得其解。他们一直不断地争论这种关系的命名，它是否存在？Mind 这个组成部分是否存在？……

1.5.2　交互纵览图

再次考虑活动图（图 1.6），它向我们展示了一系列的步骤，也就是"活动"。假设这些活动中的每一个都包含了对象之间的一个消息序列。如果你用顺序图或协作图（或者是二者的结合体）来替换其中的某些活动，你将会得到 UML 2.0 中的新图——交互纵览图（interaction overview diagram）。

下面举个例子。假设在一个图书馆中：

1．你从图书馆的数据库中查找到一本书；

2．你把这本书拿到服务台去办理借阅登记；

3．在你离开图书馆之前，出口处的门卫验证你的借阅登记。

图 1.14 给出了反映这 3 个步骤的一个简单的活动图。

图 1.14　在图书馆中进行的 3 个活动

现在，我们来分析一下每个活动。在第 1 个活动中，你查询图书馆的数据库以找到图书，数据库做出反应，告诉你到哪里去找图书。在第 2 个活动中，你请求管理员为你办理借阅手续，手续办妥后，管理员告诉你可以把图书带走了。在第 3 个活动中，只有门卫查验了你的借阅手续之后，你才能离开图书馆。

图 1.15 展示了如何在顺序图中按顺序组织上述步骤。

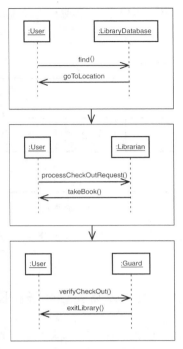

图 1.15　扩展图 1.14 中的活动图后得到的交互纵览图

1.5.3　计时图

回过头来考虑洗衣机的例子。我用这个典型的家用电器讨论了类图、状态图、顺序图和协作图。在顺序图部分，我提到了每一个状态的持续时间：5 分钟浸泡、15 分钟洗涤、15 分钟漂洗和 5 分钟脱水。

如果你仔细察看图 1.5 中的顺序图，你会发现其中并没有标明这些持续时间。UML 2.0 的计时图（timing diagram）①完成了这个任务。计时图就是设计用来表示对象处于某一个状态中的持续时间的。图 1.16 给出了这个新图的一种形式。

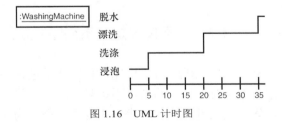

图 1.16　UML 计时图

1.5.4　有创新也有保留的包图

UML 1.x 版本具备组织一个图的元素的能力，这就是打个包（package）。包的图标就像是一个带有标签的文件夹，如图 1.17 所示。使用包的思想就是把共同工作的元素放到这样的

---

① 译者注：也译为"定时图"。

一个带标签的文件夹图标中。例如，如果多个类或者构件组成了一个特殊的子系统，它们应该放入到一个包中。

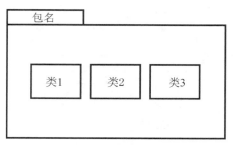

图 1.17　UML 包图标

通过规范包图，UML 2.0 促进了包的应用。包不再被认为只是一种组织图元素的方法，它有了自己专用的图。

1.6　为什么需要这么多种图

正如你在前面所看到的，各种 UML 图能让你从多个视角考察一个系统。要注意的重要一点是并不是每个 UML 模型都必须包含所有的图。事实上大多数 UML 模型只包含上面列出的所有图的子集。

对系统建立模型为什么需要这么多种图？　最典型的情况是，一个系统有多个不同类型的**风险承担人（stakeholder）**——那些在不同方面与这个系统有利益关系的人。让我们回顾洗衣机的例子。如果你正在设计一台洗衣机的电动机，那么以你的视角来观察系统就得到一个系统的视图。如果你正在编写操作指令的话，你可能又会得到另一幅视图。要是你正在设计洗衣机整体外观的话，那么你观察这个系统的方式与你作为一个洗衣机用户的观察方式完全不同。

认真细致的系统设计要考虑到所有这些视角，每一种 UML 图都为你提供一种组成特殊视图的方式。采用多视角的目标是为了能够和每一类风险承担人良好地沟通。

1.7　这不仅仅是一系列图

有人可能会争辩说 UML 建模无足轻重。毕竟，程序才是项目最重要的部分，难道不是吗？开发者作实际的工作，而建模者只是绘图，不是吗？

为了理解精确的可视化建模的重要性，让我们来看看一个广为人知的、长期处于构建中的项目。这个项目开发地位于马萨诸塞州的波士顿市，其正式名称叫作"市区（中心）干线（隧道）"，现在被人戏称为"大挖掘"，其目的是缓解波士顿市的交通堵塞现象。一系列通过城市中心的隧道和桥梁将替代年久失修、容量有限的高架高速公路。除了解决交通问题，"大挖掘"还将带来巨大的经济效益和环保效益。

这些益处最好是巨大的，因为项目的成本已经超过预算 10 亿美元。根据《波士顿环球报》的报道，成本巨大的一个原因是指导开挖和建筑的图纸不完整并且不精确。

例如，FleetCenter（富利中心，波士顿市的运动和娱乐中心）就在一张图纸中漏掉了。这个扎眼的遗漏误导了承包商，使他们以为在城市的某个特定区域，应该有一条连贯的线路用来设置公共设施。另一张图纸则多出了一个本不存在的检修孔（用来检查电线线路的）。还有另外一张隧道的图纸则在隧道段之间留下了一个 1.2 米的空隙，直到该隧道段定位以后，工人才发现有这么一个空隙。

结果是耗费了大量的成本去完成始料不及的工作，以更正错误，同时一而再再而三地延误工期。

这种情况听起来是不是有些耳熟？

建模、学习和知识

我认为，学习的进展过程包括 3 个阶段。

1. 你不知道你所缺乏的知识。也许，这一条的更好的说法是，你不熟悉某一个特定的领域。

2. 你知道你所缺乏的知识。换句话说，你对于这个领域的方方面面有了一些了解，并开始查找你的知识缺陷。

3. 填补你的知识缺陷。

UML（以及普通的建模）是快速把你带入第 2 阶段的美妙途径，帮助你认识到自己所缺乏的知识，并开始寻找相关的信息。

1.8　小　　结

系统开发是一项人力活动，如果没有易于理解的表示法系统，开发过程就会冒很大的错误风险。

UML 就是一套表示法系统，它已经成为系统开发领域中的标准。UML 是由 Grady Booch、James Rumbaugh 和 Ivar Jacobson 发明的。UML 由一组图组成，它使得系统分析员可以利用这一标准来建立能够为客户、程序员以及任何参与开发过程的人员理解的多视角的系统蓝图。因为不同的风险承担人通常使用不同类型的图相互交流，因此 UML 包含所有这些种类的图是很有必要的。

UML 模型只说明一个系统应该做什么，并没有告诉我们系统应该怎么做。

1.9　常见问题解答

问：我注意到有人将统一建模语言表示为"UML"，还有的人将其表示为"the UML"。哪一种正确？

答：语言的创作者更喜欢用"the UML"。

问：你提到了面向对象的思想在本书中占据主要的地位。为了理解并应用这些概念，我必须是一个 Java 或 C++的开发者吗？

答：当然不是。面向对象的思想并不只是对程序员有用。对于系统所处的专业领域的知识，系统分析员希望能够了解并对其建模，因此，面向对象的思想对系统分析员极为有用。

问：你刚才提到，UML 对系统分析员来说是一个非常有用的工具。然而，部署图似乎在系统开发过程的分析阶段不那么有用。它是不是更适合在开发过程的后期使用？

答：的确不应该太早就开始考虑系统部署问题（以及其他一些传统上被认为应该在开发过程后期要考虑的问题，如系统安全）。确实，系统分析员的工作主要是和客户和用户交流，但在开发过程的早期，系统分析员也很可能要考虑构成系统硬件的计算机和组成。有时候是客户要求系统分析员这么做的。有时客户想让开发组向他们推荐。当然部署图对系统体系结构设计师来说是非常有用的。

问：前面你提到过，用 UML 的各种图混合组图也是可以的。那么，UML 对模型图中哪个元素和哪个元素的结合做了限制吗？

答：没有。UML 对此没有限制。然而，一般的情况是某种图只是包含这种图的图形元素。当然你可以在部署图中加进一个类的图标，但这么做可能没有太大用处。

问：图 1.3 是"洗衣服"的用例图，它所描述的一切都围绕着用户使用洗衣机洗衣服。我们真的需要用一组符号来描述这些么？我们难道不能只用一个简单的句子来描述？

答：单单就你所提到的这个问题来讲，你的说法是对的：你可以只是采用一个句子来描述。然而，在一个典型的开发项目中，用例就像是 Star Trek 影剧集（《星际迷航》）第 42 场中的 Tribble（一种繁殖力极强的星际小生物）。你开始入门了，但还需要了解更多……

1.10   小测验和习题

你已经学了一些 UML 的知识了。该是回答一些问题和做一些练习来巩固所学的有关知识的时候了。答案在附录 A："小测验答案"部分列出。

1.10.1   小测验

1. 在系统模型中为什么要使用多种 UML 图？
2. 哪种 UML 图给出了系统的静态视图？
3. 哪种 UML 图给出了系统的动态视图（也就是说，描述系统随时间所经历的变化）？
4. 图 1.5 中是何种对象？

1.10.2   习题

1. 假设要构造一个和用户下棋的计算机系统，哪些种类的UML图对设计该系统有用处？为什么？

2. 对于上题中你所要建立的系统来说，列出你可能对用户提出的问题，以及为什么你要对用户提出这些问题？

3. 看一下图 1.7 中的协作图，你该如何进一步完善它，使其等价于图 1.5 中的顺序图？你碰到了什么问题？

4. 回顾一下图 1.5 中列出的对象间的操作。把每个对象看作是一个类的实例，请画出一个包含这些类和这些操作的类图。你还能够想出每个类的其他的一些操作吗？

5. 更进一步。尝试把练习 4 中的类组织到洗衣机的一个组成结构图中。你能够想出其他的一些构件类吗?

6. 在 "状态图" 一节中,我提到了电梯可能是运动的或者静止的。尽管你对状态图还知之甚少,尝试看看你能否表示出一个电梯的状态。除了状态的名字,状态图至少还应该给出什么其他的信息?(提示:考虑一下电梯的门。何时打开? 何时关闭?)

7. 看一下图 1.5 中的顺序图,以及图 1.15 中作为交互视图组成部分的顺序图。注意,在对象间传递的消息。尝试思考一下,每条消息的括号中应该放入什么(如果有内容的话)。

第 2 章　理解面向对象

在本章中，你将学习如下内容：
- 如何理解面向对象思维方式；
- 对象如何通信；
- 对象如何与其他对象关联；
- 对象如何组合。

面向对象技术已经席卷了整个软件界，事实也确实如此。作为一种程序设计方法，它具有很多优点。基于构件的软件开发方法就是面向对象技术孕育出来的。采用这种方法建立一个系统时，首先建立一组类，然后通过增加已有构件的功能或者添加新的构件来逐步扩充系统，最后在建立一个新系统时，你还可以重用已经创建好的类。这样做可以大大削减系统开发时间。

使用 UML 可以建立起易于使用和易于理解的对象模型。程序员能够创建出这些模型所对应的软件。因此，UML 对基于类开发的全过程都有益处。

面向对象是一种思维方法——它是依赖于几个基本原则的思维方法。在这一章中，你将学习到这些基本原则。你将搞清楚对象是什么，在分析和设计中如何利用对象。从下一章开始介绍如何根据这些基本原则运用 UML。

2.1　无处不在的对象

对象，不论是具体的还是抽象的，遍布于我们的周围。它们组成了整个世界。正如前一章所指出的，典型的现代软件都要模拟现实世界（至少是模拟现实世界的一个片段），因此程序通常也要模拟现实世界中的对象。如果体会了对象的实质，那么你就能够理解如何用软件来表达对象，以及软件是否是面向对象的。传统的程序员能够从面向对象概念中受益，因为面向对象概念提供了他们所工作的领域的建模。

首先也是最重要的，对象是一个类（种类）的实例。例如，你和我都是 Person 这个类的实例。对象具有自身的结构（structure）。也就是说，它具有属性（特性）和行为。对象的行为包括它所能执行的操作。属性和操作合起来被称为特征（feature）。

符号约定

为了帮助你习惯 UML 符号，我将使用我在第 1 章中提到的一些面向对象的约定，包括：
- 类名以大写字母开头；
- 包含多个单词的类名，所有的单词都连接在一起，并且每个单词的第一个字母都大写；
- 特征（属性和操作）的名字以小写字母开始；
- 多个单词组成的特征名，所有的单词连接在一起，除了第一个字母小写，其他每个单词的第一个字母都大写；
- 操作名的后面跟上一对括号。

你和我作为 Person 这个类的对象，都具有一些共同的属性：身高、体重和年龄等（不难想象，还有许多其他的属性）。我们每个人之所以独一无二，是因为我们每个人的这些属性都有一个特定的值。我们都能执行一些共同的操作：吃饭、睡觉、读书、写字、说话、工作等（或者用对象语言来描述，就是 eat()、sleep()、read（）、write（）、talk（）和 goToWork（））。如果要创建一个处理人事信息的系统（例如工资发放系统或者人力资源部门的信息管理系统），那么在软件中很可能要包括上面提到的一些属性和操作。

在面向对象世界里，类除了起到分类的作用外，还有其他用途。类是用来创建对象的模板。可以把类看成是加工小甜饼的模子，你可以用来压出新的小甜饼对象（有些人可能认为这个模子起的作用仍然是分类，此处不做评论）。

让我们再回到洗衣机的例子。如果指定洗衣机类具有 brandName、modelName、serialNumber 和 capacity 等属性，还有 acceptClothes（）、acceptDetergent（）、turnOn() 和 turnOff（）等操作的话，你就有了制造 WashingMachina 类新实例的机制。也就是说，可以基于洗衣机这个类创建新的对象（参见图 2.1）。

这在面向对象的软件开发中尤其重要。尽管本书的重点不是讨论程序设计，但是如果你了解面向对象程序设计语言中的类可以创建新实例的话，会有助于你理解面向对象的基本概念。

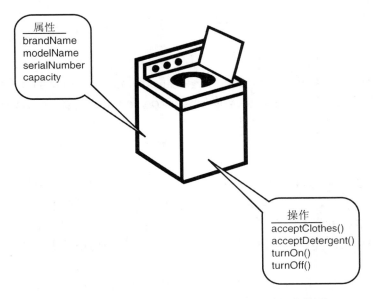

图 2.1　WashingMachine 类是创建新的洗衣机实例的模板

还有其他一些要了解的内容。记住，面向对象的目标是开发出能够反映现实世界某个特定片段的软件（或者说是"建模"）。你考虑到的属性和行为越多，你所建立的模型就越符合实际。在洗衣机的例子中，如果你在洗衣机类中包括 drumVolume（洗涤缸容量）、trap（水阀）、motor（电动机）和 motorSpeed（电动机转速）等属性的话，洗衣机模型就更精确。同样，如果洗衣机类中增加了 acceptBleach() 和 controlWaterLevel() 等操作的话，也会增加模型的精确性（参见图 2.2）。

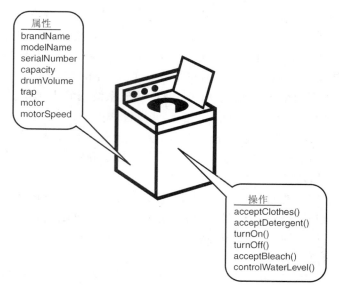

属性
brandName
modelName
serialNumber
capacity
drumVolume
trap
motor
motorSpeed

操作
acceptClothes()
acceptDetergent()
turnOn()
turnOff()
acceptBleach()
controlWaterLevel()

图 2.2　模型中的属性和操作越多，模型就越接近实际

2.2　一些面向对象的概念

面向对象并不只局限于对象的属性和行为建模，它还包含对象的其他方面。这些方面包括**抽象**（abstraction）、**继承**（inheritance）、**多态**（polymorphism）和**封装**（encapsulation）。其他 3 种重要的面向对象概念是**消息传递**（message sending）、**关联**（association）和**聚集**（aggregation）。下面让我们逐个学习这些概念。

2.2.1　抽象

简单地讲，**抽象**（abstraction）的意思就是过滤掉对象的一部分特性和操作直到只剩下你所需要的属性和操作。那么"只剩下你所需要的"是什么含义呢？

不同类型的问题需要不同数量的信息，即使这些问题都属于同一个领域也是如此。与第一次所设计出的洗衣机类相比，第二次所设计的洗衣机类中出现了更多的属性和操作。增加的属性和操作物有所值吗？

如果你是一个开发小组的成员，你所在的开发小组的最终目标是要开发出能够模拟洗衣机如何工作的计算机程序，那么第二次增加的属性和操作绝对有必要。像这样的计算机程序（这样的程序对真正制造洗衣机的工程师很可能也会大有益处）必须有足够多的信息来准确的预测当洗衣机刚出厂时、发挥全部功能时和洗衣服时将会发生什么。对这个程序来说，你可以过滤掉 serialNumber 这个属性，因为它很可能没有什么用处。

另一方面，如果你准备编制软件来跟踪一个拥有许多洗衣机的洗衣店的业务时，那么第二次增加的属性可能就不太值得了。在这个程序中你可能不需要在前一节中所提到的操作和属性等细节。但是你却需要 serialNumber 这个属性用来标识每个洗衣机对象。

你的洗衣机要包括什么，不包括什么，在做出这样的决策后所保留的部分就是对洗衣机的抽象。

> **关键技术**
>
> 一些权威人士认为抽象对于建模者来说是最重要的技术,也就是说要搞清楚什么应该纳入模型中,什么应该舍去。

2.2.2 继承

洗衣机、电冰箱、微波炉、烤箱、洗碗机、收音机、饼干机、搅拌机和电熨斗可看成类,它们都是另一个更一般的类——家用电器(appliance)类的成员。在面向对象的世界中,我们可以说上述的每一种都是 Appliance 类的**子类(subclass)**。也可以这么说,Appliance 类是这些类的**超类(superclass)**。

Appliance 类具有的属性是 onOffSwitch 和 electricWire,具有 turnOn()和 turnOff()操作。因此,如果你知道某物是家用电器的话,那么你就立即知道它具有 Appliance 类的属性和操作。

面向对象概念中,这种关系叫做继承。每个Appliance的子类(WashingMachine、Refrigerator、Blender等等)都继承了Appliance的特征。同时,要重点注意一下,每个子类都增加了自己的属性和操作。图2.3示意了这种超类-子类关系。

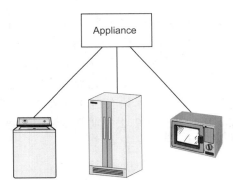

图 2.3 各种家用电器继承了 Appliance 类的属性和操作。每种家用电器都是
Appliance 类的子类。Appliance 类是各个子类的超类

继承到这里还没完。例如,Appliance 还可以是 HouseholdItem(家用商品)类的子类。Furniture(家具)是 HouseholdItem 的另一个子类,如图 2.4 所示。当然 Furniture 还有它的子类。

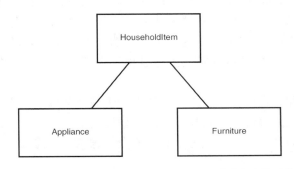

图 2.4 超类也可以继承其他超类,从而成为其他超类的子类

2.2.3　多态性

有时不同的类具有相同名称的操作。例如，你可以打开一扇门、打开一扇窗、打开一张报纸、打开一件礼物、打开银行账号、甚至打开一段对话。每种情形都是执行一个不同的操作。在面向对象中，每个类都能够自己"知道"如何执行自己的打开操作。这就叫做**多态性**（polymorphism）（参见图 2.5）。

图 2.5　在多态的情况下，不同的类中可以有同名的操作，每个类中发生的操作各不相同

乍一看，这个概念看上去对软件开发者来说比对建模者更重要。毕竟，是软件开发者编制实现这些方法的计算机程序软件，因此他们必须清楚这些同名的操作之间的重要区别。并且，他们所构造出的软件类要能够"知道"自己应该怎么做。

然而，多态性对建模者也很重要。它可以让建模者用客户的语言和术语与客户交流（而要被建模的对象只有客户才熟悉）。有时术语会自然导致操作词有多种不同的含义（像"打开"）。理解多态性的概念就可以让建模者省去发明新术语以及维护术语一致性的麻烦，而仍然维持客户所采用的术语。

2.2.4　封装

在几年前流行有线电视的时候，两个人在一起谈论，如果在拨打长途电话号码之前先拨一个特殊的 7 位号码，那么他们将会省钱。

其中的一个人怀疑地问："这是什么原理？"

另一个人回答说："爆米花是怎么炸出来的？关心这个干嘛？"

这就是**封装**（encapsulation）的实质：当一个对象执行自己的操作时，它对外界隐藏了操作的细节（参见图 2.6）。当一些人看电视时，通常大部分人都不关心电视机后面罩子里隐藏的复杂电子元器件，也不关心这些电子元器件如何操作来产生电视画面。电视机做了自己要做的事并且对我们隐藏了它的工作过程。大部分其他家用电器也都是以这种方式工作的。

封装有什么作用呢？在软件世界中，封装有助于减少某些不利因素的影响。在一个包含对象的系统中，对象之间以各种方式相互依赖。如果其中一个对象出现故障，软件工程师不得不修改它的时候，对其他对象隐藏这个对象的操作意味着只需修改这个对象而不需要改变其他对象。

图 2.6　对象封装了它们要做什么。也就是说对外界和其他对象来说，它隐藏了操作的细节

再从软件世界转到现实世界，封装对于对象也同样重要。计算机的显示器对计算机中央处理器隐藏了自己的操作。当显示器发生故障的时候，只需修理它或者把它替换掉。不大可能因为显示器的故障而修理换掉中央处理器。

在讨论封装这个主题的时候，还有另一个相关概念。封装（encapsulation）意味着对象对其他对象和外部世界隐藏了自己要做什么，因此它也被称为**信息隐藏**（information hiding）。但是对象总要给外部世界提供一个"接口"，用来初始化这些操作。例如，电视机上一般都设有一组按钮或者提供带有按钮的遥控器。洗衣机也提供了一组按键，让你能够设置它的温度和水位。电视机的按钮和洗衣机的按键都称为**接口**（interface）。

2.2.5　消息传递

前面曾经提过，在系统中对象是要相互协作的。对象之间的协作是通过相互发送消息。一个对象发送一个操作消息（或请求）给另一个对象，接收消息的对象就执行这个操作。

电视机和遥控器就是我们身边一个直观的例子。当你想看电视的时候，就得到处找遥控器，坐在你最喜欢的座椅上，按下遥控器的"开机"按钮。然后发生了什么呢？遥控器对象向电视机对象发送了一个开机消息（实实在在的消息），电视机对象接收这个消息知道怎样去执行开机操作，并打开自己。当你想换个电视频道的时候，只需按下遥控器上有关的调台按钮，遥控器对象就向电视机对象发送另外一种消息"改变频道"。遥控器还可以通过调音量消息、降低音量消息等其他消息与电视机对象通信。

再回过头来讨论接口。从椅子上起来，走到电视机前按下电视机上的按钮也可以做遥控器所能做到的大部分事情。电视机提供给你的接口（一组按钮）显然与它提供给遥控器的接口（红外线接收器）不同。图 2.7 示意了这个过程。

> **回顾第 1 章**
> 实际上你已经见到过消息传递的情况。在第 1 章的顺序图中（图 1.5），箭头代表从一个对象到另外一个对象的消息。

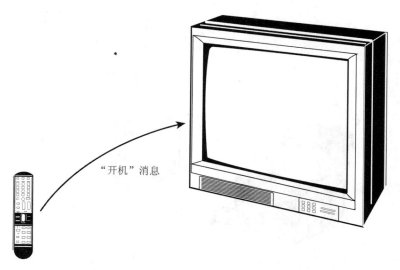

图 2.7　对象之间消息传递的一个例子。遥控器对象向电视机对象发送消息，通知
电视机开机。电视机对象通过一个红外线接收器为接口，接收遥控器发来的消息

2.2.6　关联

另一种常见情况是对象之间通常以某种方式发生联系。例如，当你打开电视机的时候，用面向对象的术语来讲，就是你和电视机发生了**关联**（association）。

"开机"是一个单向关联（单方向发生关系），如图 2.8 所示。也就是说，只能是你打开电视机。其他的关联，例如"结婚"，是双向关联。

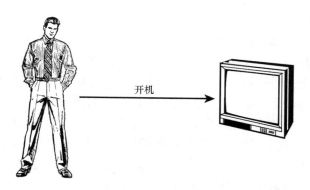

图 2.8　对象之间通常以某种方式发生关联。当你打
开电视机时，你和电视机之间就发生单向关联

有时一个对象可能和另一个对象之间以多种方式发生关联。例如，你和你的工友同时又是朋友。这时你和他之间既形成了"是朋友"关联，又形成了"是工友"关联，如图 2.9 所示。

一个类可以和多个其他的类关联。一个人可以"驾驶"一辆轿车，也可以驾驶一辆公共汽车（参见图 2.10）。

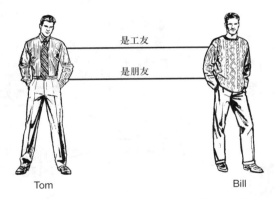

图 2.9　对象之间有时能以多种方式发生关联

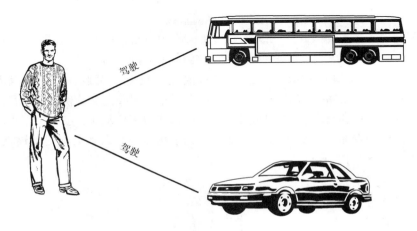

图 2.10　一个类可以和多个类关联

多重性（multiplicity）是对象之间关联的一个重要方面。它说明了在关联中一个类的对象可以对应另一个类的多少个对象。例如，以典型的大学课程为例，一门课程由一名教师来讲授。课程和教师之间就是一个一对一（one-to-one）的关联。然而，对于一个研讨教学课程来说，在一个学期中可以由好几名教师来讲授这门课程。在这种情况下，课程和教师之间是一个一对多（one-to-many）的关联。

如果你自己观察的话就可以发现各种各样的多重性。一辆自行车有两个轮胎（一对二多重性）；一辆三轮车有 3 个轮胎；一个 18 轮车有 18 个轮胎，等等。

2.2.7　聚集

想一想你的计算机系统。它包括主机箱、键盘、鼠标、显示器、CD-ROM 驱动器、一个或者多个硬盘驱动器、调制解调器、软盘驱动器、打印机，可能还有音箱。主机箱中除了带有前面提到的驱动器外，还有 CPU、显示卡、声卡和其他一些你觉得不能缺少的组件。

你的计算机是一个**聚集**（aggregation）体，聚集是对象之间的另一种关联。像其他许多有用的东西一样，计算机是由许多不同类型的构件组成的（参见图 2.11）。你可能还能列举出许多聚集的例子。

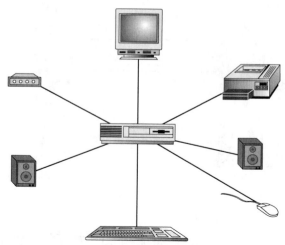

图 2.11　一个典型的计算机系统就是聚集的一个例
子——它由许多不同类型的对象组合而成

聚集的一种形式是聚集对象和它的组成对象之间具有强关联。这种聚集被称为**组成**（composition）。组成关键特征是部分对象只能存在于组成对象之中。例如，衬衫是衬衫主体、衣领、衣袖、纽扣、纽扣缝和袖口的组成体。如果衬衫变得无价值了，那么领子也就不存在了。

有时，部分体的寿命比组成体短。树叶可能先于树而消亡。如果你毁掉这棵树，树叶也随之不复存在（如图 2.12 所示）。

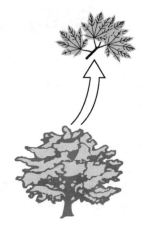

图 2.12　在组成体中，部分体有时可能会先于组成体消亡。
如果组成体被销毁，则部分体随组成体一同被销毁

因为聚集和组成反映了极其普遍的现象，因而是很重要的。它们能够帮助你建立更接近现实的模型。

2.3　意　　义

对象和对象之间的关联构成了系统功能的骨架。为了对系统按规定建模，必须理解这些

关联是什么。如果对关联类型很明确，那么当你和客户交谈、收集他们的需求，并帮助他们建立满足业务要求的系统模型时，你的脑海里就会充满有用的点子。

运用面向对象的概念来帮助你理解客户的领域知识，或者叫做客户的**领域**（domain），并且用客户能够理解的术语来说明你对问题的理解，这一点是最重要的。

这一点也是 UML 流行的原因。在后面 3 章中，我们将学习如何使用 UML 来可视化表达你在本章所学到的概念。

如果你对这类内容感兴趣

面向对象思想的吸引力之一在于它和人类思想并驾齐驱，常常不谋而合。我们之所以把周围的事物分门别类，也许是因为对我们的大脑来说，区分几个类别远远比区分众多实例来的容易。

近期对大脑区域的研究点包括对物体的分类。心理学家 Isabel Gauthier 和 Michael Tarr 使用了专门为此项研究设计的新奇物体，并配合使用了展现大脑即时状态的图像技术。他们发现，当人们学习（按照实验者定义的规则）对这些物体分类的时候，大脑皮层的一个特定区域逐渐变得活跃起来（这个区域就是梭状回，fusiform gyrus）。

2.4　小　　结

面向对象是一种依赖于几个基本原则的思维方法。对象是类的实例。类是具有相同属性和操作的一类对象集。当你创建了一个对象后，对象的属性和操作数目由你所处理的问题域确定。

继承是面向对象中的一个重要方面。对象继承了所属类的属性和操作。类同样也可以继承其他类的属性和操作。

多态性是另一个重要的方面，它是指不同的类中可以有相同名字的操作，并且这个操作在每个类中都能以各自不同的方式执行。

对象对其他对象和外部世界隐藏了其操作的执行过程。每个对象都要提供一个让其他对象（和人）用来执行该对象中操作的接口。

对象通过相互之间的消息传递协同工作。消息是执行操作的请求。

对象通常要和其他对象发生关联。关联可以具有多种形式。一个类的对象可能和多个其他类的对象同时发生关联。

聚集是关联的一种，聚集对象由部分对象组成。组成又是一种特殊的聚集。在一个组成对象中，部分对象只能作为组成对象的一部分与组成对象同时存在。

2.5　常见问题解答

问：刚才你提到过，面向对象已经席卷了整个软件界，那么有重要的非面向对象应用系统吗？

答：有。非面向对象系统通常被称为"**遗留**（legacy）"系统，包括各种运行了很长时间仍然具有生命力的那些软件系统。面向对象系统有很多优点，例如易于重用、便于快速开发等。因为这些原因，你看到的新的应用程序都是用面向对象的方法编写的（或者是对遗留系统的改进版本）。

问：完整的面向对象思想是从何时开始提出的，如何提出的？

答：20 世纪 60 年代中期，当 Ole-Johan Dahl 和 Kristen Nygaard 开发编程语言 SIMULA 1 作为模拟复杂系统的一种方法时，他们提出了面向对象的思想。尽管 SIMULA 1 并没有得到广泛的应用，但它引入了类、对象和继承，以及其他的重要的面向对象概念。

要了解更多面向对象范例，请阅读 Matt Weisfeld 的《The Object-Oriented Thought Process， Second Edition》ISBN：0-672-32611-6（SAMS Publishing，2003）。

2.6　小测验和习题

为了巩固所学的有关面向对象概念，你应该做些小测验。答案列在本书附录 A 中。这是介绍理论知识的一章，所以不包含练习。因此，在这章只有几个小测验。

小测验

1. 什么是对象？
2. 对象之间如何协同工作？
3. 多重性说明了什么？
4. 两个对象之间能够以多种方式关联吗？
5. 什么是继承？
6. 什么是封装？

第3章 运用面向对象

在本章中，你将学习如下内容：
- 如何对一个类建模；
- 如何表现一个类的特性、职责和约束；
- 如何发现类。

现在到了将 UML 和你前一章学到的面向对象概念结合起来的时候了。在本章中，通过对 UML 的深入学习，你能够巩固面向对象的知识。

3.1 类的可视化表示

正如前一章中所指出的，在 UML 中一个矩形表示一个类的图标。回忆在第 1 章和第 2章中，我们都是按照 UML 的约定，把类名的首字母大写，放在矩形的偏上部。如果类名是由两个单词组成，那么将这两个单词合并，第二个单词首字母大写（如图 3.1 中的 Washing-Machine 所示）。

WashingMachine

图 3.1　UML 类图标

另一个 UML 组件是包，它的名字对类名有影响。如第 1 章"UML 简介"所述，包是UML 组织图形元素的单位。你现在可能会想起，UML 中包用一个一边突起的文件夹来表示，它的名字是一个文本串（如图 3.2 所示）。

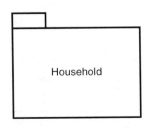

Household

图 3.2　UML 中的包

如果 WashingMachine（洗衣机）类是 Household（家用品）包的一部分，那么这个类的名字为：Household ::WashingMachine。包名在左，类名在右，中间用双冒号隔开。这种类型的类名叫**路径名（pathname）**，如图 3.3 所示。

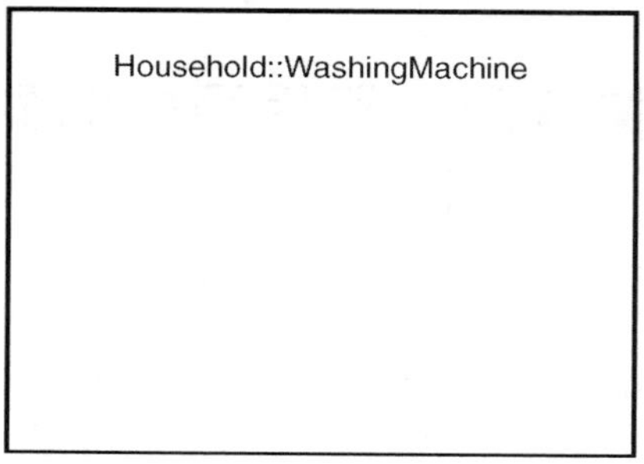

```
┌─────────────────────────────────────┐
│                                     │
│     Household::WashingMachine        │
│                                     │
│                                     │
│                                     │
│                                     │
│                                     │
│                                     │
│                                     │
│                                     │
└─────────────────────────────────────┘
```

图 3.3　带路径名的类

3.2　属　　　性

　　属性是类的一个特性。它描述了类的对象（也就是类的实例）所具有的一系列特性值。一个类可以具有零个到多个属性。按照 UML 的约定，单字属性名小写。如果属性名包含了多个字，这些字要合并，并且除了第一个字外其余字首字母要大写。属性名列表放在类名之下，并且和类名之间用分隔线隔开，如图 3.4 所示。

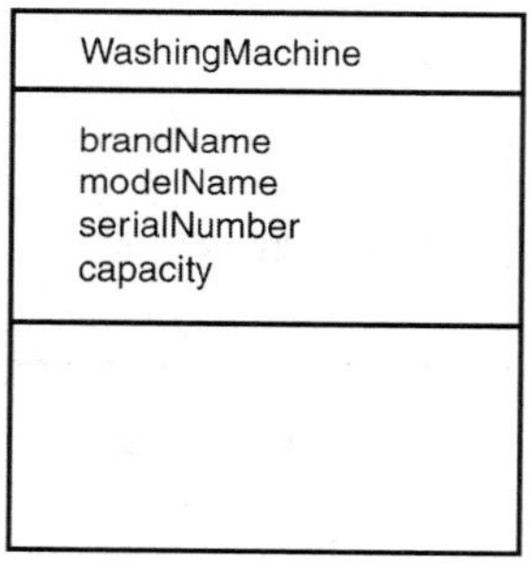

```
┌─────────────────────────────┐
│     WashingMachine           │
├─────────────────────────────┤
│     brandName                │
│     modelName                │
│     serialNumber             │
│     capacity                 │
│                             │
├─────────────────────────────┤
│                             │
│                             │
└─────────────────────────────┘
```

图 3.4　类和类的属性

　　类的属性在该类的每个对象中都有具体值。图 3.5 是一个例子。注意，对象名首字母小写，后面跟一个冒号，冒号后面是该对象所属的类名，并且整个名字要带下画线。

┌──┐
│　**命名对象或者不命名对象**   │
│　名字 myWasher：WashingMachine 是一个命名实例（named instance）。也可以有诸如： │
│WashingMachine 这样的匿名实例（anonymous instance）。   │
└──┘

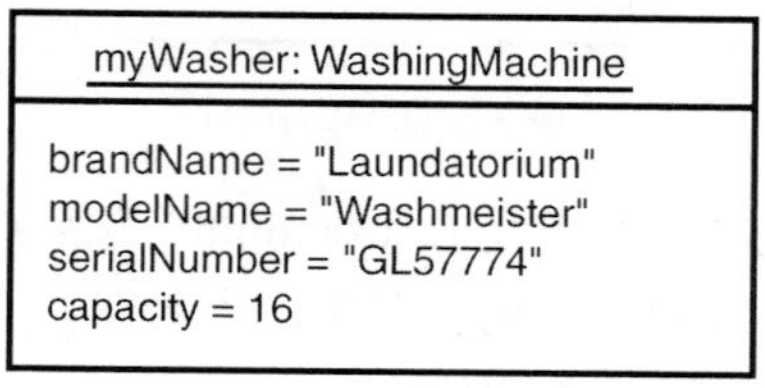

```
┌─────────────────────────────────────┐
│   myWasher: WashingMachine           │
├─────────────────────────────────────┤
│   brandName = "Laundatorium"         │
│   modelName = "Washmeister"          │
│   serialNumber = "GL57774"           │
│   capacity = 16                      │
│                                     │
└─────────────────────────────────────┘
```

图 3.5　类的属性在该类的对象中都有具体值

UML 还允许指明属性的附加信息。在类的图标里，你可以指定每个属性值的类型。可能的类型包括字符串（string）、浮点数（floating-point）、整数（integer）和布尔（bool）型（以及其他的枚举类型）。要指明类型，则在属性值后面加上类型名，中间用冒号隔开。还可以为属性指定一个缺省值。图 3.6 说明了属性的各种表示方式。

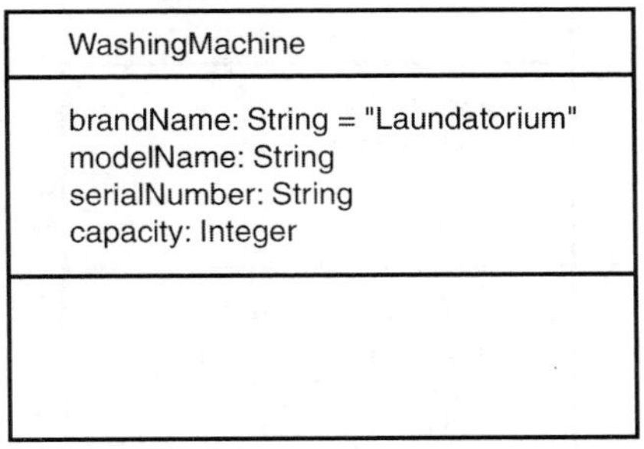

WashingMachine
brandName: String = "Laundatorium"
modelName: String
serialNumber: String
capacity: Integer

图 3.6　属性可以带类型和缺省值

> **命名值**
>
> 枚举类型（enumerated type）是由一系列被命名的值所定义的一种数据类型。例如 Boolean 型就是一个枚举类型，因为它只有两种可能的值“true”和“false”。可以自己定义所需使用的枚举类型，例如状态类型，它由“固体”、“液体”和“气体”状态值组成。

3.3　操　　作

操作（operation）是类能够做的事情，或者你（或者另一个类）能对类做的事情。和属性名的表示类似，单字操作名小写。如果操作名包含了多个字，这些字要合并，并且除了第一个字外其余字首字母要大写。操作名列表放在属性名列表之下，两者之间用分隔线隔开，如图 3.7 所示。

WashingMachine
brandName
modelName
serialNumber
capacity
addClothes( )
removeClothes( )
addDetergent( )
turnOn( )

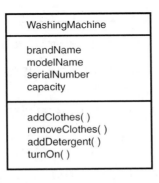

图 3.7　类的操作放在属性列表之下，并用一条分隔线与属性隔开

就像你给属性指定附加信息一样，你也可以为操作指定附加信息。在操作名后面的括号

中可以说明操作所需要的参数和参数的类型。有一种操作叫**函数**（function），它在完成操作后要返回一个返回值。可以指明函数的返回值及返回值的类型。

上述全部的操作信息被称为操作的**型构**（signature）。图 3.8 说明了如何表达操作的型构。前两个操作给出了参数的类型，后两个操作给出返回值的类型。

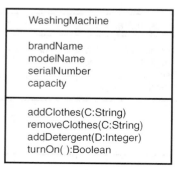

图 3.8　操作的型构

3.4　属性、操作和可视化表达

到目前为止，我们只单独讨论类，并且说明类的所有属性和操作。实际上，你可以同时表示多个类。当你这样做时，通常没必要总是显示这些类的所有属性和操作，这样做会使图形表示比较混乱。相反，可以只给出类名，而将属性或者操作区（或者两者全部）空着，如图 3.9 所示。

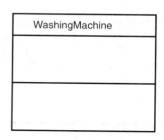

图 3.9　在实践中，不一定要把类的属性和操作都表示出来

有时，只显示类的一部分（而不是全部）属性和操作很有用。为了说明你只表示出部分操作和属性，可以在列表的后面加上 3 个小点 "…"。这个符号叫**省略符**（ellipsis），这种省略了一个或多个属性或者操作的表示法叫做**类的省略表示法**（eliding a class）。图 3.10 说明了类的省略表示法。

如果属性或者操作列表太长，可以用构造型来组织属性或操作列表，以方便理解。构造型是 UML 提供的扩展机制：它允许你创建新的模型元素以解决具体问题。第 1 章中已经提到过，构造型用**双尖角括号**（guillemets）括住的关键字来表示。对属性列表，可以使用一个构造型作为部分属性的标题，如图 3.11 所示。

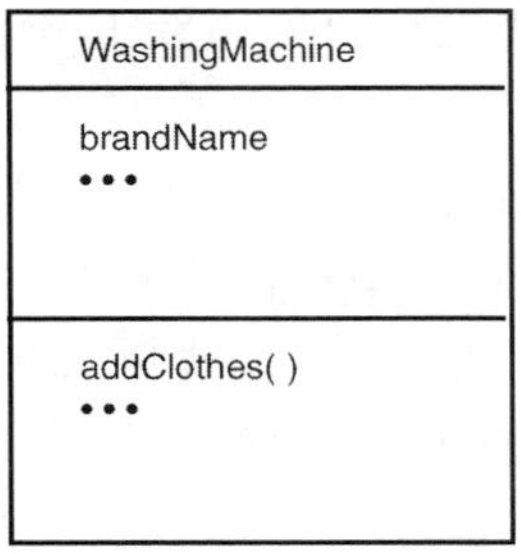

```
┌─────────────────────┐
│   WashingMachine    │
├─────────────────────┤
│ brandName           │
│ • • •               │
│                     │
│                     │
├─────────────────────┤
│ addClothes( )       │
│ • • •               │
│                     │
└─────────────────────┘
```

图 3.10 省略符号说明还有没列出来的属性或操作

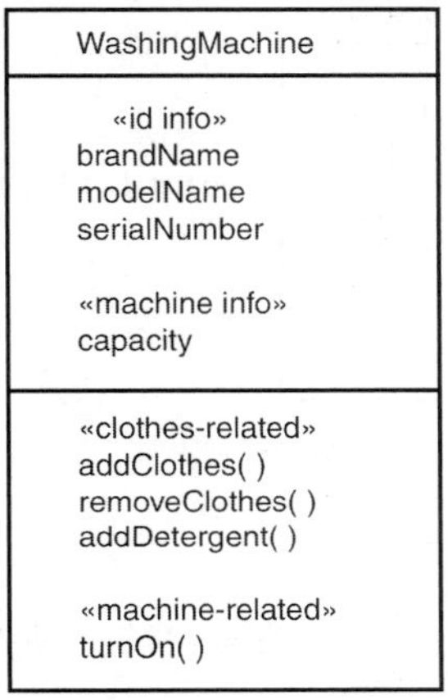

```
┌─────────────────────┐
│   WashingMachine    │
├─────────────────────┤
│   «id info»         │
│ brandName           │
│ modelName           │
│ serialNumber        │
│                     │
│   «machine info»    │
│ capacity            │
│                     │
├─────────────────────┤
│   «clothes-related» │
│ addClothes( )       │
│ removeClothes( )    │
│ addDetergent( )     │
│                     │
│   «machine-related» │
│ turnOn( )           │
└─────────────────────┘
```

图 3.11 可以使用构造型来组织属性和操作列表

3.5 职责和约束

类图标中还可以指明另一种类的信息。在操作列表框下面的区域，你可以用来说明类的职责。**职责（responsibility）**描述了类做什么——也就是类的属性和操作能完成什么任务。例如，一台洗衣机的职责是将脏衣服作为输入，输出洗干净的衣服（Take dirty clothes as input and produce clean clothes as output）。

在图标中，职责在操作区域下面的区域中说明（参见图 3.12）。

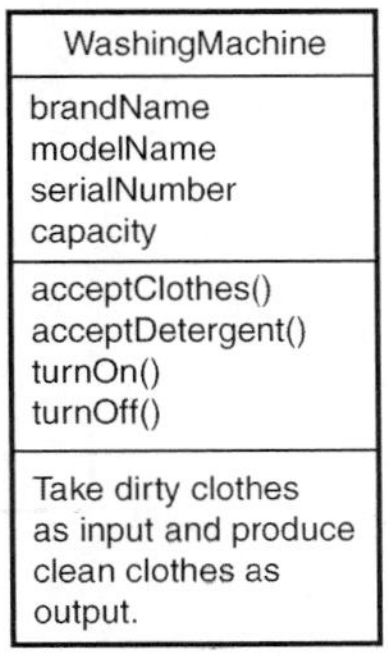

```
┌─────────────────────┐
│   WashingMachine    │
├─────────────────────┤
│ brandName           │
│ modelName           │
│ serialNumber        │
│ capacity            │
├─────────────────────┤
│ acceptClothes()     │
│ acceptDetergent()   │
│ turnOn()            │
│ turnOff()           │
├─────────────────────┤
│ Take dirty clothes  │
│ as input and produce│
│ clean clothes as    │
│ output.             │
└─────────────────────┘
```

图 3.12 在类图标中，操作列表区域的下面区域可以写类的职责

这里的想法是要有足够的信息以非二义性的方法去描述一个类。说明类的职责是消除二义性的一种非形式化的方法。

更形式化的方式是使用**约束（constraint）**，它是一个用花括号括起来的自由文本。括号中的文本指定了该类所要满足的一个或者多个规则。例如，假设你想指定 WashingMachine 类洗衣机的容量只能是 16、18 或者 20 磅 （也就是说对 WashingMachine 类的 capacity 属性施加约束），你可以在 WashingMachine 类图标的旁边写一个约束 "{capacity=16 or 18 or 201bs}"，如图 3.13 所示。

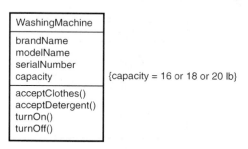

图 3.13　用花括号括起来的规则表达式限制了洗衣机的容量值只能三者选一

更多关于约束

UML 提供了另一种方式（也是非常形式化的一种表达方式）来施加约束，以使模型元素的语义定义更加明确。它实际上是也一种完整的语言，被称为**对象约束语言**（Object Constraint language，OCL）。OCL 是 UML 的一个高级的但是很有用的工具，有自己的规则、术语和操作符。对象管理组（Object Management Group）的站点 www.omg.org 提供了 OCL 的相关文档。

3.6　附　加　注　释

除了上面介绍过的属性、操作、职责和约束之外，还可以以对类附加注释的形式为类添加更多的信息。

通常对属性或者操作添加一个注释。图 3.14 中的注释说明了 serialNumber（序列号）属性参考了美国政府标准，根据这个注释就可以参考相关标准以查阅如何生成 WashingMaching 类对象的 serialNumber 属性值。

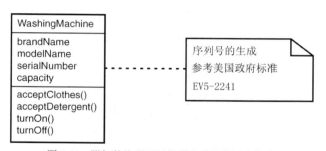

图 3.14　附加的注释可以提供有关类的更多信息

记住，注释既可以包含图形也可以包含文本。

3.7　类——应该做什么和如何识别它们

类代表的是领域知识中的词汇和术语。同客户交谈，分析他们的领域知识，设计用来解决领域中的问题的计算机系统，同时也就是在学习这些领域词汇，并用 UML 中的类建立这些领域词汇的类模型。

在与客户的交谈中，要注意客户用来描述业务实体的名词术语。这些名词可作为领域模型中的类。还要注意你听到的动词，因为这些动词可能会构成这些类中的操作属性将作为和类名相关的名词出现。当得到一组类的核心列表后，应当向客户询问在业务过程中每个类的作用。他们的回答将告诉你这些类的职责。

假设你是一个系统分析员，要建立篮球比赛模型。现在你正在会见一名教练员来了解比赛规则。谈话的过程可能如下：

分析员："教练，请大致介绍一下篮球比赛？"

教练员："比赛的目标是要把篮球投入篮筐并且要尽量比对手得更多的分。每个篮球队由 5 名队员组成：两名后卫、两名前锋和一名中锋。每个队要将球推进到篮筐附近，将篮球投入篮筐。"

分析员："如何将球推进？"

教练员："通过运球和传球。但是某一方必须在规定的进攻时间内投篮。"

分析员："规定的进攻时间？"

教练员："是的，在某一方获得控球权后，必须在规定的进攻时间内投篮。美国职业篮球比赛规定的进攻时间是 24 秒，国际篮球比赛是 30 秒，美国大学篮球比赛是35 秒。"

分析员："如何计算篮球比赛得分。"

教练员："三分线之内每投中一次篮筐得两分，三分线之外投中一次得三分。一次罚球得一分。顺便说一下，罚球是对方犯规后判罚的投球。如果某一个队员犯规，则比赛暂停，由被侵犯的队员在罚球线处罚球。"

分析员："再详细说明一下每个篮球队员在比赛中的情况好吗？"

教练员："后卫队员通常主要是运球和传球。他们一般都比前锋队员矮，前锋队员通常又比中锋矮。所有的队员必须都能运球、传球、投球、抢篮板球。大部分抢篮板球和中距离投篮都由前锋队员完成，而中锋通常离篮筐最近，一般由他来篮下进攻。"

分析员："场地大小如何？另外，每场比赛时间是多少？"

教练员："国际比赛场地为 28 米长、15 米宽。篮筐离地面 3.05 米高。在美国职业篮球比赛中，一场比赛为 48 分钟，分为 4 节，每节 12 分钟。在美国大学和国际比赛中，一场比赛 40 分钟，分为上下两个 20 分钟的半场。有专门的比赛时钟记录比赛还剩下多少时间。"

这样的谈话可以不断地和经常地进行，但是我们现在停止说明这些对话，来看看谈话的内容。下面是你在对话中发现的名词：篮球（Ball）、篮筐（Basket）、篮球队（Team）、队员

（Player）、后卫队员（Guard）、前锋队员（Forward）、中锋（Center）、投球（Shot）、规定的进攻时间（Shot Clock）、三分线（Three-Point line）、罚球（Free Throw）、犯规（Foul）、罚球线（Free-Throw Line）、球场（Court）、比赛时钟（Game Clock）。

　　还有一些动词：投篮（shoot）、推进（advance）、运球（dribble）、传球（pass）、犯规（Foul）、抢篮板球（rebound）。你还可得到上述名词的一些附加信息——例如每个位置的队员的相对高度、篮球场大小、进攻时间以及比赛时间。

　　最后，根据常识可以为这些类建立一些属性和操作。例如，通常球类都有体积（volume）和直径（diameter）等属性。

　　使用这些信息，你可以建立一个如图 3.15 所示的图。它说明了领域中的类，并提供了一些属性、操作和约束。这个图也可以表示职责。你可以使用这个类图作为今后进一步与教练员交流的基础，然后就能获取更多的信息。

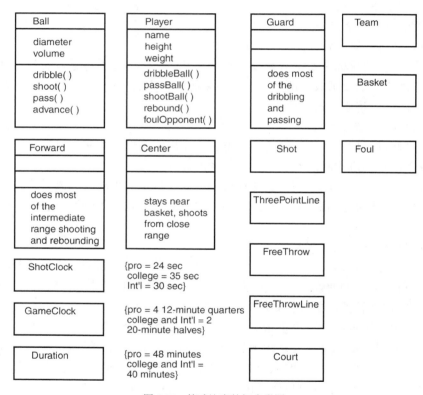

图 3.15　篮球比赛的初步类图

　　在图中，类 ShotClock 的约束{pro=24 sec college=35 sec int'l=30 sec}说明职业比赛为 24 秒，大学比赛为 35 秒，国际比赛 30 秒。类 GameClock 的约束说明职业比赛由 4 个 12 分钟的节组成，国际比赛和大学比赛由两个 20 分钟的半场组成。其余约束与此类似。类 Forward 和类 Center 的职责也在类图标中表示出来。其中 Forward 类的职责是 does most of the intermediate range shooting and rebounding（负责大部分中距离投篮和抢篮板球）；Center 类的职责是 stays near basket, shoots from close range（靠近篮筐，负责近距离投篮）；后场队员职责是 does most of the dribbling and passing（负责大部分的运球和传球工作）。

3.8　小　　结

UML 的类图标是由一个矩形表示。类名字、属性、操作和职责都在区域中有各自的方框。可以使用构造型来组织属性和操作名列表。可以使用类的省略表示法,只表示出类的一部分属性和操作。这样可以使类图比较清晰。

可以在类图标中指定属性的类型和初始值,还可以指明操作执行时所需要的参数和参数的类型。对一个操作来讲,这些附加信息被称为型构。

为了减少描述类时的二义性,可以对类施加约束。UML 还允许对模型元素附加注释来说明有关模型元素更多的附加信息。

类表达的是领域知识中的词汇。与客户或者领域中的专家交谈可以发现一些类模型中的名词和可能成为操作的动词。你可以用类图来促进和客户的进一步交流,以揭示出更多的领域知识。

3.9　常见问题解答

问:刚才你提过可以运用"常识"知识来分析和建立篮球比赛的类图。这样做有道理也很有效,但是当我分析对我来说是全新的领域时——常识知识帮不上忙,应该怎么做?

答:通常,你将会突然被带入一个全新的领域中去。在与领域专家和客户会面之前,首先要使自己成为"二级专家"。在准备会面之前,要尽可能地多读一些相关资料。就一些论文和资料向专家们请教。当你读过这些资料后,你就应该能了解基础的领域知识,这样在与客户和专家会面交流的时候就能提出中肯的问题了。

问:在何时应该指明操作的型构?

答:通常是在开发过程中的分析阶段完成后,将要进入设计阶段的时候。型构是一段对程序设计人员很有用的信息。

问:我在公司工作很久了,对公司的业务非常熟悉。对于公司涉及的业务领域,我必须要建立一个类模型吗?

答:最好是建立一个类模型。当你必须对你所知的内容建立模型时,你常常会对自己所不知道的内容感到惊讶。

3.10　小测验和习题

回顾你所学的有关面向对象概念,试着做这些小测验题。答案列在本书附录 A "小测验答案"中。

3.10.1　小测验

1. 如何用 UML 表示类?
2. 类图标中可以指明哪些信息?
3. 什么是约束?
4. 为什么要对类图标附加注释?

3.10.2 习题

1．下面是冰球比赛的简述（并不太完整）：

一支冰球队由一名中锋、一名守门员、两名边锋以及两名后卫组成。每个队员都手持一个曲棍，用来在冰上运球，目标是用曲棍将球射入对方的球门。冰球比赛通常在一个室内的冰球场进行。场地长 200 英尺、宽最大为 100 英尺。中锋的任务是将冰球传递给边锋，边锋的射门技术通常比前锋更好。后卫力图阻止对方到达本方的射门位置和射门。守门员是最后一道防线，阻挡对方的射门。每当他成功地阻挡出对方的射门，他就进行了一次"救球"。每射进球门一次得一分。一场冰球比赛要进行 60 分钟，这 60 分钟被分 3 次 20 分钟的比赛。

使用上述信息绘制一幅类似于图 3.15 的类图。如果你知道的关于冰球比赛的知识比上面描述的更多，那么在你的类图中增加你所知道的信息。

2．如果你知道比图 3.15 表达的信息更多的有关篮球比赛方面的知识，请在该图中增加你所知道的信息。

3．回顾分析员和篮球队教练的谈话，查阅教练员对提问的回答。找出至少三个可以追加提问的地方。例如，在某一处教练员曾提到一次"三分线"。进一步的提问可以提示出有关这个术语的更详细的信息。

4．这里对后面的内容稍作预习：如果你必须绘出图 3.15 中的类之间的某些联系，这张图将会是什么样的？

第4章 关 系

在本章中，你将学习如下内容：
- 如何对类之间的关系建模；
- 如何可视化类和子类的关系；
- 如何表现类之间的依赖。

在上一章所完成的模型中，只有一些代表了篮球运动词汇的类。尽管这幅图是进一步研究篮球比赛的基础，但很显然图中似乎缺少了什么。

"缺少的东西"是类之间的连接方式。如果你回顾已经建立的初步模型（参考图 3.15），就会发现图中并没有说明队员和篮球之间有什么关系，队员是如何组成球队的，或者一场比赛是如何进行的。这就像你已建立的洗衣店术语列表一样，而不是建立了那个领域的知识全图。

本章将建立这些类之间的连接并对整幅图画进行填充。

4.1 关 联

当类之间在概念上有连接关系时，类之间的连接叫做**关联**（association）。篮球比赛的初步模型中提供了这样的例子。让我们来研究其中的一个关联——队员和球队之间的关联。可以用一个短语"队员为篮球队效力（Plays on）"来刻画这个关联。关联的可视化表示方法是用一条线连接两个类，并把关联的名字（例如"Plays on"）放在这个连接线之上。表示出关联的方向是很有用的，关联的方向用一个实心三角形箭头来指明。图 4.1 说明如何可视化表示队员和球队之间的 Plays On 关联。

图 4.1　队员和球队之间的关联

当一个类和另一个类发生关联时，每个类通常在关联中都扮演着某种角色。可以在图中靠近每个类的地方的关联线上标明每个类的角色。在队员和球队的关联中，如果球队是职业篮球队，那么它就是队员的雇主（employer），队员就是球队的雇员（employee）。图 4.2 说明了如何表示出这些角色。

图 4.2　参与关联的每个类通常都扮演着某种角色，可以在图中表明这些角色

关联还可以从另一个方向发生：篮球队雇佣（employ）队员。可以把这两个方向上的关联表示在一个图中，用实心三角形箭头指明各自关联的方向，如图 4.3 所示。

图 4.3　两个类之间的不同关联可以表示在一幅图中

关联远不只一个类连接另一个类那么简单。好几个类可以连接同一个类。如果考虑 Guard、Forward、Center 类和 Team 类之间的关联，将会得到图 4.4 所示的关联图。

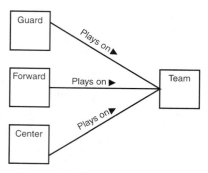

图 4.4　多个类可以和同一个类关联

4.1.1　关联上的约束

有时，两个类之间的一个关联随后就有一个规则。可以通过关联线附近加注一个约束来说明这个规则。例如，一个 Bank Teller（银行出纳员）为一个 Customer（顾客）服务（serve），但是服务的顺序要按照顾客排队的次序进行。在模型中可以通过在 Customer 类附近加上一个花括号括起来的"ordered（有序）"来说明这个规则（也就是指明约束），如图 4.5 所示。

图 4.5　可以对关联施加约束。在这个例子中，Serves 关联上的
{ordered} 约束说明银行出纳员要按照顾客排队的次序为顾客服务

另一种类型的约束是 Or（或）关系，通过在两条关联线之间连一条虚线，虚线之上标注 {or} 来表示这种约束。图 4.6 是高中生（high school student）选（choose）专业（academic）课，或者选商务（commercial）课时的模型。

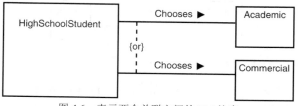

图 4.6　表示两个关联之间的 {Or} 约束

4.1.2 关联类

和类一样，关联也可以有自己的属性和操作。此时，这个关联实际上是个**关联类**（association class）。关联类的可视化表示方式与一般的类相同，但是要用一条虚线把关联类和对应的关联线连接起来。关联类也可以与其他类关联。图 4.7 是 Player 类和 Team 类之间的 Plays On 关联对应的关联类：Contract（契约）关联类。它又同时和 GeneralManager（总经理）类发生关联。

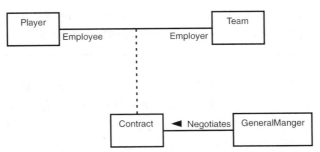

图 4.7 关联类对关联的属性和操作建模。它与所对应的关联
线之间通过虚线连接起来，并且还可以和其他类关联

4.1.3 链

正如对象是类的实例一样，关联也有自己的实例。如果我们想要一个特定的队员效力一个特定的球队，那么两者之间的 Plays On 关系就叫做一个链（link），可以用两个对象之间的连线来表示它。和对象的名字要加下画线一样，链的名字也要加下画线，如图 4.8 所示。

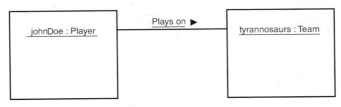

图 4.8 链是关联的实例。链连接的是对象而不是类。和对象名要加下画线一样，链名也要加下画线

4.2 多 重 性

到目前为止，在 Player 类和 Team 类之间所建立的关联似乎是一对一（one-to-one）关系。然而常识告诉我们这并不一定正确。一支篮球队有 5 名队员（不包括替补队员）。因此 Has（拥有）关联必须考虑到这一点。在另一个方向上，一个队员只能为一支球队效力，Plays On 关联也必须考虑这一点。

上面说的就是多重性（multiplicity）的例子，也就是某个类有多个对象可以和另一个类的单个对象关联。表示多重性的方法是在参与关联的类附近的关联线上注明多重性数值，如图 4.9 所示（数值的位置可以在关联线的上边或下边）。

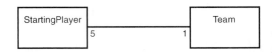

图 4.9 多重性说明某个类的多少个对象可以和另一个类的单个对象关联

这个例子所举的多重性并不是唯一可能的类型。实际上存在各种可能的多重性（可以这样讲，多重性也具有多重性）。两个类之间可以是一对一（one-to-one）、一对多（one-to –many）、一对一或多（one-to-one or more）、一对零或一（one-to-zero or one）、一对有限间隔（one-to-a bounded interval，例如，一对 5 到 10）、一对 n（one-to-exactly n，如这个例子就是一对 n）关系，或者一对一组选择（one-to-a set of choices，例如，一对 9 或 10）。

有用提示

你第一次见到上面列出的这些多重性类型时，很容易把它们搞混淆。下面介绍一个小窍门来帮助你辨别这些多重性：设想一下右边的短语被加上双引号，那么一对一或多就变成了一对"一或多"，一对有限间隔就变成一对"有限间隔"。双引号可以让你分清右边短语所代表的边界，帮助你理解整个短语的含义。

UML 使用星号（*）来代表许多（more）和多个（many）。在一种语境中，两点代表 Or（或）关系，例如"1..*"代表一个或者多个。在另一种语境中，Or 关系用逗号来表示，例如"5，10"代表 5 或者 10。图 4.10 显示了可能的各种多重性的表示方法（注意，图中每种多重关系右边的短语并不是 UML 图的一部分，那只是用来说明问题的）。

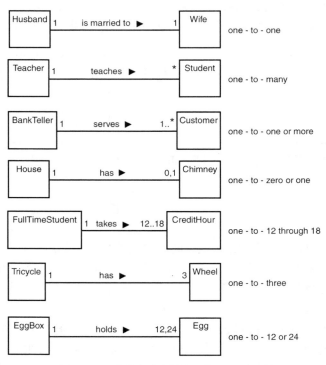

图 4.10 可能的各种多重性及其 UML 表示法

> **一对零或一**
>
> 当类 A 和类 B 之间是一对零或一（one-to-zero or one）多重性时，就说类 B 对类 A 是可选的（optional）。

4.3　限 定 关 联

当关联的多重性是一对多时，就产生了一个特殊问题：查找问题。当一个类的对象必须要选择规则中另一个类的特定对象来满足关联中的角色时，第一个类必须要依赖一个具体的属性值来找到正确的对象。这个属性值通常是一个标识符号，例如一个 ID 号。例如，房间预订列表中包含了多个预订登记，如图 4.11 所示。

图 4.11　房间预订列表和它所包含的预订登记之间具有"一对多"多重性

当你预订了一个旅馆房间，旅馆工作人员就会指定一个许可号。如果你觉得预订的房间有问题，那你首先得提供房间许可号，以便工作人员能够从预订列表中找到你的预订登记。

在 UML 中，ID（identification，标识）信息叫做限定符（qualifier）。它的符号是一个小矩形框，把作为一对多多重性的一部分的类连在一起。图 4.12 表示了这种关系。尽管 ReservationList 和 Reservation 之间是一对多的多重性，confirmationNumber 和 Reservation 之间还是一对一的多重性。

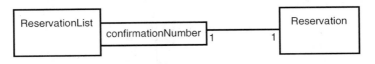

图 4.12　UML 的限定符图标，当你使用它时，你限定了一种关联

4.4　自 身 关 联

有时，一个类可能与它自己发生关联，这样的关联被称为**自身关联**（reflexive association）。当一个类的对象可以充当多种角色时，自身关联就可能发生。

一个 CarOccupant（车上的人）既可能是一个司机（driver）也可能是一个乘客（passenger）。如果是司机，那么一个 CarOccupant 可以搭乘（drive）零个到多个乘客。我们用从类矩形框出发又回到自身的关联线表示自身关联，在关联线上也可以指明角色名、关联名、关联的方向以及多重性。图 4.13 是一个例子。

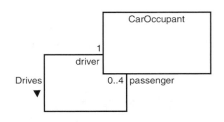

图 4.13　自身关联的关联线从某个类出发又回到其自身。自身
关联也可以指明角色名、关联名、关联方向和多重性

4.5　继承和泛化

面向对象的一个特点是它能够反映日常生活中的常识：如果你知道某物所属的种类，你自然就会知道同类的其他事物也具有该事物的一些特征。如果你知道某物是家用电器，那么你就知道它有开关、品牌和序列号。如果你知道某物是动物，那么它理所当然能够吃饭、睡觉、繁殖、迁徙以及具有其他的一些片刻就能够列出的属性（和操作）。

在面向对象术语中，上述关系称为**继承**（inheritance）。UML 中也称它为**泛化**（generalization）。一个类（孩子类、子类）可以继承另一个类（父类或超类）的属性和操作。父类是比子类更一般的类。

继承层次并不止两层：子类还可以是另一个子类的父类。Mammal（哺乳动物）是 Animal（动物）类的子类，而 Horse（马）又是 Mammal 类的子类。

在 UML 中，用父类到子类之间的连线来表示继承关系。父类连线部分，指向父类的一端带有一个空心三角形箭头。这种连接类型的短语的含义为 is a kind of（属于……中的一种）。例如，哺乳动物是动物中的一种，而马又是哺乳动物中的一种。图 4.14 说明了这些类的继承层次，图中还有附加的一些类。

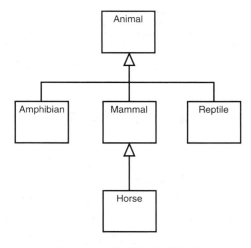

图 4.14　动物王国的继承关系

注意图中箭头的形状和多个子类继承一个父类时的表示法。这样表示可以使图更加简洁，

当然也可以把每个继承关系线单独画出。同样要注意，在父类中已经指明的属性和操作，在子类中可以不用再指明。图中，Amphibian 为两栖动物，Reptile 为爬行动物。

> **子类= "is a kind of"**
> 在对继承关系建模时，要保证子类和父类之间确实有 "is a kind of" 关系，否则这两个类之间的关系应该是其他类型的关系。

子类除了继承父类的属性和操作外通常也增加了自己的属性和操作。例如，哺乳动物都具有毛发并能产奶，而一般动物却不都具备这两个属性。

一个类可能没有父类，这种没有父类的类被称为**基类**（base class）或**根类**（root class）；一个类也可以没有子类，没有子类的类被称为**叶类**（leaf class）。如果一个类恰好只有一个父类，这样的继承关系叫**单继承**（single inheritance）。如果一个类有多个父类，这样的继承就是**多继承**（multiple inheritance）。

> **类名是单数**
> 你有没有注意到类的名字总是单数（是 Mammal 不是 Mammals）。这主要是考虑到 "is a kind of" 关系。人们一般会说 "一匹马是哺乳动物的一种"（a horse is a kind of mammal），而不是说 "一匹马是哺乳动物们的一种"（a horse is a kind of mammals）。因为，后一种说法毫无意义。

4.5.1　找出继承关系

在与客户交谈的过程中，系统分析员可以通过多种方式发现类之间的继承关系。作为候选的类有可能和它的父类、子类在谈话中同时被发现。系统分析员能意识到某个类的属性和操作也许能被运用到其他多个类当中去——此外，这几个类还有属于自己的特定属性和操作。

回顾第 3 章 "运用面向对象" 中篮球比赛的例子，其中有 Player、Guard、Forward、和 Center 等类。Player 类通常有 name（名字）、height（身高）、weight（体重）、runningSpeed（奔跑速度）和 verticalLeap（垂直起跳高度）等属性，以及 dribble（）、pass（）、rebound（）和 shoot（）等操作。Guard（运球）、Forward（传球）和 Center（抢篮板）继承了这些属性和操作，并且增加了他们自己的一些属性和操作。Guard 可能具有操作 runOffense（）和 bringBallupcourt（）。Center 可能具有操作 slamDunk（），根据教练员介绍的篮球队员的相对高度，系统分析员可能要对这些队员类施加相应的约束。

另一种可能的情况是系统分析员注意到两个或者多个类可能具有相同的属性和操作数。篮球比赛类模型中有一个 GameClock 类（它负责记录距离比赛停止还剩下多少时间），还有一个 ShotClock 类（它记录某方得到控球权后还剩下多长时间该方必须投篮）。因为两者都是用来记录时间的，意识到这点后，系统分析员就能设计出 Clock（时钟）类。它具有一个 trackTime（）操作（计时操作），GameClock 类和 ShotClock 类都继承了这个操作。

> **多态的一个例子**
> 因为 ShotClock 的周期是 24 秒（职业比赛）或 35 秒（大学比赛），并且 GameClock 也有 12 分钟（职业联赛）或 20 分钟（大学比赛）两种可能，因此 trackTime（）是一个多态操作。

4.5.2　抽象类

在篮球比赛模型中，刚才提及的两个类（Player 类和 Clock 类）是很有用的，因为它们是一些重要子类的父类。子类在模型中之所以重要是因为你最终需要它们的实例对象。要开发出这个模型，需要 Guard、Forward、Center、GameClock 和 ShotClock 的实例。

然而，Player 和 Clock 这两个类将不提供任何模型实例。实际上 Player 类的对象也派不上什么用途，Clock 类的对象同样是如此。

像 Player 和 Clock 这样的类（不提供实例对象的类）被称为是抽象的（abstract）。

表明一个类是抽象类的方法是类名用斜体书写。图 4.15 示意了这两个抽象类和它们的子类。

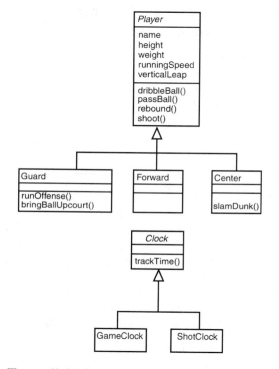

图 4.15　篮球比赛类模型中的两个抽象类和它们的子类

4.6　依　　赖

另一种类间关系是一个类使用了另一个类。这种关系叫做依赖（dependency）。最通常的依赖关系是一个类操作的型构中用到了另一个类的定义。

假设你正在设计一个能显示公司全体成员的制表系统，公司的员工可以填写这个系统中的电子表格。员工要选择菜单来填写表格。在你的设计中，有一个 System（系统）类和一个 Form（表格）类。System 类的众多操作中有一个 displayForm(f：From)，系统所要显示的表格取决于用户选择的表格。这种设计的 UML 表示法是在有依赖关系的类之间画上一条带箭头的虚线，如图 4.16 所示。

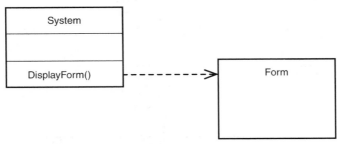

图 4.16　依赖关系用带箭头的虚线表示

4.7　类图和对象图

到目前为止，我们已经详细地讨论过类图，但我们对对象图介绍的并不多。在结束本章内容之前，是时候讨论一下如何以及为什么要可视化对象这个问题了。

类图给出了一般性的、定义性的信息：一个类的特性以及它的属性，以及和这个类关联的其他的类。对象图则在某个特定时刻及时给出了一个类的多个具体实例以及它们如何联系起来等相关信息（"时刻"和"实例"，这两个词能够很好地概括一个对象图的作用）。

举个例子：假设你正在观看一场国际象棋比赛，一部分棋子如图 4.17 所示。

图 4.17　国际象棋比赛的一部分棋子

如果你对国际象棋一无所知，你很难理解在这个特定的棋局中发生了什么。如果你有一张如图 4.18 所示的棋子的类图，这张图就能够帮助你搞清楚国际象棋的一些一般规则（upperShape 属性只是描述棋子的物理外形的一种方法）。

尽管类图可能有助你全面理解棋局（尤其是当类图以某种方式说明了 knightMoveTo（）、queenMoveTo（）、pawnMoveTo（）以及 pawnCapture（）等方法时），你还是需要一些帮助才能全面理解图 4.17 所示的具体的棋局。对象图将提供你所需要的帮助。图 4.19 对图 4.17 中的棋子位置建模，并命名了具体棋子之间的连接。图 4.19 中，白后正被（is being attacked by）黑马所攻击，白兵正在保卫（is defending）白后，白兵正在对黑马战略反击（is strategically positioned against）。

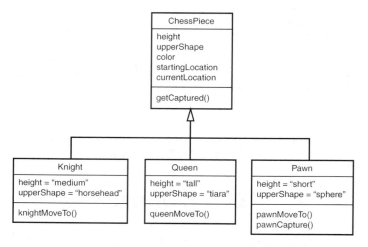

图 4.18   一些棋子的类图

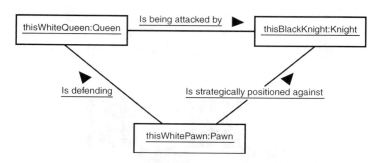

图 4.19   对图 4.17 中棋子位置建模的对象图

4.8   小   结

离开了类之间的关系，类模型仅仅只是一堆代表领域词汇的杂乱矩形方框。关系说明了这些词汇所表达的概念之间的连接，这样才能完整地说明我们所建模的对象。关联是类之间最基础的概念性连接。关联中的每个类都扮演某种角色，关联的多重性说明了一个类的多少个对象能够和另一个类的单个对象发生联系。存在各种不同的多重性。在 UML 中关联用一条直线来表示，关联线的两端可以注明角色名和多重性。和类一样，关联也可以有自己的属性和操作。

一个类可以继承其他类的属性和操作。继承了属性和操作的类叫子类，被继承的类叫父类或超类。通过在初步类模型中寻找不同类的共同属性和操作可以发现类之间的继承关系。抽象类只是为了提供其他类继承的基类之用，它本身不产生对象实例。

继承的表示法是从子类画一条带空心三角形箭头的连线指向父类。

在依赖关系中，一个类使用了另一个类。依赖最通常的用法是用来说明某个类操作的型构使用了另一个类的定义。依赖关系用从依赖类到被依赖类的带箭头的虚线表示。

类图给出了有关类的一般性定义。要在某一特定时刻，及时对类的具体实例建模，则要使用对象图。

4.9 常见问题解答

问：前面提到可以给关联命名，可以给继承关系起名字吗？

答：UML 并没规定不能给一个继承关系起名字，但是这样做通常没什么必要。

问：当我对继承关系建模的时候，我还能够在同一模型中体现其他类型的关系吗？

答：当然可以。模型并没有只能表示一种关系的限制。

问：在图 4.18 中，ChessPiece 类中包含有 color、startingLocation、currentLocation 等属性和 getCaptured（）操作。而在 Knight、Queen 和 Pawn 等子类中，你却并没有给出这些属性和操作。这些类都具有这些特征，为什么不在该图中画出来呢？

答：继承图标（带空心的箭头的实线）表示子类具有这些属性和操作。继承关系就是这么定义的。子类拥有父类的所有属性和操作。

问：对于图 4.18，我的问题是，子类中给出了它们的两个属性的值，我认为那个值就是对象图中的对象的属性值。我这种想法的依据是什么？

答：属性的值确实会出现在对象图中。还记得，我们在第 3 章中说过么，你可以为一个类的属性指定一个缺省值。

4.10 小测验和习题

下面的小测验和习题是用来巩固前面学到的 UML 关系方面的知识。每个问题和习题都需要你回顾本章介绍的建模符号表示法，并运用这些表示法来解答这些问题。答案在附录 A "小测验答案"列出。

类在卡中

对于和类相关的练习，这里给出一个提示：用一些 3×5 的索引卡片，一张卡片代表一个类。把类的名字写在卡片的顶端，下面的线条上写上属性和操作。这种方法将帮助你把类设想为一个你能够触及的具体的事物。按照你将要在模型中绘出的方式安放卡片。这是仅次于建模工具的最好的东西。

4.10.1 小测验

1. 多重性怎么表示？
2. 如何发现类之间的继承关系？
3. 什么是抽象类？
4. 限定符有哪些作用？

4.10.2 习题

1. 以第 3 章中所描述的篮球比赛初步模型为起点，在模型中添加本章中指出的、该模型中应有的链接。如果你对篮球比赛很熟悉的话，那么根据你自己对篮球比赛的理解添加模型中的链接。

2．有一句格言："为自己辩护的律师对诉讼人来说是徒劳的"。试着建立这句格言的类模型。

3．为你的居住地对象绘制一个层次结构图，要包括必要的继承关系和抽象类。

4．为你在学校所学过的所有科目和课程建立继承层次，同样不要忘了抽象类和类的实例。在这个模型中要包括依赖关系（例如某些课程是不是要求有先修课程？）。

5．设想在 Dog（狗）类和 Person（人）类之间的一个关联。再设想 Cat（猫）类和 Person 类之间与前一关联同名的关联。画出这两个关联并为每个关联建立一个关联类。所建的关联类要说明这两个关联尽管名字相同，但仍有不同之处，它们不是完全相同的关联。

6．扩展图 4.18 中的 ChessPiece 类，进一步体现对 height、upperShape 和 color 等属性的限制。对于 upperShape，你必须设想出贴切的名字用来描述 Bishop、Rook 和 King 棋子的顶部形状。

7．如果你懂国际象棋并且你有兴趣，对所有的国际象棋棋子建模并完成图 4.18。然后，创建一个对象图，对棋局最初的布局建模。把所有的属性包括进去。关于位置属性，你需要参考棋盘上的位置命名方式。如果你是个棋迷，你应该知道每个棋子都有点值。把这个属性添加到 ChessPiece 类中，并给每个子类设一个缺省值。

第 5 章 聚集、组成、接口和实现

在本章中，你将学习如下内容：
- 如何对包含其他类的类建模；
- 如何对接口以及与其相关联的类建模；
- 可见性的概念。

前面已经介绍过关联、多重性和继承。学习了这些概念后，几乎马上就可以着手建立有意义的类图了。本章中，你将学习有关类图的最后一些内容，包括前面还没介绍的一些关系以及其他问题。最终的目标是要建立系统的静态视图，完成系统类之间的所有连接关系。

5.1 聚 集

一个类有时是由几个部分类组成的。这种特殊类型的关系被称为**聚集**（aggregation）。部分类和由它们组成的类之间是一种**整体-部分**（part-whole）关联。第 2 章"理解面向对象"中，我们曾提到家用计算机系统（home computer）是一个聚集体，它是由主机箱、键盘（keyboard）、鼠标（mouse）、显示器（monitor）、CD-ROM 驱动器、一个或多个硬盘驱动器（hard drive）、调制解调器（modem）、软盘驱动器（disk drive）、打印机（printer）组成，还可能包括几个音箱（speaker）。而主机箱内除 CPU 外还带着一些驱动设备，例如显示卡（graphics card）、声卡（sound card）和其他组件。

按照聚集关系的表示法，聚集关系构成了一个层次结构。"整体"类（例如，家用计算机系统）位于层次结构的最顶部，以下依次是各个"部分"类。整体和部分之间用带空心菱形箭头的连线连接，箭头指向整体。图 5.1 示意了家用计算机系统的组成。

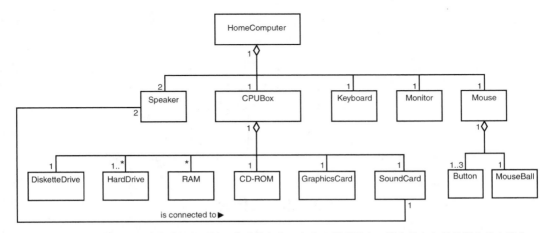

图 5.1 聚集（整体-部分）关联的表示法。关联线上有一个空心菱形箭头，箭头的方向是从部分指向整体

尽管这个例子中的每个部分体都属于一个整体，但聚集关系并不是只有这种情况。例如，

在一个家庭影院系统中，电视机和录像机可以共用同一个遥控器，那么这个遥控器既是电视机的组成部分，也是录像机的组成部分。

聚集上的约束

有时一个聚集体可能由多种部分体组成，这些部分体之间是"or（或）"关系。例如在某些餐馆中，一顿饭包括汤（soup）或者沙拉（salad）、主食（main course）和甜点（dessert）。要对这顿饭建模，必须使用一个约束。我们在两个整体-部分关系线之间加上一花括号括起来的"or"来表示这个约束，并用虚线连接两个关系线，如图 5.2 所示。

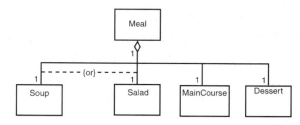

图 5.2　可以在聚集上施加一个"or"约束，它表示某个整体包含一个或另一个部分

约束的一致性

注意，图 5.2 中{or}的使用（聚集上的约束）和前一章图 4.6 中{or}的使用（关联上的约束）在含义上是一致的。

5.2　组　　成

组成是强类型的聚集。聚集中的每个部分体只能属于一个整体。例如，咖啡桌（coffee table）是一个组成体，它的部分体有桌面（tabletop）和桌腿（leg）。除了菱形箭头是实心之外，组成和聚集的表示法相同，如图 5.3 所示。

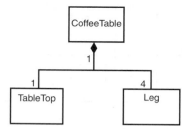

图 5.3　在组成关系中，每个部分只能属于一个整体。实心菱形箭头用来表示组成关系

5.3　组成结构图

组成是展示一个类的构件的一种方式。如果你希望能够展示类的内部结构，你就需要进一步借助 UML 2.0 的组成结构图（composite structure diagram）。

例如，假设你要对一件衬衫建模。图 5.4 显示了使用一个大的矩形来表示衬衫类，而它的各个组成部分都嵌在矩形之中。嵌套在其中的图展示了衬衫的各个组成部分之间的关系。

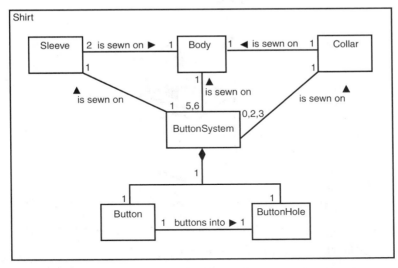

图 5.4 组成结构图用嵌套在一个大的类框中的一个类图来说明一个类的组成类

组成结构图重点关注衬衫及其内部组成部分。

这种类型的图在 UML 2.0 中并不是全新的。在 1.x 的版本中，这种图叫做语境图（context diagram）。

5.4 接口和实现

在第 2 章中，我们提到了封装的概念，也就是一个对象向其他对象隐藏了自己的操作。当你锁车的时候，汽车并不会向你展示它是如何完成锁车操作的。当你切换电视频道的时候，电视机也不会让你看到它是如何切换的。如果这些操作都是隐藏的，你如何让汽车和电视机执行这些操作呢？

汽车和电视机都通过一个接口接收消息，也就是执行一个操作的请求。**接口（interface）**是描述类的部分行为的一组操作，它也是一个类提供给另一个类的一组操作。

举个例子来阐明接口这个概念。每次你使用洗衣机的时候，你不必把它拆开来查看里面的电路，以便能够启动它并设置时间参数。你也不用把手伸到水管中去打开进水或停止进水。相反，你只需要通过一个控制柄就可以使洗衣机执行这些操作，如图 5.5 所示。操作控制柄以后，你就能够启动或关闭洗衣机，或者设置和洗衣相关的某个参数。

控制柄就是洗衣机的接口。控制柄有哪些操作呢？其实这些操作都很简单。控制柄能够关闭或断开电源，并且能够通过度数设置使得洗衣机顺时针或者逆时针旋转。

从某种意义上讲，控制柄的操作是抽象的。关闭或切断电源也好，顺时针或逆时针旋转也好，如果不和某种事物联系起来，它们并不能完成任何有价值的事情。在这个例子中，这些操作和洗衣机联系了起来。这就好像是洗衣机通过将控制柄的操作转换为和洗衣服相关的操作（如开启或关闭洗衣机、设置洗衣周期等参数），而使得这些操作变得具有"实际"意义。

图 5.5　控制柄是洗衣机的接口，你可以通过它来完成一些对洗衣机的操作

在 UML 术语中，我们说洗衣机保证了它的部分行为能够"实现"控制柄的行为。因此，一个类和它的接口之间的关系叫做**实现**（realization）。

为什么是"部分行为"呢？因为并不是说所有的洗衣机的操作都是通过控制柄来完成的。某些操作，如 acceptClothes（）和 acceptDetergrent（），通过洗衣缸就可以完成。

在整个例子中，你也许会注意到对一个接口的操作频繁引用，但却无关乎它的属性。这是因为就我们所关心的范围而言，还没有涉及它的属性。不错，控制柄有半径和厚度，并且可能会有 make 和 model 这样的属性。关键是我们不关心这些。当它以接口的方式存在，我们所关心的只是它的操作。

接口的模型表示法和类大致相同，都是用一个矩形图标来代表。和类的不同之处在于，接口只是一组操作，没有属性。还记得前面曾说到过，类可以采用省略表示法吗？类可以省略属性只表示出操作或者什么也不表示。如果一个类的表示省略了属性，那么怎么把这个类和接口区分开呢？一种办法是使用构造型«interface»，把它放在矩形框中接口的名字之上。另一个办法是接口的名字以大写字母"I"开头。

表示类和接口之间的实现关系的符号和继承关系的符号有些相似，只不过它是一个带空心三角形的箭头，箭头的方向指向接口。图 5.6 示意了 WashingMachine 和 ControlKnob 之间的实现关系。

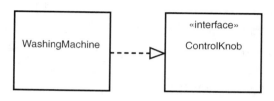

图 5.6　接口是一个类的操作集合。类和接口
之间可以通过实现关系连接，实现关系用带空心三角形箭头的虚线表示，箭头指向接口一端

另一种表示法（省略表示法）是将接口表示为一个小圆圈，并和实现它的类用一条线连

起来，如图 5.7 所示。这种图有时候被形象地称作棒糖图（lollipop diagram）。

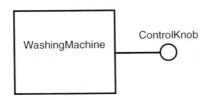

图 5.7　被类实现的接口的省略表示法

> **继承和实现**
>
> 　　由于实现的符号和继承的符号有相似之处，你可能需要花点时间考虑一下二者的区别。可以把继承看成是双亲与孩子的关系：双亲遗传了物理属性给孩子（例如，眼睛的颜色、头发的颜色等等），孩子同样也继承了双亲的一些行为。而实现关系可以比做孩子和教师之间的关系：教师并没有把自己的物理属性传递给孩子，但是孩子从教师那里学到了一些行为和过程。

　　一个类可以实现多个接口，一个接口也可以被多个类实现。

> **接口无处不在**
>
> 　　我们周围到处是接口。实际上，我们习惯于把接口和它所关联的物体视为一个整体，因此对它熟视无睹。
>
> 　　控制柄，尤其是作为各种家用电器的一部分，是非常常见的。除了帮助我们操控洗衣机，它还能够打开或关闭收音机，以及调节音量和电台。你肯定能够联想到很多见到过控制柄的地方。
>
> 　　为了让我们对小小的接口有更加直观的使用体验，一家公司（设在田纳西州纳什韦尔的名为 Griffin Technology 的公司）在市场上推出了一种叫做 PowerMate 的控制柄。这个 USB 接口的控制柄可以用作计算机的输入设备，你可以通过程序让它来实现键盘所能实现的所有功能。他的设计者骄傲地宣称："这东西无所不能，并且我每天都用它"。

　　由于我们要依靠接口实现洗衣机的操作，我们把通过接口的交互建模为一种依赖。在第 4 章"关系"中，你曾经见到依赖的符号就是一条带箭头的虚线。图 5.8 示意了这种关系。

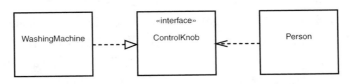

图 5.8　使用依赖符号对通过接口和类的交互来建模

　　图 5.8 使用依赖符号，对通过接口和类的交互来建模。在 UML 1.x 中，表示依赖关系的箭头，可以和完整的或是省略的接口符号一起工作。UML 2.0 引入了"球窝"符号来作为省略版本，如图 5.9 所示。

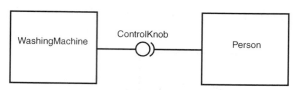

图 5.9　UML 2.0 使用"球窝"符号来表示省略的接口符号

5.5　接口和端口

UML 2.0 允许你对接口和类之间的关联建模，从而使接口的概念得到更深刻的体现。

把你的鼠标看作是计算机的接口。你可以用它来做几件事情：指示和点击（如果你的鼠标中间有小滑轮，你还可以滚动它）。这些操作本身毫无意义，只有你的计算机能够"实现"它们，它们才有价值。也就是说，你可以能够用这些操作来定位光标和选取对象。

鼠标是如何连接到计算机的？沿着鼠标后面的线缆，在计算机的后面，你会看到一个端口（port），也就是鼠标插入的地方。当然，你的计算机也可能有一系列端口，包括一个并行端口以及一个或多个 USB 端口。计算机正是通过这些端口和外界的环境交互。

UML 2.0 提供了一个符号用来对这些交互点建模。如图 5.10 所示，端口符号是位于类符号边缘上的一个小方格，这个小方格连接到接口。

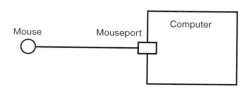

图 5.10　UML 2.0 用来表示端口的符号，它展示了类和环境交互的点

5.5.1　可见性

与接口和实现密切相关的是可见性概念。**可见性（visibility）**可应用于属性或操作，它说明在给定类的属性和操作（或者接口的操作）的情况下，其他类可以访问到的属性和操作的范围。可见性有 3 种层次（级别）。在**公有（public）**层次上，其他类可以直接访问这个层次中的属性和操作。在**受保护（protected）**的层次上，只有继承了这些属性和操作的子类可以访问最初类的属性和操作。在**私有（private）**层次上，只有最初的类才能访问这些属性和操作。在电视机（television）类中，changeVolume（）（改变音量）和 changeChannel（）（改变频道）是公有操作，paintImageOnScreen（）（显示画面）是私有的。在汽车（automobile）类中，accelerate（）（加速）和 brake（）（刹车）是公有操作，而 updateMileageCount（）（修改里程表计数值）是一个受保护操作。

和你想象的一样，实现关系意味着接口中的所有操作都是公有的。将这些操作对外界隐蔽起来没有什么意义，因为接口本来就是为了让外界不同的类来实现它而定义的。

属性或操作名前面带个"+"号，则指明该操作或属性是公有的。同样，"#"号和"-"分别代表受保护的和私有的。图 5.11 示意了前面提到的电视机类和汽车类中的公有、受保护的和私有操作。

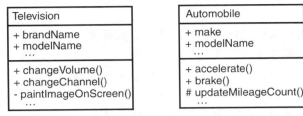

图 5.11 电视机类和汽车类中的公有、私有和受保护操作

5.5.2 作用域

作用域（scope）是与属性和操作相关的又一个重要概念。存在两种可能的作用域。在**实例**（instance）作用域下，类的每个实例对象都有自己的属性值和操作。在**分类符**(classifier)作用域下，一个类的所有实例只存在一个属性值和操作。具有分类作用域的属性和操作名字要带下画线。这种类型的作用域通常用在一组特定的实例（不包括其他的实例）必须共享某个私有属性值的情况下，而实例作用域是最普通的作用域类型。

5.6 小　　结

要充分理解类和类之间如何连接，必须理解另外一些关系。聚集是一个整体部分关联："整体"类是由"部分"类组成的。聚集体中的部分体可以是多个不同整体的一部分。组成是一种强类型的聚集，因为组成体的部分体只能属于一个整体。聚集的 UML 表示法与组成的 UML 表示法类似。从部分到整体的关联线上带有一个菱形箭头。聚集关系的菱形箭头是空心的，而组成关系的菱形箭头是实心的。

组成结构图通过展示嵌入在一个类中的那些类，使得该类的内部结构变得可见。

实现是类和接口之间的一个关联，接口是可供其他类使用的一个操作集。接口用没有属性的类表示。为了区分接口和在图中省略了属性的类，应使用关键字«interface»。将这个构造型放在接口名之上或者接口的名字以大写字母"I"开头。在 UML 中，实现关系用一条虚线连接类和接口，虚线靠近接口的一端带有一个空心三角形箭头指向接口。另一种表示实现的方法是用一条直线连接小圆圈，小圆圈表示接口。

UML 2.0 增加了一个符号来表示端口。类通过端口和它的环境交互。这个符号是一个位于类符号边缘上的小方格，它和接口相连。

在可见性术语中，接口中的所有操作都是公有的，以使任何类都可以访问接口中的操作。另外两种层次的可见性是受保护（属性或操作只能用于该类自身的子类）和私有（属性或操作只能用于类本身）。"+"号表示公有可见性，"#"号表示受保护可见性，"-"号表示私有可见性。

作用域是属性和操作的又一个重要特征。在实例作用域下，一个类的每个对象都有自己各自的属性值和操作。在分类符作用域，一个类的所有实例对象的某些属性或操作共享同一个值。不属于这组对象的其他对象不能访问分类符作用域值。

5.7　常见问题解答

问：可以认为聚集具有传递性吗？换句话说，如果类 3 是类 2 的部分类并且类 2 是类 1 的部分类，那么类 3 是类 1 的部分类吗？

答：是的，聚集是可以传递的。在前面的例子中，鼠标按钮和鼠标球是鼠标的一部分，并且也是计算机系统的一部分。

问：接口是否就是用户接口（界面）或者 GUI（图形用户界面）？

答：不。接口的概念比它们更广泛。一个接口仅仅是指一个类提供给其他类的一组操作。这组操作可能是用户操作（接口）也可能不是。

5.8　小测验和习题

下面的小测验和习题可以用来测试和巩固你在本章所学到的聚集、组成、语境、接口等知识。小测验的答案可参见附录 A "小测验答案"。

5.8.1　小测验

1．聚集和组成之间有什么区别？

2．什么叫做实现？实现和继承有何相似之处？两者又有何不同之处？

3．如何对通过一个接口的交互建模。

4．写出 3 种可见性层次的名称，并描述每一种的含义。

5.8.2　习题

1．建立杂志类（magazine）的组成结构图。要考虑到杂志中的 Table of Contents（目录）、Editorial（社论）、Article（一般文章）、Column（专栏）。

2．当前最流行的图形用户界面（GUI）类型为 WIMP（Windows，Icons，Menus，Pointer）用户界面，使用目前你学到的所有 UML 知识绘制 WIMP 用户界面的类图。除了前面列出的类以外还要包括相关的项目，例如滚动条（scrollbar）和光标（cursor）以及其他一些必要的类。

3．构造一个电子铅笔刀（electric pencil sharpener）的模型，说明所有相关的属性和操作。它的接口是什么？

4．以计算机（computer）作为类，触摸板（touchpad）作为接口来建立模型。列出触摸板的操作，同时，给出一些你可以通过触摸板访问的计算机的操作。在你的模型中，加入一个代表用户的类。使用 UML 2.0 的完整表示法和省略表示法。

第6章 介 绍 用 例

在本章中，你将学习如下内容：
- 什么是用例（use case）；
- 创建、包含和扩展用例等背后的思想；
- 如何开始一个用例分析？

前 3 章中所介绍的图主要涉及的是系统中类的静态视图。我们最终要建立的是能够展示系统和系统中的类如何随时间变化的动态视图。静态视图有助于分析员和客户交流。动态视图，你以后将会看到，它有助于系统分析员与开发小组交流，并且能帮助开发组编制程序。

客户和开发组是系统风险承担人的重要组成部分。然而不应该遗漏另一个同样重要的组成部分——用户。不论是静态视图还是动态视图都不能从用户的观点说明系统所具有的行为。理解用户的观点对建立可用的和有用的系统是十分关键的——也就是说，这样的系统能够满足用户需求并且容易使用。

从用户的观点出发对系统建立模型是用例要完成的任务。在这一章中，你将学习到什么是用例以及用例能做些什么。下一章将学习如何使用 UML 用例图来可视化表示用例。

6.1 什么是用例

我最近买了一台数码相机。在选购的时候，我遇到了很多种可能的方案。我如何确定该买哪一款呢？我问自己，购买数码相机最迫切的用途是什么？我想要一个非常方便携带的，还是想要一个带有大镜头的体积稍大一点的？我需要远摄功能吗？我要不要拍摄照片并把照片放到网上？我的照片是否主要用来打印出来？如果要打印，需要多大尺寸？我是否需要拍摄短片，短片是否需要音频？

当我们慎重地购物时，都有过这样的经历。这种经历就是某种形式的**用例分析**（use case analysis）：我们反问自己究竟将如何使用那些将要付钱购买来满足我们需求的产品或系统。了解这些需求是非常重要的。

这个过程在系统开发的分析阶段尤为重要。用户对系统的使用方式决定了系统如何设计和构造。

用例是能够帮助分析员和用户确定系统使用情况的 UML 组件。一组用例就是从用户的角度出发对如何使用系统的描述。

可以认为用例是系统的一组使用场景。每个场景描述了一个事件的序列。每个序列是由一个人、另一个系统、一台硬件设备或者某段时间的流逝所发起。这些发起事件序列的实体叫做**参与者**（actor）。事件序列的结果是由发起这个序列的参与者或者另一个参与者对系统某种形式的使用所引起的。

6.2 用例的重要性

类图是一种能够帮助客户以自己的观点考察系统的好的方法，与此对应，用例是一个能促进系统可能的用户以他们自己的观点看待系统的优秀工具。用户并不总是能够容易地、清晰地阐明到底他们要怎样使用系统。因为传统的系统开发常常是一种缺少前端分析的偶然过程，因此当问及用户如何执行系统输入时，他们往往目瞪口呆。

避免这种情况的基本思路是让用户参与前期的系统分析与设计。这样做可以使最终的系统尽可能地对用户可用，而不仅仅是罗列一堆计算概念和业务模型，除了表现设计者的聪明才智外，却让用户无法理解和使用。

6.3 举例：饮料销售机

假设你现在正着手设计一台饮料销售机。为了获得用户的观点，你会见了许多可能的用户以了解这些用户将如何与这台机器交互。

饮料销售机的主要功能是允许一个顾客购买一罐饮料，很可能用户立刻就能告诉你一些有关的场景（换句话说就是用例），你可以给这组场景加上一个标签"买饮料"。下面让我们来考察这个用例中每一种可能的场景，如图 6.1 所示。记住，在正常的系统开发中，在与用户交谈的过程中就能发现这些场景。

图 6.1   用例说明了对外部参与者有意义的任务的执行场景。在本例中的一个用例是"买饮料"

6.3.1 用例"买饮料"

这个用例的参与者是买饮料的顾客。顾客将钱插入销售机触发了这个用例的场景被执行。然后他或她进行选择。如果一切顺利，销售机内至少还存储有一罐被选择的饮料，则销售机会自动弹出这种饮料给顾客。

除了上面的步骤序列，该场景的其他方面也值得考虑。顾客发起"买饮料"这个用例的执行场景需要什么前置条件？最直观的前置条件之一是顾客感到口渴。场景的执行步骤完成后需要什么后置条件？显然最直观的后置条件是顾客有了一罐饮料。

上面的"买饮料"场景是唯一可描述的场景吗？显然我们立即会想到还有其他的场景。顾客所要购买的饮料销售机中可能没有。顾客投入的钱数不是刚好等于购买饮料所需的钱。应该如何设计饮料销售机来处理这些场景呢？

先看看没有所需的饮料这个场景，它是用例"买饮料"的另一个场景。可以把这个场景看成是用例执行时的一条可选路径。用例是由顾客在销售机中插入钱币所发起的。然后他或她进行一个选择，销售机中至少要有一罐选择的饮料，如果没有，销售机就给顾客提示一个信息，告诉顾客没有这种品牌的饮料。理想情况下，顾客看到这条消息后会立即选择其他品牌的饮料。销售机也必须提供给顾客取回原来的钱的选项。这表示，销售机应给顾客两种选择：让顾客选择另一种饮料并且给顾客提供这种饮料（如果这种饮料还有存货的话）或者让顾客选择退钱。该场景的前置条件是顾客感到口渴，后置条件是顾客得到一罐饮料或者顾客投入的钱被退回。

另一种"缺货"的场景

当然还可能存在另一种"缺货"的场景："指定品牌的饮料售完"消息显示在机器上，直到对这台机器补充饮料为止。在这种情况下，用户不用再输入钱了。销售机的客户可能更喜欢第一种场景：如果顾客已经投了钱，应该让顾客做另外一种选择而不是要机器退钱。

接着让我们来看看"付款数不正确"这个场景。顾客按照通常的方式发起了这个用例，并进行一个选择。假设这时机器中备有选择的饮料。如果机器中刚好存有适合的零钱，那么机器就会退还零钱并交付饮料。如果机器中没有保存零钱，它将退还钱，并显示一条消息提示用户投入适当的零钱。前置条件和典型场景一样。后置条件是顾客得到一罐饮料和找回零钱或者按原款归还钱。

另一种可能是机器的储备零钱一旦用光，就会在机器上显示一条信息告诉用户需要投入适当的零钱。直到对这台机器补充零钱为止，这条消息才会消失。

6.3.2　其他用例

你已经从用户（即顾客）的观点考察了饮料销售机。除了这些用户外当然还有其他人加入。供货人负责为销售机提供饮料（如图 6.2 所示），收款人（可能与供货人是同一个人）负责定期收集销售机中的钱（如图 6.3 所示）。这说明至少还需要建立两个用例："供货"和"取钱"，这些用例的细节可以通过与供货人和收款人交谈来获得。

考虑"供货"用例。供货人发起这个用例是由于某个时间间隔（例如两星期）到期所引起的。供货代表打开销售机（很可能是要打开销售机的锁，但该问题涉及了具体的系统实现），拉出销售机前面的架子，在架子上补满各种品牌的饮料。销售代表还要在机器中加零钱。然后他放好销售机的前端架子，并锁好机器。这个用例的前置条件是一个时间间隔的流逝，后置条件是供货人在机器中放置了新的待售饮料。

还有一个"取钱"用例，同样也是因为一段时间间隔的流逝，收款人发起了这个用例。他的前期工作步骤与"供货"一样，也是打开销售机取出销售机前端架子。收款人从机器中取出钱，然后按照"供货"步骤，放回架子锁好机器。这个用例的前置条件也是时间间隔的流逝，后置条件是收款人收到了钱。

图 6.2　补充饮料销售机是一个重要的用例

图 6.3　从饮料销售机取钱是另一个重要的用例

　　注意，当导出一个用例时，不必关心怎么实现它。在这个例子里，我们并没有关心饮料销售机的内部细节。我们也不关心机器内的制冷机制是如何工作的，或者钱在机器中是怎么被保存的。我们只是试图查明饮料销售机对使用它的用户来说是什么样子。

　　最终的目标是要导出一组用例供饮料销售机的设计者和制造者察看。用例详细的程度要能正确反映顾客、收款人和供货人的需求。最后的结果是根据这些需求能够制造出易于为这些人使用的饮料销售机。

6.4　包 含 用 例

　　在"供货"和"收款"用例中，也许你会注意一些相同的步骤。两个用例都以打开机器为起始点，以关闭和锁好机器为终止点。能不能消除用例中的重复步骤呢？

　　可以。方法是从各个步骤序列中抽取出公共步骤形成一个每个用例都要使用的附加用例。可以将"开机"和"拉出饮料架"这两个步骤合并为一个叫做"打开销售机"（Expose the inside）的用例，将"放回架子"和"锁机器"合并为一个叫做"关闭销售机"（Unexpose the inside）

的用例。图 6.4 示意了这些步骤的组合。

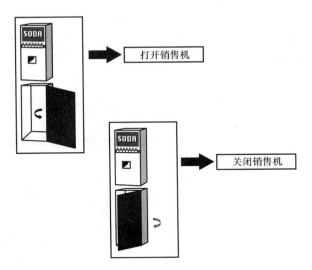

图 6.4　你可以通过组合一些步骤形成用例，步骤的组合构成了附加用例

有了这两个新用例，用例"供货"就以用例"打开销售机"为开始，供货代表通过前面的步骤，以用例"关闭销售机"结束。类似地，用例"收款"也以"打开销售机"为开始，进行前面的步骤，以"关闭销售机"结束。

如上所述，"供货"和"收款"这两个用例都包含了新的用例。这种用例的复用技术被称作**包含用例**（ include a use case ）。

> **更多关于包含用例**
>
> UML 的早期版本将包含（include）用例称为使用（use）用例。现在在一些书中仍然可以见到这种老的方法。使用包含（include）这个术语有两个优点。首先，含义明确：一个用例中的执行步骤"包含"了另一个用例中的执行步骤。第二，可以避免和通常的"使用"相混淆。例如，不能这样说："通过使用用例增进了用例的复用"；而应该说成"通过包含用例增进了用例的复用"。

6.5　扩 展 用 例

除了包含用例这种方式外还有另一种复用用例的方式。有时我们可以通过对已有用例增加一些额外的步骤来建立新的用例。

让我们再回到"供货"这个用例。在给机器补充新饮料时，供货代表注意到有些品牌的饮料销售得好，有些品牌的饮料销售得不好。在这种情况下，他不是简单地把所有品牌的饮料补充给机器，而是把一些销售情况不太好的饮料取出来，用销售情况好的饮料来代替它们。同时供货代表还要在机器前修改饮料品种的指示牌。

如果我们把上述步骤加入到"供货"用例，我们将得到一个新的用例，不妨称它为"根据销售情况供货"。这个新用例是对原用例的扩展，这种技术叫做**扩展用例**（ extend a use case ）。

6.6　开始用例分析

在我们所举的例子中，我们直接跳到用例并集中讨论了几个用例。实际情况并非如此，在进行用例分析之前必须遵循一套规程。

首先从与客户交谈（还要和专家交谈）开始，这样可以分析得出系统的初步类图，这在第 3 章中已经有所介绍。这个过程可以让你对系统有个概念性认识并逐步熟悉将要使用的术语，可以为你与用户进一步交流打下基础。

与用户（最好是一组用户）交谈时，你要向他们询问他们准备如何使用系统的所有事情，为你的设计做准备。根据他们的回答就能得到一组候选用例。下一步，也是很重要的一步，是要简洁准确地描述出这些用例。你还要导出一个参与者列表，这些参与者或者发起了候选用例或者从候选用例中获益。随着这个过程的深入，你会逐渐增强与用户用他们的语言交流的能力。

在开发过程中会不断发现新的用例。它们有助于设计系统的用户界面，还能帮助开发者做出编程中的决策，并且用例也是对新构造出的系统进行测试的基础。

进一步的用例分析，要用到更多的 UML 知识，这也是下一章的主题。

6.7　小　　　结

用例是用来描述潜在的用户所看到的系统的 UML 组件。它是一个被称作参与者（可以是一个人、一台硬件设备、一段时间的流逝或者另一个系统）的实体所发起的场景的集合。用例的执行必须对发起该用例的参与者或者其他参与者产生影响。

用例可以被复用。一种方式（"包含"）是将一个用例中的步骤作为另一个用例的步骤序列的一部分；另一种方式（"扩展"）是通过对现有的用例增加新的步骤来创建新的用例。

与用户会谈是导出用例的最好技术。当导出一个用例时，要注意到发起用例的前置条件和产生影响的后置条件是很重要的。

在和用户会谈之前要先与客户会谈，产生一个候选类的列表。候选类中的基本术语是与用户进行交流的基础。和一组用户会谈是一个好的做法。这种会谈的目标是导出候选用例和可能的参与者列表。

6.8　常见问题解答

问：为什么一定要使用用例这个概念？询问用户究竟他们想看到一个什么样的系统，然后把他们的描述记录下来，这样做难道不可以吗？

答：这样做在实际中往往行不通。对于用户的描述，我们必须把这些描述用一种结构组织起来，用例就提供了这种组织结构。在记录与用户交谈的结果以及将这些结果用来与客户及开发者交流的时候，这种结构使用起来很方便。

问：当我们和用户交谈的时候，我们所能做的仅限于列出他告诉我们的用例吗？

答：当然不是。实际上，和用户交谈的过程中有一部分工作很重要，就是搞清楚用户告诉了你什么，并且发现他可能没有想到的用例。

问：获取用例的难度有多大？

答：根据我的经验，列举出系统的用例（至少是高层用例）一点也不困难。但在深入研究每个用例并让用户列出每个场景中的步骤时，就会遇到一些困难。当你构造一个系统来代替现有的工作方式时，用户往往对新的步骤很明确，但是经常表达不清楚这些工作步骤。和一组用户而不是一个用户交流是个好主意，因为用户之间的讨论通常能说清楚一个用户难以表达清楚的问题。

6.9 小测验和习题

这一章主要介绍了一些不属于 UML 范畴的理论知识。这一章的主要目标是让读者理解主要的理论概念并能在不同的背景中运用它们。实践可以加深对这些概念的理解。下一章要介绍的是如何用 UML 可视化地表达这些概念。附录 A "小测验答案"列出了本章小测验的答案。

6.9.1 小测验

1. 发起一个用例的实体外部叫做什么？
2. 包含用例是什么含义？
3. 扩展用例是什么含义？
4. 用例和场景是同一概念吗？

6.9.2 习题

1. 考虑你刚刚买过的某件东西，以及你在购买时所面临的多种选择。当你做出决定时，你所考虑的用例是什么？
2. 列出和一个家庭娱乐中心相关联的所有用例。
3. 在饮料销售机例子中，建立另一个包含"打开销售机"和"关闭销售机"的新用例。
4. 用例可以帮助你像进行系统分析一样地进行业务分析。考虑一个计算机超市，超市中出售硬件、外部设备和软件。谁是这个系统的参与者？这个系统有哪些主要用例？每个用例中又有哪些场景？

第 7 章 用 例 图

在本章中，你将学习如下内容：
- 如何表示一个用例模型；
- 如何可视化用例之间的关系；
- 如何创建和应用用例模型。

用例能够帮助系统分析员理解系统的预期行为，因而它是一个强有力的工具。它能帮助你从用户的观点收集需求。本章主要学习如何可视化表达前一章中学习的用例概念。

用例是一个强有力的工具，当使用 UML 可视化地表达出这些概念后用例甚至会变得更加强大。可视化允许你向用户显示用例，以便他们能向你提供更多的信息。实际生活中用户常常知道的比他们清楚表达出来的要多，用例能够帮助用户解决这个问题。另外，可视化的表达形式允许将用例图和其他种类的图结合起来。

系统分析过程的一个目标是产生一组用例。此想法是要对用例进行分类整理，以便于引用。这些用例代表着用户对系统的观点。当要对系统升级时，用例目录可以作为进一步收集升级需求的基础。

7.1 用例模型的表示法

用例是由参与者发起的，参与者（也许是发起者，但不是必须的）能够从用例的执行中获得有价值的事物。用例模型的图形表示法很直观。用例用一个椭圆形表示，直立人形图标表示参与者。用例的发起参与者在用例图的左侧，接收参与者在用例图的右侧（很多建模者忽略掉了接收参与者，UML 2.0 规范也并没有提到它）。参与者的名字放在参与者图标的下方，用例的名字可以放在椭圆形里面也可以放在椭圆形下面。关联线连接参与者和用例并且表示参与者与用例之间有通信关系。关联线是实线，和类之间的关联线类似。

用例分析的一个好处是它能展现出系统和外部世界之间的边界。参与者是典型的系统外部实体，而用例是典型地属于系统内部。系统的边界用一个矩形（里面写上系统的名字）来代表。系统的用例装入矩形之内。

参与者、用例和互连线共同组成了**用例模型**（use case model）。图 7.1 说明了这些符号。

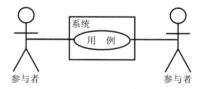

图 7.1 在用例模型中，直立人形图标代表参与者，椭圆代表用例，
参与者和用例之间的关联线代表两者之间的通信关系

7.1.1 回顾饮料销售机

让我们来用前一节中的符号举例。还记得上一章中为饮料销售机开发的一组用例吧。在系统中有 3 个用例，分别是"Buy soda（买饮料）"、"Restock（供货）"和"Collect（收款）"。参与者有 Customer（顾客）、Supplier's Representative（供货代表）和 Collector（收款人）。图 7.2 显示了饮料销售机中的一个 UML 用例模型。

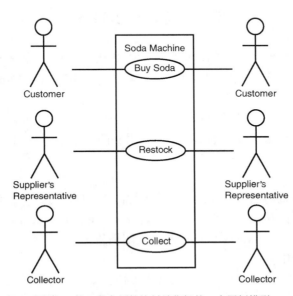

图 7.2 第 6 章介绍的饮料销售机的一个用例模型

7.1.2 跟踪场景中的步骤

每个用例是一组场景的集合，而每个场景又是一个步骤序列。正如你看到的那样，这些步骤在图中并没有表现出来。通常也不用附加注释来说明这些用例。尽管 UML 并没有禁止不能使用注释来说明用例，但创建的任何图的清晰性是很关键的。如果对每个用例都附加注释进行说明，则布图就很混乱。那么你如何并在哪里记录和跟踪这些场景中的步骤呢？

用例图通常是供客户和开发组参考的设计文档的一部分。每个用例图都有其自身的页。每个用例中的场景描述通常也至少占一页，在文档中要描述下列内容：

● 发起用例的参与者；
● 用例的假设条件；
● 用例中的前置条件；
● 场景中的步骤；
● 场景完成后的后置条件；
● 从用例中获益的参与者。

你也可以包含一个简短的一句话的场景描述。注意这句话不属于 UML 的范畴，UML 也不会对其具体形式有任何限制。

第 6 章中还给出了用例"Buy soda"的一些可选的场景。在具体描述中，可以分别列出这些场景，或者把它们作为用例基本场景的扩展来考虑。具体怎么做需要根据客户、用户和你对问题的理解。

另一种可能性

要说明一个场景中的步骤，还可以使用 UML 活动图对场景进行描述（这部分内容将在第 11 章"活动图"中讨论）。

7.2   用例之间关系的可视化表示

第 6 章中的例子还说明用例之间可以以两种方式相互关联。一种方式是**包含**(inclusion)，即在一个用例中重用另一个用例中的步骤。另一种方式叫**扩展**（ extension ），允许你通过对已有用例增加步骤创建一个新的用例。

用例之间的另外两种关系是泛化和分组。和类一样，**泛化（ generalization ）**是指一个用例继承了另一个用例。**分组（ grouping ）**是一组用例的简单组织方式。

7.2.1   包含

让我们来看看第 6 章中的"Restock"和"Collect"用例。这两个用例都从开锁和拉开销售机的门开始，都以关门和上锁结束。第 1 步建立了"Expose the inside（打开销售机）"用例，并且第 2 步创建了"Unexpose the inside（关闭销售机）"用例。"Restock"和"Collect"两者都包含了这两个新用例。

要表达用例的包含关系，可以使用类之间依赖关系的表示符号，也就是连接两个类之间的虚线，箭头指向被依赖的类。在线上要加一个关键字，也就是用双尖括号扩起来的"include"。图 7.3 说明了饮料销售机用例模型中的包含关系。

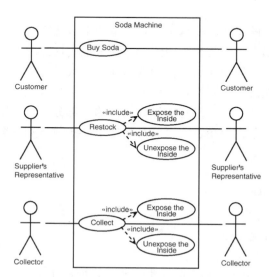

图 7.3   带有包含关系的饮料销售机用例模型

在用来跟踪步骤序列的表示法文本中，要指示出被包含的用例。"Restock"用例的第一步应当是«include»（Expose the inside）。

7.2.2　扩展

第 6 章中曾指出"Restock"用例是另一个用例"Restock according to sales（根据销售情况供货）"的基础。不是简单地把各种品牌的听装饮料以同样的数目补充给饮料机器，供货代表要注意到用销售情况好的品牌来代替销售情况不好的品牌，并进行相应的补充。新用例**扩展**（extend）了原来的用例，因为它在原用例的基础上增加了新的步骤序列，因此原用例被称作**基用例**（base use case）。

扩展只能发生在基用例的序列中的某个具体指定点上。这个点叫做**扩展点**（extension points）。在"Restock"用例中，新步骤（关注销量并安排添货）发生在供货代表打开机器准备向机器中补充饮料时。因此在这个例子中，扩展点是"before filling the compartments（补充饮料）"。

与包含关系相似，可视化扩展关系也是用一条依赖线（带箭头的虚线），沿线上加一个用双尖括号括起来的"extend"关键字。在基用例中，扩展点出现在"Extension point"（如果有多个扩展点，就是"Extension points"）的下方。图 7.4 示意了"Restock"和"Restock according to sales"用例之间的扩展关系表示法以及"Restock"和"Collect"之间的包含关系表示法。

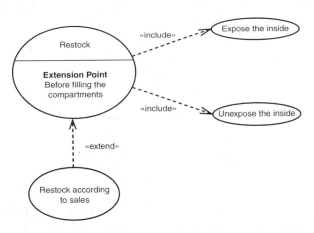

图 7.4　带有扩展和包含关系的用例图

用例图中的用例的位置并不能说明任何问题，意识到这一点很重要。例如，在图 7.4 中，"Expose the inside"在"Unexpose the inside"的上方，这并不意味着"Expose the inside"优先于"Unexpose the inside"。尽管我们的常识是这样，但用例图并不考虑这些。

有人试图通过给用例编号来展示它们的顺序。这种方法得不偿失，尤其是当一个用例包含在其他的多个用例中的时候。如果一个用例包含在用例 3 和用例 4 中，那么它的编号应该是用例 3.1？或者是用例 4.1？如果它在用例 3 中是第一个被包含用例，而在用例 4 中是第二个被包含用例，又该如何编号呢？

用例图的本意是展示什么是用例，而无关乎它们发生的顺序（本着这种精神，阅读下面的提示栏内容）。

扩展、包含和混淆

依我的经验，习惯了过程流建模的人（UML 诞生前就有的建模方式），有时候会对表示依赖性的箭头混淆。尤其是当模型是对用例的扩展和包含的时候，这种混淆经常发生。因为过程流建模的老手习惯把箭头看作是表示操作或活动发生的顺序，顺序中的两个对象连接起来，箭头从第一个对象指向第二个对象。

因而在用例 A 包含用例 B 的图中，他们很容易认为用例 A 先发生，然后用例 B 再发生。很多时候，根据包含的本质，实际的情况往往相反。

关键是要记住，依赖关系的箭头并不是指示一个过程的方向，相反，它指示的是关系的方向。从用例 A 指向用例 B 的依赖性箭头，表示用例 A 依赖用例 B，而不是用例 A 在用例 B 之前。

7.2.3 泛化

类可以继承另一个类，用例也是如此。在用例继承中，子用例可以从父用例继承行为和含义，还可以增加自己的行为。任何父用例出现的地方子用例也可以出现。

假设你正在对一台饮料销售机建模，这台饮料销售机允许顾客选择买一罐饮料或是买一杯饮料。在这种情况下，"Buy Soda" 就是一个父用例，"Buy a can of Soda" 和 "Buy a cup of Soda" 就是子用例。用例之间的泛化关系建模与类之间泛化关系建模方法相同，用一条带空心三角形箭头的实线从子用例指向父用例，如图 7.5 所示。

图 7.5　泛化关系对用例的作用和类相同

参与者之间也像用例一样可能存在泛化关系。你可以将供货代表及收款人都表示成供应代理（supplier agent）。如果将供货代表重新命名为 Restocker。那么 Restocker 和 Collector（收款人）都是 Supplier Agent 的子类，如图 7.6 所示。

图 7.6　与类和用例一样，参与者之间也存在泛化关系

7.2.4 分组

在一些用例图中，用例的数目可能非常多，这时就需要组织这些用例。这种情况在一个系统包含很多个子系统时就会出现。另一种可能是，当你按顺序和用户会谈，收集系统需求时，每个需求必须用一个单独的用例来表达。这时就需要某种方式来分类这些需求。

最直接的方法是把相关的用例放在一个包中组织起来。你应该还记得，包用一个一边突起的文件夹形的矩形框表示。一组用例可以出现在一个文件夹框中。

7.3 用例图在分析过程中的作用

前面给出的例子让你直接跳到用例的表示法。现在让我们回过头看看在分析过程环境中的用例。

分析过程从与客户会谈开始。这些会谈可以产生初步类图，它可作为理解系统领域（也就是要解决的问题的范围）知识的基础。在了解了客户领域的一般术语后，就可以开始准备与用户交谈了。

与用户会谈开始时谈论领域术语，但是要马上转到用户的术语。会谈的初步成果是能够发现一些参与者以及高层用例，这些高层用例概括地描述了系统的功能需求。这些信息提供了系统边界和范围。

后期与用户的交谈将涉及深层次的需求，产生的成果是详细描述了场景和序列的用例模型。这个结果中还可能发现一些附加的用例，这些用例满足包含和扩展关系。在这个阶段，你对问题领域（也就是通过与客户的会谈导出的系统类图）的理解是十分重要的。如果你对领域理解不够，那么就可能创建出太多的用例或者太多的用例细节——这种情况可能会非常妨碍后期的设计和开发工作。

7.4 运用用例模型：举例

为了进一步巩固对用例模型的理解以及学习如何运用用例模型，让我们来看一个比饮料销售机更为复杂的例子。假设你要为一个咨询公司设计一个本地的局域网，那么你就要估算出这个局域网所具有的功能。怎么开始这项工作呢？

> **明确什么是局域网**
> 局域网就是将有限距离内的用户组织起来的一种通信网络。它允许用户共享资源和信息。

7.4.1 理解领域

首先从与客户的会谈开始，建立一个能够反映咨询公司日常业务的类图。这个类图中可能包括下列类：Consultant（顾问）、Client（客户）、Project（项目）、Proposal（提案）、Data（数据）和 Report（报告）。图 7.7 示意了这样一个类图。

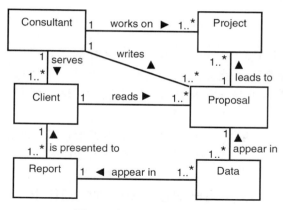

图 7.7　咨询公司的一个类图

7.4.2　理解用户

既然已经掌握了业务领域模型，下面就将注意力转向用户，因为目标是要计算系统具有哪些功能。

在实际中你要和用户面谈，但为了举例方便，这里只根据你对 LAN 和该业务领域的一般知识进行系统分析。但不管怎样都要记住，在实际的系统分析中，没有什么事情能够替代实际的与人面谈。

一组用户可能是顾问（consultants），另一组可能是办事员（clerical staff），其他可能的用户包括联合办公人员（corporate officers）、市场销售员（marketers）、网络管理员（network administrators），办公室经理（office managers）以及项目经理（project managers）（你还能举出其他一些吗？）。

在这一点上，一个有用的做法是显示出用户之间的泛化层次，如图 7.8 所示。

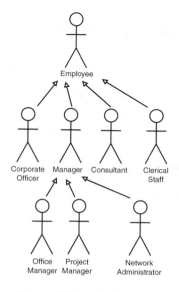

图 7.8　局域网可能的用户层次

7.4.3　理解用例

这个系统有哪些用例呢？可能会有这些用例："Provide security levels（提供安全层次）"、"Create a proposal（创建一个提案）"、"Store a proposal（保存一个提案）"、"Use E-mail（使用电子邮件）"、"Perform accounting（清算账目）"、"Connect to the LAN from outside the LAN（从外部连接到本地局域网）"、"Connect to the Internet（连接到因特网）"、"Share database information（共享数据库信息）"、"Catalog proposals（分类提案）"、"Use prior proposals（使用优先提案）"以及"Share printers（共享打印）"。图 7.9 显示了基于这些信息的高层用例图。

这些用例就构成了该局域网系统的功能需求。

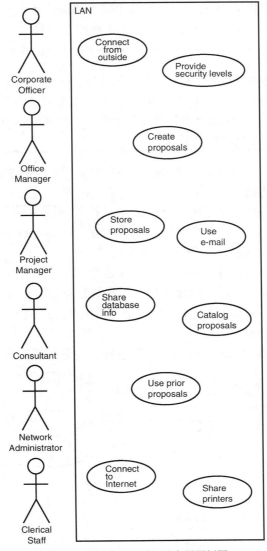

图 7.9　咨询公司局域网的高层用例图

7.4.4　进一步深入

让我们详细阐述这些高层用例中的一个，并建立一个用例模型。咨询公司中最重要的一项活动是书写提案。因此让我们来检验一下"Create a proposal"这个用例。

与某个顾问面谈，他就能告诉你这个用例中的许多步骤。首先，用例的发起者是一个顾问。顾问要登录到局域网，并作为一个有效用户被验证。然后他或她使用办公软件套件（包括文字处理软件包、电子表格软件包以及绘图软件包等）来书写提案。在这个过程中，顾问可能要重用一部分以前的提案。咨询公司的政策要求在一个提案交给客户之前，必须通过一个联合办公人员和两个其他顾问的复审。为了满足这项政策，顾问要将提案存储在一个中央信息仓库中。这个信息仓库可以通过局域网访问，顾问还要给 3 个复审者发电子邮件，通知他们提案已经准备好了，并告诉他们提案的存放地点。在收到一些反馈信息并做必要的修改后（还要使用办公软件套件），顾问将提案打印出来并邮递给客户一份。当所有这些工作完成后，顾问退出局域网系统。这样顾问就完成了一个提案，并且参与者将从这个用例中受益。

业务逻辑

在一次面谈中谈到诸如"3 个复审者"的政策时，要特别注意做记录。这意味着你正在听的是关于一个公司的业务逻辑（business logic），也就是公司自身运作的一组规则。你能找出更多的业务逻辑，你就是一个好的系统分析员。你能够理解客户所在公司的企业文化，就能够更好地理解这个组织的需求。

根据上面描述的顺序，可以清楚地看出某些步骤从一个用例重复到另一个用例，这就引出了其他一些前面没有想到过的（可能是被包含的）用例。登录和用户身份验证是许多用例都要包括的两个步骤。因为这个原因，可以新建一个"Verify user（验证用户）"用例。用例"Create a proposal"包含它。另外两个被包含的用例是"Use office suite software（使用办公软件套件）"和"Log off the network（退出网络系统）"。

此外，还要考虑到写给新客户的提案与写给现有客户的提案不完全相同。实际上，给新客户的提案中往往还要提供公司的附加信息，这些信息通常优于问题陈述。而给现有客户的提案中就没必要加进这些信息了。因此，另一个新用例"Create a proposal for a new client"扩展了用例"Create a proposal"。

图 7.10 显示了对用例"Create a proposal"进行上述分析后得到的用例图。

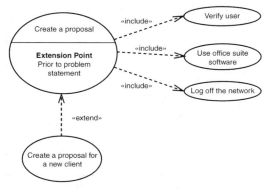

图 7.10　咨询公司局域网系统中的"Create a proposal"用例

这个例子说明了一个重要观点，一个在前面已经被强调过的观点：用例分析只是对系统行为的描述，它并不涉及系统的实施。这个观点非常重要，因为局域网的设计问题已经远远超出本书的讨论范围。

7.5 "清查存货"

现在是应该看看 UML 的整体结构的时候了，因为前面已经学习了 UML 中的两个重要方面——面向对象和用例分析。已经学习了它们的基本概念和表示法，还探讨了一些应用。

从第 2 到第 7 章，先后学习了下列 UML 元素：

类；

对象；

接口；

用例；

参与者；

关联；

泛化；

依赖；

实现；

聚集；

组成；

构造型；

约束；

注释；

包；

扩展；

包含。

下面让我们来把这些术语集做个分类。

7.5.1 结构元素

类、对象、参与者、接口和用例是 UML 中的 5 种结构元素。尽管它们之间具有很多差别（这些差别可以作为练习，请读者列举出这些差别），但它们都是表达一个模型的物理部件或者概念部件，在这一点上它们是相同的。随着对本书第一部分学习过程的深入，你还将遇到其他一些结构元素。

7.5.2 关系

关联、泛化、依赖、聚集、组成和实现是 UML 中的关系元素（包含和扩展也是依赖）。离开了关系，UML 模型图就成了一堆结构元素的杂乱列表。关系连接了这些元素，因此使模型更贴近现实。

7.5.3 分组

包是 UML 中的唯一分组元素。它允许你将一个模型中的结构元素组织起来。包可以容纳任何种类的结构元素，而且一次可容纳多种结构元素。

7.5.4 注释

注释是 UML 的解释元素。约束、注解、需求和用来解释说明的图形都可以作为注释被附加到模型当中。

7.5.5 扩展

构造型和约束是 UML 语言提供扩展机制的两个组件。它们允许根据已有元素来创建新的元素，以便更精确方便地对现实世界建立模型。

7.5.6 其他

除了结构元素、关系、分组、注释和扩展以外，UML 还有另外一类元素——行为元素。这些元素表达模型的某个部分如何随时间经历变化。现在你还没有学到这些元素，但在下一章中将学习行为元素中的一种。

7.6　UML"大图"

现在你已经了解 UML 是如何组织的。图 7.11 可视化地表示出了这个组织结构。在第一部分后面的章节中，要记住这个组织结构。随着学习的深入，这个组织结构还将得到逐步的补充。图 7.11 所示的 UML"大图"告诉你如何将新学习的知识补充进去。

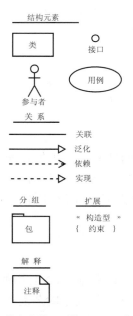

图 7.11　包含了到目前为止学习到的 UML 元素的 UML 组织结构图

7.7 小 结

用例是收集功能需求的一个有力工具。用例图是个更有力的工具：因为用例图中可视化表达出了这些用例，它们能够使分析员与用户及客户之间的交流更加容易。在用例图中，用例的表示符号是一个椭圆。参与者的图符是一个直立人形。参与者与用例之间用关联线连接。通常用例都位于表示系统边界的矩形框之中。

包含用带有关键字«include»的依赖线表示。扩展用带有关键字«extend»的依赖线表示。用例之间除了这两种关系，另外两种关系是泛化和分组。泛化是指一个用例继承了另一个用例的含义和行为，分组是指对一组用例进行整理。用例之间的泛化关系与类之间的泛化关系表示法相同。分组用包的表示法来描述。

用例图在分析过程中起很重要的作用。分析过程始于和客户交谈，产生系统类图。这个类图为与用户会谈打下基础。和用户会谈产生的成果是一个高层用例图，它能反映系统基本的功能需求。要创建完整的用例模型，还得对每个高层用例细化。最后产生的用例图是后期设计和开发的基础。

面向对象和用例是 UML 背后的两个重量级概念。现在你已经学习到了这两个概念，因此可以从整体上考察 UML "大图" 了。从第 2 章到第 7 章所学习的 UML 元素可以划分成下列几类：结构元素、关系、组织、注释和扩展。在下一章中，将学习另一类 UML 元素：行为元素。记住这个 UML "大图" 可以帮助你学习更多的 UML 知识。

7.8 常见问题解答

问：在高层用例图中，并没有显示出参与者和用例之间的关联，这是为什么？

答：高层用例图出现在与用户会谈的早期阶段。在这个阶段它仍是一个考虑的不成熟的产物，其主要目标是找出系统的总体需求以及系统的边界和范围。因此暂时不需要关联。但是在随后的与客户及用户的会谈中深入了解每项系统需求和用例时，关联是必不可少的。

问：在讨论用例分析的时候，你提到了 "业务逻辑"。在分析过程中，这是唯一产生 "业务逻辑" 的部分吗？

答：并不一定。你应该对业务逻辑多加小心，它和整个分析过程相关。

问：为什么 UML "大图" 很重要？仅仅知道每种类型的图什么时候使用还不够吗？

答：如果你理解了 UML 的组织结构，即使遇到前所未遇的问题你也能处理。你可以重新组织 UML 元素以便适应工作需要。还有，理解了 UML 的组织结构后，可以让你知道如何去创建混合图（也就是图中同时有不同类型的 UML 元素），如果这种混合图是建立早期系统模型的惟一办法的话。

7.9 小测验和习题

这一章是第 6 章内容的继续，第 6 章是学习本章内容的基础。本章的目标是用你学到的新知识去可视化表示用例和用例之间的关系。附录 A 列出了本章小测验的答案。

7.9.1 小测验

1．举出可视化表示用例的两个优点。

2．说明如何可视化描述本章中学到的用例之间的两种关系：泛化和分组。举出需要对用例分组的两种情况。

3．类和用例之间有什么类似之处？有哪些差异？

4．你如何对包含和扩展建模？

7.9.2 习题

1．绘制一个电视机遥控器的用例模型草图。确保要将遥控器的所有功能作为用例包含在该模型中。

2．第 6 章的习题 4 要求列出一个计算机超市的所有参与者和用例。根据该练习的结果再绘制一个高层用例模型图。然后再至少建立一个高层用例的用例模型。在你的解答中，尽量要包括用例的"包含"和"扩展"关系。

3．考虑你去一个超级市场购买杂货和其他生活必需品的经历。然后再设想一个"机器超市"的概念，它可以消除亲自跑到超市购物的麻烦。建立这个机器超市的用例模型，用例之间必要时要包括包含、扩展和泛化。

第8章 状 态 图

在本章中，你将学习如下内容：
- 什么是状态图，如何使用它；
- 如何使用事件、动作和保护条件；
- 如何对子状态、历史状态和连接点建模。

在前一章的最后我们曾提到，这一章要开始学习你在前面没有遇到过的另一类 UML 元素。这个新类被称为**行为元素**（behavioral element），它们能够展示 UML 模型部件如何随时间变化。本章将学习这类元素中的一种：状态图。

服装和小轿车每年都有新款推出，树叶的颜色随着季节而变化，时间的流逝能使小孩变成大人。一个普遍的现象是随着时间的流逝，我们周围的对象都要经历变化。

任何计算机系统也是如此。当系统与用户（也可能是其他系统）交互的时候，组成系统的对象为了适应交互需要经历必要的变化。如果要对系统建立模型，那么模型中必须要反映出这种变化。

8.1 什么是状态图

一种表征系统变化的方法可以说成是对象改变了自己的**状态**（state）以响应事件和时间的流逝。下面是几个简单的例子：

当你拉下电灯的开关时，电灯改变了它的状态，由关变为开。

当你按下远程遥控器的调频按钮时，电视机的状态由显示一个频道的节目变为显示另一个频道的节目。

经过一个适宜的时间后，洗衣机可以由洗涤变为漂洗状态。

UML 状态图（state diagram）能够展示这种变化。它描述了一个对象所处的可能状态以及状态之间的转换，并给出了状态变化序列的起点和终点。

状态图和蓝图

有了状态图，UML 图和蓝图之间就好区分了。蓝图向你展示一个房子建成后的样子。但它不会显示房顶的漏洞出现在哪里，墙壁的破裂处在哪里，以及水管的什么位置会锈蚀。状态图，又叫做状态机（state machine）或状态表（statechart），其用意则是展示这类变化。

记住，状态图与类图、对象图和用例图有着本质的不同。前面章节介绍过的这 3 种图能够对一个系统或者至少是一组类、对象或用例建立模型。而状态图只是对单个对象建立模型。

> **一些约定**
>
> 通常状态名的首字母要大写。并且最好给状态一个以 "ing" 为结尾的名字（例如，"Dialing"、"Faxing"）。当然有时也无法起这样的名字（例如 "idle"，你一会儿将看到）。

8.1.1 基本符号集

图 8.1 显示了圆角矩形代表一个状态，状态间带箭头的实线代表状态的迁移（转移）。箭头指向目标状态。图中的实心圆代表状态转移的起点，公牛眼形圆圈代表终点。

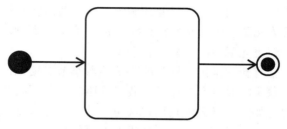

图 8.1 状态图的 UML 基本符号。状态图标是一个圆角矩形，

转移用带箭头的实线代表。黑色实心圆代表初始状态，牛眼形的圆代表终止状态

8.1.2 在状态图标中增加细节

UML 提供了在状态图标中增加细节的选项。你可以把状态图标分成两个区域。最上面的区域保存状态名（不管分不分区都得有状态名），下面的区域保存在该状态中发生的活动。图 8.2 说明了状态图标中的细节。

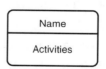

图 8.2 可以把状态图标划分成两个区域，分别显示状态名和活动

3 个常用的活动是**入口动作**(entry)，即系统进入该状态时要发生的动作；**出口动作**(exit)，即系统离开该状态时要发生的动作；**动作**（ do ）是系统处于该状态时要发生的动作。还可以增加其他的动作或事件。

传真机例子可以用来说明状态变量和活动。当它发传真时，换句话说就是当它处于 Faxing（发传真）状态时，传真机参加给传真 adding a datestamp（增加日期戳）和 timestamp（时间戳）的活动，以及增加电话号码和发送者姓名到传真机中。这个状态下的其他活动是机器拉进传真页，逐页传真，完成传输任务。

在 Idel（空闲）状态下，传真机要显示出当前的时间和日期。图 8.3 显示了传真机的状态图。

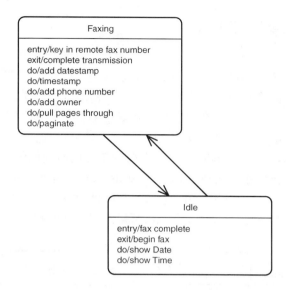

图 8.3 传真机是状态具有活动的对象

8.1.3 增加转移的细节：事件和动作

状态转移线添加一些细节。可以指明引起转移发生的事件（**触发器事件**，trigger event）和引起状态变化所需执行的计算（**动作**，action）。添加的事件和动作写在转移线上，触发器事件和动作名之间用反斜杠隔开。有时候一个事件会引起没有相关动作的状态转移，或者有时一个转移是由于某个状态完成了它的活动所引起（而不是由于事件引起）。这种类型的状态转移被称为**无触发器转移**（triggerless transition）。

图形用户界面（GUI）是一个可以说明状态转移细节的例子。在这里，假设 GUI 可以处于以下 3 种状态之一：

Initializing（初始化）；

Working（工作）；

Shutting Down（关闭）。

当打开 PC 电源的时候，自启动发生。因此 Turning PC on（打开 PC）是一个触发器事件，它导致了 GUI 的状态转移到 Initializing 状态，而 Bootup（自启动）是一个在转移过程中执行的动作。由于 Initializing 状态中活动的完成，GUI 将转移进入 Working 状态。当你对 PC 选择 Shut Down（关闭机器）时，就生成了一个引起转移到 Shutting Down 状态的触发器事件，最后 PC 自己切断电源，整个过程结束。图 8.4 的状态图捕获了 GUI 的这些状态和转移。

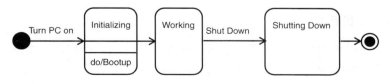

图 8.4 图形用户界面的状态和转移，包括触发器事件、动作和无触发器事件

8.1.4　增加转移的细节：保护条件

上面对 GUI 的状态变迁还有考虑不全之处。首先，如果你离开，你的计算机将无人照管或者你漫无目的坐在一旁，不打字或不碰鼠标，那么过一段时间屏幕保护程序就会运行，它可以保护显示器屏幕上的像素点免受损坏。用状态转移的术语来说，就是如果 GUI 在足够的时间内没有接收到用户的输入，那么它将从 Working 状态转移到如图 8.4 中没有考虑到的另一种状态——Screensaving（屏幕保护）状态。

进入屏幕保护状态取决于 Windows 控制面板中指定的时间间隔。这个值通常是 15 分钟。任何击键或者鼠标移动操作都将使监视器从 Screensaving 状态恢复到 Working 状态。

15 分钟的时间间隔是一个**保护条件（guard condition）**——当满足这个条件时，转移才能发生。图 8.5 是 GUI 加入了 Screensaving 状态和保护条件的状态图。

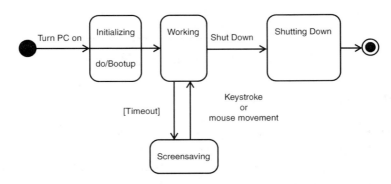

图 8.5　图形用户界面（GUI）的状态图，加上了屏幕保护状态和一个保护条件

8.2　子　状　态

我们建立的 GUI 状态模型好像仍然少了点什么。特别是 Working 状态，应该比图 8.4 和图 8.5 所表示的内容更为丰富才对。

当 GUI 处于 Working 状态，幕后同时进行着许多事情，尽管这些事情并未在屏幕中显现出来。GUI 始终在等用户的动作——敲键盘、移动鼠标或者按下鼠标按钮。然后它必须注册这些输入以改变屏幕显示来反映用户的动作——例如，如果你移动鼠标则屏幕就移动光标；如果你按下键盘上的"a"键，屏幕上就显示出字符"a"。

因此 GUI 处于 Wording 状态时仍然要经历变化，即状态的变化。因为这些状态存在于单个状态之中，因此它们被称为**子状态（substate）**。子状态以两种形式出现：**顺序子状态（sequential substate）**和**并发子状态（concurrent substate）**。

8.2.1　顺序子状态

正如名字所暗示的那样，顺序子状态按照顺序一个接着一个出现。重新分析前面提到的子状态 GUI 的 Working 状态，可以得到以下的状态序列：

Awaiting User Input（等待用户输入，简单记为 Awaiting 状态）；

Registering User Input（登记用户输入，简单记为 Registering 状态）；

Visualizing User Input（显示用户输入，简单记为 Visualizing 状态）。

用户输入触发了从 Awaiting 状态到 Registering 状态的转移。Registering 状态内的活动引起了 GUI 到 Visualizing 状态的转移。在第 3 个子状态之后，GUI 重新回到 Awaiting User Input 状态。图 8.6 说明了在 Working 状态中的顺序子状态。

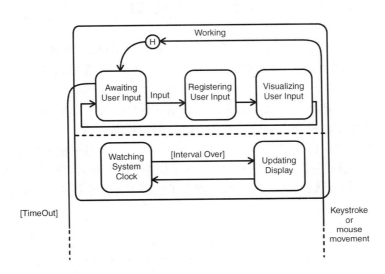

图 8.6　GUI 的 Working 状态中的顺序子状态

8.2.2　并发子状态

在处于 Working 状态时，GUI 并不是只等待用户的输入。它还要监视系统的时钟（Watch System Clock）或者（很可能）定期更新应用程序的界面显示。例如，一个应用程序可能包括一个屏幕时钟，它的 GUI 需要定期被更新。

所有这些与前面的顺序子状态的转移同时进行。尽管每个状态序列是一组顺序子状态，但是两个状态序列之间是并发关系。并发状态之间用虚线隔开，表示状态序列之间是并发关系，如图 8.7 所示。

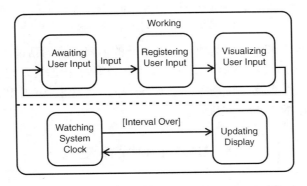

图 8.7　并发子状态同时进行。并发子状态之间用虚线隔开

将 Working 状态分解为两个部分或许会让你回忆起一些事情。还记得曾经讨论的聚集和组成吗？当每个部分体只能属于一个整体时，这种关系叫组成关系。Working 状态和它的两个并发部分之间也有类似的关系。因此，Working 的状态被称为**组成状态**（composite state）。只包含顺序子状态的状态也是组成状态。

8.3　历　史　状　态

当屏幕保护程序正在运行时移动了鼠标的话，系统又会回到 Working 状态。这时将发生什么呢？屏幕显示又会回到 GUI 刚刚初始化时的状态吗？或者回到屏幕保护程序运行之前的状态吗？

显然。如果屏幕保护程序使显示重新回到 Working 状态的初始阶段，那么这个屏幕保护程序就是设计上的失败。用户必须放下工作重新开始与机器会话。

状态图能够表达出这种思想。UML 提供了一个符号，这个符号能够用来表示当对象转移出该组成状态后，该组成状态能够记住它的活动子状态。这个符号是一个小圆圈中字母"H"，并用一条实线连接到被记忆的子状态，箭头指向子状态。图 8.8 说明了 Working 状态中的表示法。

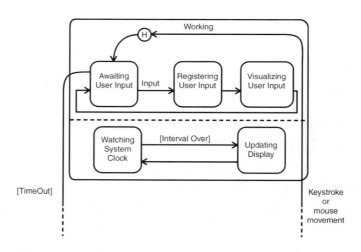

图 8.8　历史状态用圆圈括起来的"H"表示，说明在对象离开了一个组成状态后，该组成状态记住了它的活动子状态

在状态图中，至今还未涉及由其他窗口所打开的窗口。换句话说，也就是子状态中嵌入的其他子状态。当一个历史状态记忆了各个嵌套层次的子状态时，这个历史状态就是**深的**（deep）。如果它只记忆了最高层次嵌入的子状态，那么就说这个历史状态是**浅的**（shallow）。深的历史状态用圆圈中的"H*"来表示。

8.4　UML 2.0 中的新变化

UML 2.0 添加了一些和状态相关的新的符号，叫做连接点（connection point），用来表示进入一个状态或退出一个状态的位置。

举个例子，我们来考虑图书馆中的一本书的几个状态。首先，它要上架。如果借阅者打电话来预定这本书，管理员会调出这本书，并把它的状态置为"Being checked out"。如果借阅者来到图书馆，浏览书架，挑中这本书并决定借阅，这本书就以另外一种不同的方式进入到"Being checked out"状态。你可以认为这两种进入"Being checked out"状态的方式通过了不同的入口（entry point）。

还有一种情况要注意：就是假设借阅者借阅的图书超过了限定的册数，或者他有一些没有按时归还的图书。如果是这种情况，图书就会直接通过一个出口（exit point）从"Being checked out"状态退出。

图 8.9 示意了如何对上述情况建模。每个入口都通过一个空心小圆圈表示，出口则是一个带有 X 的小圆圈。这些小圆圈都在状态图标的边缘。

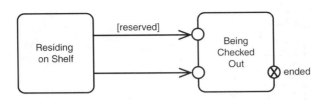

图 8.9　UML 状态图中的入口和出口

8.5　为什么状态图很重要

UML 状态图提供了多种符号表示法，并且包括了许多建模思想——如何对单个对象所经历的变化建模。对于很简单的问题建立模型时，这种类型的图可能很快就会变得很复杂。真需要这种图吗？

事实上确实需要状态图。状态图能帮助分析员、设计员和开发人员理解系统中对象的行为，因此它是很必要的。类图和对应的对象图只展示出系统的静态方面。它们展示的是系统静态层次和关联，并能告诉你系统的行为是什么，但它们不能说明这些行为的动态细节。

开发人员尤其要知道对象是如何表现自己的行为的，因为他们要用软件实施这些行为。仅仅实施对象是不够的：开发人员还必须让对象做该做的事情。状态图可以确保开发人员能够清楚地了解对象应该做什么，而不用自己去猜测它。如果有了一幅展示对象行为的清晰图景，那么开发小组构造出的系统满足需求的可能性就会大大增加。

8.6　UML "大图"

现在可以把"行为元素"加入到 UML "大图"中了。图 8.10 就是加入状态图后的 UML "大图"。

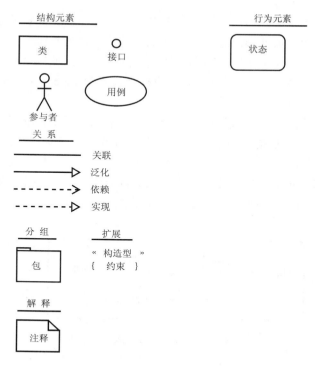

图 8.10　"UML 大图" 现在包括了一个行为元素，即状态图

8.7　小　结

　　系统中的对象改变自身的状态以响应事件和时间流逝。UML 状态图就能捕获这些状态变化。状态图的焦点是一个对象的状态变化。状态用一个圆角矩形表示，状态转移用带箭头的实线表示，它指向目标状态。

　　状态图标中要写明状态名，并且可以包括状态变量和活动的列表。转移可能作为对触发事件的响应而发生的，并且需要一个活动。转移也可能因为状态中的活动的完成而引起：这种方式发生的转移叫做无触发器转移。最后，转移还可能起因于一个特定条件（保护条件）的满足而引起。

　　有时候状态可以包含子状态。子状态可能是顺序的（一个接着一个地发生）或者是并发的（同时发生）。包含子状态的状态被称为组成状态。历史状态是说明一个组成状态在对象转移出该组成状态之后还能够记住的子状态。历史状态可能是浅的也可能是深的。这个术语和嵌套的子状态有关。浅的历史状态只记忆了最顶层的子状态，而深的历史状态能够记忆所有层次的子状态。

　　UML2.0 提供了一个新的建模符号，叫做连接点（connection point），用来表示进入一个状态或退出一个状态的位置。

　　UML 必须包括状态图，因为它能帮助分析员、设计员和开发人员理解系统中各个对象的行为。开发人员尤其需要知道对象是如何体现各自的行为的，因为他们要用软件实施这些行为。只实施对象的静态特征是不够的：开发人员必须要让对象能够做一些事情。

8.8 常见问题解答

问：开始建立状态图的最好方法是什么？
答：和建立类图或用例模型类似。在建立类图时，要列出所有的类然后找出类之间的关联。在建立状态图时，首先要列出对象的状态，然后将注意力集中在状态之间的转移上。当研究每个转移时，要估计出是否需要触发器事件或者执行某些动作。

问：每个状态图都必须要有一个终止状态（公牛眼形图标）吗？
答：不。如果对象永远处于活动状态的话，就没有终止状态。

问：状态图的布图有什么技巧吗？
答：要使状态和状态之间的转移的交叉尽量的少。状态图的一个目标是图的清晰性。如果所绘制的图无人能够理解，那么就没法使用它，并且你的努力（无论你在绘图中发挥了多大的智慧）都将白费。

8.9 小测验和习题

下面的小测验和习题将使你进入"学习状态图"的状态。附录 A "小测验答案"列出了本章小测验的答案。

8.9.1 小测验

1．状态图在哪些重要方面与类图、对象图或用例图有所不同？
2．给出下列术语的定义：转移、事件和动作。
3．什么是无触发器转移？
4．顺序子状态和并发子状态有什么区别？

8.9.2 习题

1．假设你正着手设计一个烤箱。建立一个跟踪烤箱中面包状态的状态图。要包括必要的触发器事件、动作和保护条件。
2．图 8.7 显示了 GUI 工作状态中的并发子状态。为屏幕保护状态也绘制一幅含有并发子状态的状态图
3．图 8.9 显示了图书馆中的一本图书的两种状态。根据你对图书馆的一般常识，扩展该图使其包含图书保存状态。加入合适的子状态和必要的保护条件。

第9章 顺序图

在本章中，你将学习如下内容：
- 什么是顺序图；
- 如何应用顺序图；
- 如何对一个对象创建建模；
- 如何使用 UML 2.0 中新添加的有关顺序图的内容；
- 顺序图在 UML 大图中应该处于什么位置。

前一章的状态图是对单个对象的"放大"。它说明了对象所经历的状态变化。

UML 可让你放大视野，显示出一个对象如何与其他对象交互。在这个"放大"了的视野中，要包括重要的一维：时间。顺序图的关键思想是对象之间的交互是按照特定的顺序发生的，这些按特定顺序发生的交互序列从开始到结束需要一定的时间。当建立一个系统时，必须要指明这种交互序列，顺序图就是用来完成这项工作的 UML 组件。

9.1 什么是顺序图

顺序图（sequence diagram）由采用通常方式表示的对象组成：对象用矩形框表示，其中是带下划线的对象名；消息用带箭头的实线表示；时间用垂直虚线表示。

9.1.1 对象

对象从左到右布置在顺序图的顶部。布局以能够使图尽量简洁为准。

从每个对象向下方伸展的的虚线叫做对象的**生命线**（lifeline）。在生命线上的窄矩形条被称为**激活**（activation）。激活表示该对象正在执行某个操作。激活矩形的长度表示出激活的持续时间。持续时间通常以一种大概的、普通的方式来表示。这意味着生命线中的每一段虚线通常不会代表具体的时间单元，而是试图表示一般意义上的持续时间。图 9.1 显示了对象、生命线和激活的表示法。

图 9.1　顺序图中对象的表示法

9.1.2 消息

一个对象到另一个对象的消息用跨越对象生命线的消息线表示。对象还可以发送消息给它自己——也就是说，消息线从自己的生命线出发又回到自己的生命线。

　　UML 用从一条生命线开始到另一条生命线结束的箭头来表示一个消息。箭头的形状代表了消息的类型。在 UML 1.x 中，有 3 种箭头可供使用。UML 2.0 取消了其中的一种，就我的思考方式来说，这种做法减少了混淆。我将向你说明如何表示消息，以及 UML 2.0 中取消的是哪一种消息。

　　一种类型的消息叫做调用（call）。这是一个来自消息发送者对象的请求，它被传递给消息的接受者对象。它请求接收者对象执行其（接收者对象的）某种操作。通常，这需要发送者等待接收者来执行该操作。由于发送者等待接收者（即，发送者和接收者同步），这种消息又叫做同步的（synchronous）消息。

　　UML 用一个带有实心箭头的实线来表示这种类型的消息。通常，这种情况包含了来自接收者的一个返回消息，尽管建模者经常忽略这个返回消息的符号。这个返回消息的符号是一条带有两条线的箭头的虚线。图 9.2 示意了这些符号。

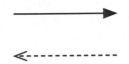

图 9.2　UML 中表示调用消息和返回消息的符号

返回乐趣多

　　这里对返回消息的符号多说两句。首先，这个符号可能有点容易混淆，因为它和依赖关系的箭头非常相似。第二，当你了解更多 UML 相关材料的时候，你可能会发现返回消息的不同表示方式。UML 1.x 的文档有时候用两条线的箭头表示，有时候则用与调用消息相同的箭头表示。UML 2.0 规定使用图 9.2 中的符号，这也是我将要选用的。

　　另一种重要的消息是异步（asynchronous）消息。在这种消息中，发送者把控制权转交给接收者，但并不等待操作完成。这种消息的符号是一个两条线的箭头，如图 9.3 所示。

图 9.3　异步消息的 UML 符号

漏掉的箭头线

　　异步消息在 UML 1.x 中专门的表示符号是什么样的？那是一个带有一条线的半箭头（把图 9.3 中的箭头线去掉一半）。UML 1.x 使用这种符号来表示异步消息。这种想法是为了能够用一种符号表示异步消息，而用另外一种符号表示控制传递消息；但是消息之间的界限有时候很模糊。我采用 UML 2.0 对消息的划分方法，并且只使用图 9.2 和图 9.3 中的符号。

9.1.3　时间

　　顺序图中垂直方向代表时间维，时间流逝的方向为自顶向下。靠近顶部的消息发生的时间要比靠近底部的消息早。

因此，顺序图是两维的。自左至右的维数代表对象的布局，自顶向下的维数代表时间的流逝。

图 9.4 说明了顺序图的基本图符集。对象横放在图的顶部。每个对象的生命线都是一条从对象向下的虚线。图中的实线与箭头连接另一条生命线，代表对象之间相互发送的消息。

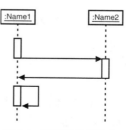

图 9.4   顺序图的图符集

为了使这个重要的 UML 工具发挥效力，下面让我们将顺序图运用到一些例子中去。我们这么做的过程中，你将有机会应用顺序图所包含的一些基础的面向对象概念。我还将回到类的话题，这看起来好像跑题了，但实际上我不会。

9.2   汽车和车钥匙

对那种能够遥控锁车和开锁的钥匙，你可能比较熟悉。你还可以用它打开后备箱。如果你有这样的一把锁，你就知道当你按下"锁车"按钮的时候，会发生什么情况。汽车自动上锁，闪动一下车灯并发出一声蜂鸣，告诉你它已经把车门上锁了。

9.2.1   类图

让我们通过一个类图来描述上述过程。图 9.5 给出了 CarOwner（车主）、Car（汽车）和 CarKey（车钥匙）这几个类之间的关系，还包括一些其他概念。

Car 处理来自 CarKey 的一条消息并导致适当的行为发生。

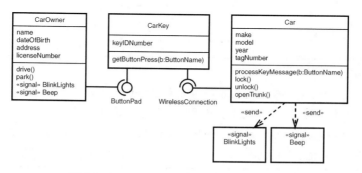

图 9.5   CarOwner、Car 和 CarKey 之间的关系

注意这个类图的几个特点。在 CarKey 类中，我们给出了 getButtonPress（）的型构。这个操作通过一个按钮名工作（"lock"、"unlock"或"openTrunk"）。这个操作的思想是，Car 从 CarKey 接收到一条消息，处理这条消息并实现和所按下的按钮名相应的操作。

该图还给出了两个信号，分别是 BlinkLights 和 Beep。你通过添加关键字«signal»把一个信号建模成一个类。Car 和每个信号之间的依赖关系箭头表示 Car 发送了这些信号。而且，UML 中没有表示"发送"的符号，因此，你在依赖关系箭头添加了关键字«send»。

注意，CarOwner 类给出了一些你以前在类图标中所没有见过的东西，也就是出现了«signal»关键字。这两个关键字告诉你，CarOwner 能够接收这些信号。信号并不要求CarOwner 做任何事情。因为 Car（信号发送者）在发送这些信号的时候并不带有任何请求，它当然也不会等待 CarOwner 做任何事情。因此，顺序图使用异步消息符号来对这两个信号建模。

9.2.2 顺序图

图 9.5 中的类图只是对 CarOwner、CarKey、Car 以及两个信号所构成的小系统的静态视角描述。顺序图提供了一种动态的视角。它是如何做到的呢？通过展示从一个实体传递到另一个实体的消息。

首先，绘出 3 个对象，它们分别是 CarOwner、CarKey 和 Car 的实例。把它们放在顺序图的最顶层，然后从每个对象绘出一条生命线，如图 9.6 所示。

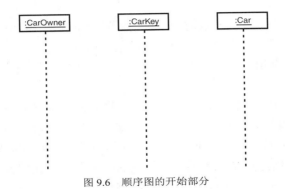

图 9.6 顺序图的开始部分

匿名对象

正如你所看到的，这些对象都没有一个具体的名字（如 myCar:Car）。你可能还记得我在第 3 章的一个提示中提到过，这种情况是可能的。这是 3 个匿名对象。

下面，添加从生命线到生命线的箭头来对消息建模，如图 9.7 所示。第一条消息（图中水平位置最高的那条消息）是从 CarOwner 到 CarKey 的请求，该请求要求 CarKey 实现getButtonPress（）操作，登记下 CarOwner 按下的按钮（通常用 b 引用）。两条线的箭头表示CarOwner 把控制传递给 CarKey。

然后 CarKey 发送消息给 Car，通知 Car 实现其 processKeyMessage（）操作，这个操作取决于具体的按钮。处理完来自 CarKey 的消息后，Car 给自己发送一条消息，以实现和按下的按钮相应的操作。注意方括号中的表达式。这是一个保护条件，我们在第 8 章中见到过。这是 UML 表示"if"条件的方式。因此，如果按下的按钮是"lock"，Car 就会向自己发送执行 lock（）操作的请求。然后，Car 发送两个信号给 CarOwner。第一条消息和信号中的箭头，是两条线箭头用法的例子。

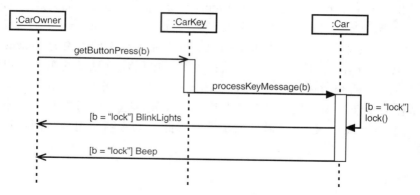

图 9.7　对消息建模后完成顺序图

这个例子展现了顺序图的使用法——对一个由类图定义的作用域的交互建模。下一个例子展示了另一种上下文（context）的顺序图的用法。

9.3　饮料销售机

让我们继续研究一个更复杂一点的例子。请回忆一下我们在第 6 章和第 7 章中学到的一台饮料销售机的用例。记住，用例是对一系列场景的称呼。

顺序图对于建模一个用例的场景很有用。在这个例子中，我们要对用例"Buy Soda（买饮料）"的场景建模。

我们还是和前一个例子一样，从类图开始。类图将对组成饮料销售机的各个实体建模。为了简单起见，假设饮料销售机有 3 个部分：前端（front）、钱币记录仪（register）（它负责收集顾客投的钱币），以及分配器（dispenser）。工程师实际设计和具体构建一台饮料销售机时，其想法当然会和这些组成部分不同，但是在这个例子中，我们就用这些。

如果你开始对饮料销售机建模，那么前端应该负责：

- 接收顾客的选购和现钞；
- 显示诸如 Out of selection（所选饮料已售完）和 Use correct change（使用合适零钱）的信息；
- 从记录仪接收找回的零钱并返还给顾客；
- 返还现钞；
- 从分配器接收一罐饮料并把它交给顾客。

钱币记录仪将负责：

- 从前端获取顾客输入信息（即选购的饮料种类和现钞）；
- 更新现钞储存；
- 找零钱。

分配器将负责：

- 检查选购的饮料是否还有货；
- 分发一罐饮料。

假设饮料销售机是这 3 个部分的组合，图 9.8 给出了其类图。

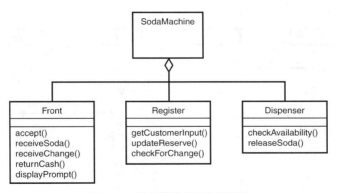

图 9.8　对饮料销售机建立的模型

我们来对用例"Buy Soda（买饮料）"的最理想场景建模：顾客塞入合适的零钱，顾客选择的饮料还有存货。买饮料的顺序如下：

1．顾客从机器前端的钱币口塞入钱币，然后选择想要的饮料；

2．钱币到达钱币记录仪，记录仪更新自己的存储；

3．因为这是最理想场景，检查饮料是否还有的结果是还有存货，记录仪通知分配器分发一罐饮料到机器前端。

图 9.9 展示了对上述步骤建模的顺序图。

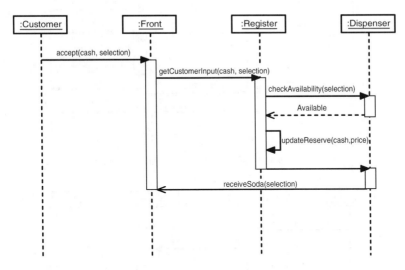

图 9.9　对用例"Buy Soda（买饮料）"的最理想场景建模的顺序图

这只是用例"Buy Soda（买饮料）"的场景之一。在另外一个场景中，顾客选择的饮料已经销售完了（sold out）。图 9.10 展示了对 sold-out 场景建模的顺序图。

假设顾客塞入的零钱数量不对，这个场景又是怎样的呢？图 9.11 展示了这个场景的顺序图。

最后，假设顾客没有使用合适的零钱，饮料销售机找不开，情况又如何？这种情况的顺序图如图 9.12 所示。

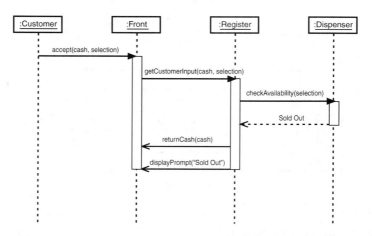

图 9.10　对用例"Buy Soda（买饮料）"的 sold-out 场景建模的顺序图

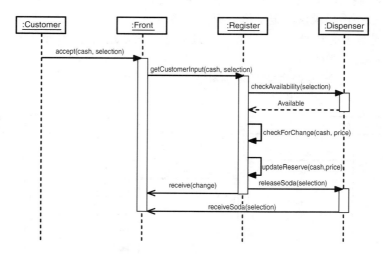

图 9.11　零钱数量不对情况下的顺序图

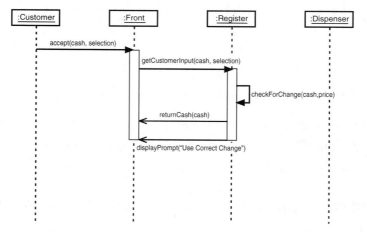

图 9.12　没有使用合适的零钱找不开的情况下的顺序图

9.4 顺序图：一般顺序图

到目前为止，我们所做的只是把一个场景用顺序图描述出来，也就是说创建一个**实例顺序图**（instance sequence diagram）。

如果绘制顺序图时考虑到用例所有这些场景，这样所创建的就是一个**一般顺序图**（generic sequence diagram）。让我们来把所有的场景放入到一个图中。

我们需要一些方法来指明条件，一个条件表示进入一个场景的消息，而另一个条件表示进入另一个场景的信息。回忆在汽车和车钥匙的例子中，UML 通过 if 来表示保护条件。这只是把进入一条路径而不是其他路径所需要的条件放入到方括号中。例如，要表示只有选购的饮料销售完的情况下一个对象才会发送给另一个对象的消息，就在这条消息前面加上[sold out]。

保护条件所提供的基本信息和返回消息是相同的。例如，[sold out]告诉你所选的饮料没有了，和"Sold out"返回消息所做的一样。因此，我们可以把返回消息去掉，将它们保留在图中只会使顺序图显得很糟。

在使用一个一般顺序图时，还有一点需要注意。我们需要顺序图表示如下的情况：按照一种场景的消息序列完整地走下去，直到得出结论，事务完成，并且保留的信息和其他的场景相关。为了做到这点，我们可以在每个场景的最终消息的前边加上«transaction over»。

图 9.13 实现了这种想法。

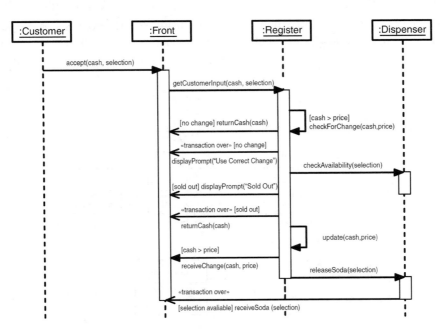

图 9.13　饮料销售机的一个一般顺序图

按照顺序图从上到下的顺序：开始的时候，顾客请求 Front 接收他的现钞和选择的饮料类型。接下来，Front 要求 Register 获取用户的输入。如果现钞高于饮料的价格，Register 就会查找自己的现金储存以便找零。如果无法找零，Register 会通知 Front 返回顾客的现钞，并通过 Front 显示"Use Correct Change"的提示信息。事务结束。

沿着 Register 的生命线向下，你就可以找到另一个不同的场景。Register 通知 Dispenser 检查用户选择的饮料还有没有。

如果卖完了，Register 要求 Front 显示一条"Sold Out"的提示信息，然后，让 Front 返回顾客的现钞。事务结束。

继续沿着 Register 的生命线向下，你会看到事务得以继续的过程：Register 根据现钞和价格，更新它的现金储存。如果现钞高于价格，Register 通知 Front 接收找零。然后 Register 通知 Dispenser 分发顾客选购的饮料。Dispenser 通知 Front 接收饮料，然后事务（顺利地）结束。

你有没有发现，在每个用例的背后都隐藏着一个或多个顺序图？如果你有这种想法，就能够明白为什么顺序图是很有价值的东西。

你将在第 11 章中看到，UML 2.0 提供了另一种方法来组合顺序图。这就是交互纵览图（interaction overview diagram）。

9.5　在消息序列中创建对象实例

几年前，通信业巨头爱立信公司展示了一项技术，顾客可以使用他们的手机在饮料销售机中购买饮料。在最近的一场超级碗（Super Bowl）橄榄球比赛的电视直播中，一条广告向人们展示了这种技术。如何对这种交互过程建立顺序图？需要添加什么内容？

我们还是从类图开始。图 9.14 是图 9.8 的扩展。通过无线互联，CellPhone 成为 Front 的接口。Front 比以前更加智能，现在能够处理来自 Customer 的信息。这个版本的类图中，还加入了另外一项功能：它为顾客和饮料销售机之间的交互创建一个事务记录。机器通过这些记录来从购买饮料的顾客的信用卡中收费。顺序图必须使事务记录的创建可视化。

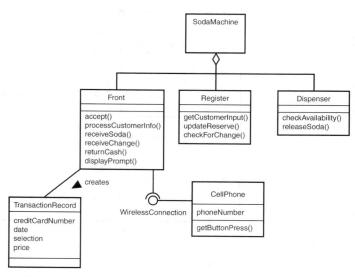

图 9.14　从图 9.8 扩展后的类图，手机作为饮料销售机的一个接口

回到顺序图上来。我们来考虑最理想情况：顾客通过手机键入自己的信用卡信息并把它

发送给 Front。Front 处理这些信息，并将"Approved"作为提示信息返回给 Customer。Customer
键入一个饮料选择并发送给 Front。在饮料销售机的这个版本中，Front 处理信息并直接和
Dispenser 交互来检查选购的饮料是否还有，并且通知 Dispenser 分发饮料。场景的其他部分，
和最初的 20 世纪的饮料销售机的最理想情况一样。

图 9.15 给出了顺序图。所有的对象都出现在图的上部，除了 TransactionRecord 对象。为
什么？因为，它不是一个在序列开始的时候就存在的对象。根据这个对象被创建的时间，在
顺序图的垂直方向上定位它，就可以对它建模了。在从创建者对象到被创建对象之间的消息
上，放上了«create»关键字，这是对对象创建建模的另外一个方面（由于 Register 没有包含到
这个序列中，因此它不会出现在顺序图中）。

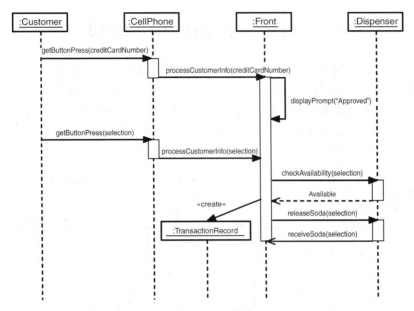

图 9.15　手机用作饮料销售机的接口，对其最理想情况建模的顺序图

手机：应用广泛的通信工具

世界上几个组织正在开展研究，努力使你手中小小的手机成为一个真正的新生事物。
在爱沙尼亚，一些人已经能够用手机和停车计费表交互。爱立信的员工能够使用手机来
向前翻滚 PowerPoint 演示文稿页。一家名为 Shazam Entertainment 的英国公司已经研发出
一种技术，使你能够使用手机自动检索你所听过的歌曲的信息。怎么实现呢？只要把你
的手机放到录音机或者收音机的面前。有关这个项目的其他相关信息，请查阅 2003 年 9
月 18 日的《纽约时报》上的文章《If Walls Could Talk，Street Might Join In》。

既然我们谈论到对象的创建，我们也该了解一下对象的销毁。要表示一个对象正在被
销毁，你可以在对象的生命线的底部放上一个大写的、粗体的 X，如图 9.16 所示。图中左
边的部分展示了一个对象销毁它自身的情况（可能是因为某段时间过去了）。右边的图展示
了一个对象指示另一个对象销毁自己，这是通过发送一条标记了«destroy»关键字的消息来
实现的。

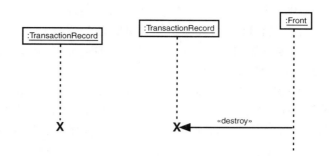

图 9.16　一个对象可以销毁自己（左图），也可以接收一条销毁自己的指令（右图）

9.6　帧化顺序图：UML 2.0 中的顺序图

　　UML 2.0 针对顺序图添加了一个有用的改动。你可以帧化一个顺序图：用一个边框包围它并在左上角添加一个间隔区。这个间隔区包含了识别该顺序图的信息。

　　其中的一小段信息是**操作符**，就是描述了帧中的图的类型的表达式。对于一个顺序图，操作符是 sd（sequence diagram）。图 9.17 展示了按照 UML 2.0 风格帧化的一般顺序图。除了操作符，间隔区还包含了图所描述的交互的名字（BuySoda）。

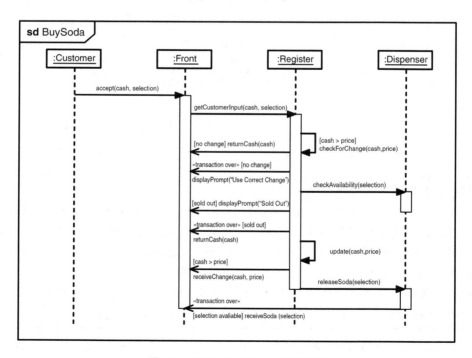

图 9.17　帧化一个 UML 2.0 的顺序图

9.6.1　交互事件

帧化的概念很有用，因为它有多种应用方式。例如：

　　如果你要为一个用例的多个场景创建实例顺序图，你会注意到图和图之间的相当一部分内容是重复的。帧化的方法使你能够在一张顺序图中快速容易地复用另一张顺序图的部分内容。先在一部分图的周围绘制一个帧，标记出帧的隔离区，然后只要把带有标记的帧（不需要绘制消息和生命线）插入到一个新图中就可以复用了。这个特定的帧化的部分叫做**交互事件**（interaction occurrence），它的操作符是 ref。

　　图 9.18 展示了对最理想情况的场景的帧化。帧化的部分是处理饮料分发的交互事件。图 9.19 展示了如何在"不合适零钱"的场景中复用这个交互事件。

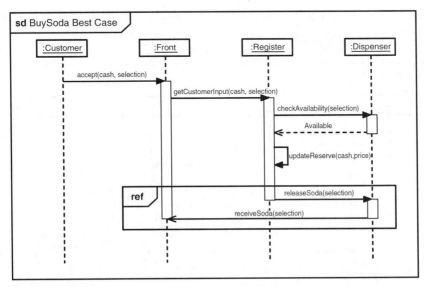

图 9.18　在顺序图中帧化一个交互事件

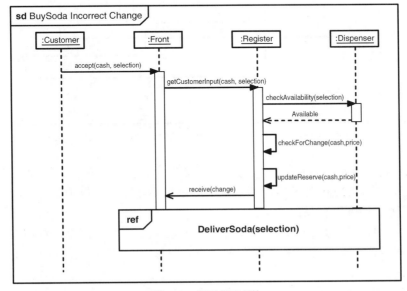

图 9.19　复用交互事件

9.6.2　交互片段的组合

交互事件是**交互片断（interaction fragment）**的一种特殊情况。交互片断是 UML 2.0 中对一个顺序图的某一段的更一般称呼。你可以用多种方式来组合交互片断。操作符表示了不同的组合类型。为了表示这种组合，将整个片断帧化，再用一条虚线表示邻接交互片断的边界。

我认为将会被广泛使用的组合类型有两种，这两种类型的操作分别被标注为 alt 和 par 操作符。

在 alt 组合中，每个片段都是一种可选情况，只能在一定的条件下执行。保护条件指明了哪一个片断将会执行。图 9.20 展示一般顺序图中这种类型的组合。

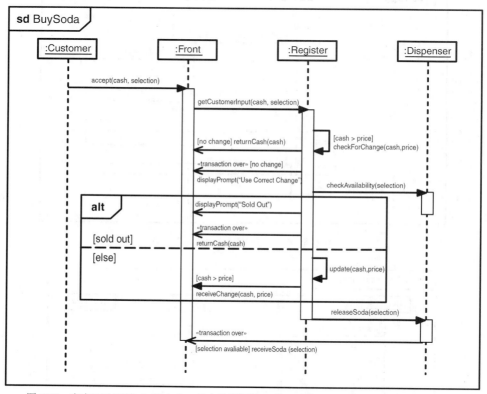

图 9.20　在交互片断的 alt 组合中，每个片段都是一种可选情况，只能在一定的条件下执行

和 ref 操作符仅仅追求复用相比，这里所表达的思想更加清晰。如果你比较图 9.20 和图 9.17，你将会发现图 9.20 的片断中，消息的上方已经不需要标明保护条件。我的看法是，一般顺序图变得更加清晰而容易阅读了。

在 par 组合中，组合片断并列工作而不会互相交互。例如，假设饮料销售机工作效率很高：它能够同时返回顾客的零钱和传送顾客的选购信息。这就需要几件事情同时发生。图 9.21 说明了这种情况。

在 UML 2.0 引入 par 操作符以前，我们很难在顺序图中表示并列事件。

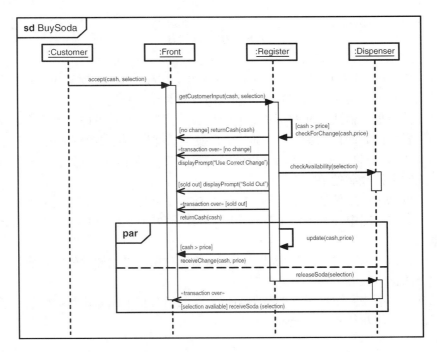

图 9.21 在组合片断的 par 组合中，片断并列工作但不会互相交互

9.7 UML "大图"

现在可以在前面介绍的 UML 大图中再加进一种图了。由于顺序图处理的是对象的行为，因此它属于"行为元素"这一类。图 9.22 是更新后的 UML "大图"。

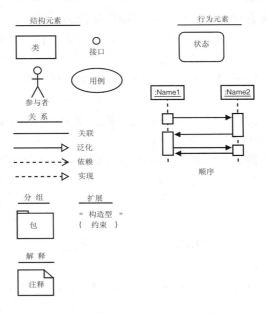

图 9.22 加入顺序图后的 UML "大图"

9.8　小　　结

UML 顺序图在对象交互的表示中加入了时间维。在顺序图中，对象位于图的顶部，从上到下表示时间的流逝。每个对象都有一个垂直向下的对象生命线。

消息用连接对象生命线之间的带箭头连线代表。消息在垂直方向上的位置表示了该消息在交互序列中发生的时间。越靠近图顶部的消息发生的越早，越靠近底部的消息发生的越晚。对象生命线上的窄矩形代表一次激活，也就是对象的某个操作的一次执行。一个对象通过执行操作来响应它所接收到的消息。

用例图可以只说明用例的一个实例（场景），或者它可以是一般的，用来表示一个用例的所有场景。一般顺序图中通常提供了表示"if"条件语句的机会。每个"if"条件语句要用方括号括起来。

当序列中包括了创建对象的序列时，被创建的新对象也采用通常的矩形表示法，只是它在垂直方向上的位置代表了它被创建的时刻。

UML 2.0 针对顺序图添加了一些有用的技术，包括对整个图帧化和对图的片段帧化。帧化片断，有助于复用和使图的某一部分更加清晰。

9.9　常见问题解答

问：顺序图看上去好像不仅用于系统分析。可以用顺序图来说明一个组织之中的各种交互关系吗？

答：是的，当然可以。可以把组织中的主要的角色表示为对象，对象之间的消息就表示了这些角色之间简单的控制转移。

问：有时候顺序图包含递归。如何在顺序图中表示递归呢？

答：要表示递归，需要表示一个对象向自己发送消息。在一个激活的上面，添加一个小的激活，绘制一个指向这个小激活的箭头。

问：你提到过，用方括号包含一个保护条件，这是 UML 表示 if 的方式。能否用某种方式来表示 while 呢？

答：可以。另一个角度来考虑，while 就是多次重复 if。在第 4 章中，还记得我们用星号表示多次。因此在 UML 中，"*[]"表示 while。

问：每次绘制顺序图前，我们都是先开始绘制类图？必须总这样吗？

答：这是一个好主意。如果你先对一个类建模，你将会知道一个对象会接收哪些消息。

9.10　小测验和习题

小测验和习题可以巩固你所学到的有关顺序图的知识。附录 A "小测验答案"列出了本章小测验的答案。

9.10.1　小测验

1．给出同步消息和异步消息的定义。
2．在 UML 2.0 中，什么是交互片断？
3．在 UML 2.0 中，par 表示什么意思？
4．被创建的新的对象在顺序图中如何表示？

9.10.2　习题

一般提示：开始以下每个练习之前，先绘制一个类图。

1．建立一个实例顺序图来描述成功的发送一个传真所要经历的对象间的交互过程。也就是说，建立传真机用例"发传真"的最理想场景的对象交互模型。其中要包括的对象有发送方传真机、接收方传真机、传真件和一台用来对传真和电话呼叫选择路由的中央"交换机"。

2．建立一个一般顺序图，这个顺序图中要包括"传真发送不成功"场景（占线、发送方传真机出错），还要包括题 1 中的理想场景。尽可能多地应用 UML 2.0 中的概念。

3．为电子削铅笔刀建立一个顺序图。图中的对象包括操作者、铅笔、插入点（也就是铅笔插入铅笔刀的位置）、电动机和其他元素。包括哪些交互消息？有哪些激活？可以在这个图中表示出递归吗？

第10章 协 作 图

在本章中，你将学习如下内容：

● 什么是协作图；
● 如何运用协作图；
● 如何对主动对象、并发和同步建模；
● 协作图在 UML 大图中处于什么位置。

本章要介绍与前一章的顺序图类似的一种 UML 图。这种图也是展示对象之间的交互，但是绘图的方式与顺序图有所不同。

与顺序图一样，协作图也展示对象之间的交互关系。它绘制出对象和对象之间的消息连接。也许你会问："顺序图不也是做这件事吗，为什么 UML 中还要引入协作图呢？是不是多余了？

顺序图和协作图很相似。实际上两者是**语义等价**（semantically equivalent）的。也就是说这两种图表达的是同一种信息，并且可以将顺序图转换为等价的协作图，反之亦然。

既然 UML 中引入了这两种图，那么它们就都应该有用。顺序图强调的是交互的时间顺序。协作图强调的是交互的语境和参与交互的对象的整体组织。还可以从另一个角度来看两种图的定义：顺序图按照时间顺序布图，而协作图按照空间组织布图。二者描述的都是对象之间的交互，因此，它们都是交互图（interaction diagram）的一种类型。

10.1 什么是协作图

对象图展示出对象和对象之间的静态关系。协作图是对象图的扩展。协作图除了展示出对象之间的关联，还显示出对象之间的消息传递。通常在协作图中省略掉关联的名字，因为表示出关联的名字会使图变得混乱。

为了弄清楚对象图和协作图之间的关系，一个办法是设想一下一个快照和一部电影之间的区别。对象图是一个快照：只是展示在某一个时刻类的实例是如何关联到一起的（记住，是"实例和时刻"）。协作图是一部电影：它展示了整个过程中实例之间的交互。

关联线附近的箭头线表示对象之间传递的消息，箭头指向消息接收对象。消息名称和消息序号附在箭头线附近。消息的一般含义是触发接收消息的对象执行它的一个操作。箭头的含义和顺序图中的一样。

上面说过，可以将顺序图转换成协作图，反过来也成立。因此在协作图中也应能表示出消息的顺序。可以在消息名前面加上消息的序号，它代表该消息在消息序列中的序号。消息名和序号之间用冒号隔开。

图 10.1 说明了协作图中的图符集。

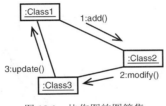

图 10.1 协作图的图符集

从 UML 1.x 到 UML 2.0 的变化

如果你受到 UML 的早期版本或者本书前几版的影响，你可能会回想起 collaboration diagram（协作图）这个术语。UML 2.0 使用 communication diagram（协作图）这个词来替代它，这也是我从现在开始将要使用的新术语。如果你使用基于 UML 1.x 的文档或者建模工具，当然，你还是会见到老的术语。

让我们利用协作图和顺序图语义等价这一基本原理学习本章的内容。为了学习协作图中的概念，让我们重新看看上一章中介绍的有关顺序图的例子。将这些顺序图用协作图画出，就可以了解协作图的概念。

10.2　汽车和车钥匙

我们还是从汽车和车钥匙开始讨论。图 10.2 的类图你曾经见过（和第 9 章中的图 9.5 相同）。在这里再次给出这张图，是为了让你能够回忆起相关的操作和信号，从而知道每个对象所能够接收到的消息。

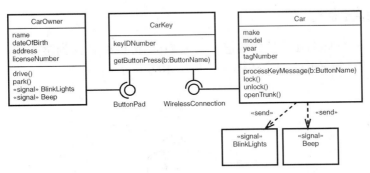

图 10.2 汽车和车钥匙问题域

下面，我们绘制一张对象图来对图 10.2 中的类的实例建模。这张图就是图 10.3，它是协作图的基础。

现在，我们可以向图中添加消息。图 10.4 中的消息在图 9.7 中都出现过。这张图展示了一种方法，可以处理在两个对象之间传递的多个消息。注意，消息 4 和消息 5 都是从 Car 到 CarOwner 的信号。它们的标号不同，但却使用同一个箭头。这是为了保证协作图不会显得太忙乱。有些建模工具为每条消息都提供单独的一个箭头。记住，如果不同类型的消息在相同的两个对象之间传递，你必须使用两个箭头。

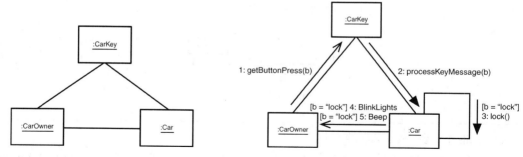

图 10.3　对图 10.2 中类的实例建模的对象图　　　　　图 10.4　对图 10.3 中对象间消息建模得到的协作图

为了让你体会协作图和顺序图之间的等价关系，图 10.5 中并列地列出了图 10.4 和图 9.7。

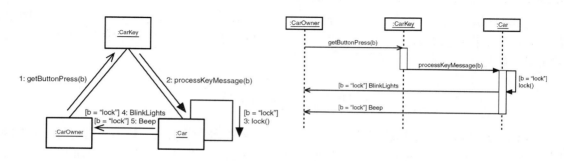

图 10.5　汽车和车钥匙的例子的协作图及其等价的顺序图

状态变化和消息嵌套

假设 Car 有一个 locked 属性，其值可以是 True 或 False。回到第 8 章，你可以假设 Car 有两个状态，分别是 Locked 和 Unlocked，如图 10.6 所示。

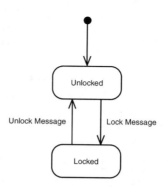

图 10.6　对 Car 的 Locked 和 Unlocked 状态建模

我们能够在协作图中表示状态的变化。例如，在本例中，我们在一个 Car 对象中给出 locked

值，然后，我们复制一个带有不同 locked 值的 Car 对象。把这两个对象连接起来，再表示出从第一个对象到第二个对象的消息。用关键字«become»标示出这条消息。

这个例子是我们有机会来体验和协作图相关的另一个概念，使用数字系统来表示消息之间的某些关系。到目前为止，我们已见过按顺序出现的消息，其实消息也可能以嵌套的形式出现。你可以这样对嵌套消息编号：首先是它所嵌入其中的消息的号码，然后是一个小数点，然后是被嵌套的消息的号码。图 10.7 展示了状态变化和消息嵌套。

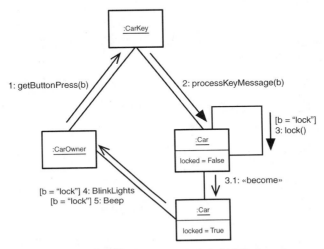

图 10.7　对协作图中的状态变化建模，注意嵌套消息（3.1:«become»）

图 10.8 展示了对状态变化的另一种建模方法。我更喜欢用第一种，因为第二种带虚线的箭头容易使人想起依赖关系。学习 UML 的新手经常感到依赖关系是较难理解的。

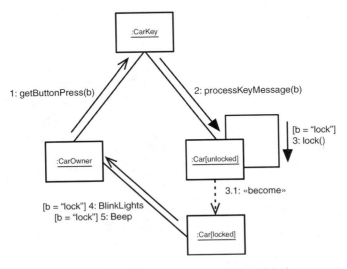

图 10.8　协作图中对状态变化建模的另一种方法

这个例子中的嵌套消息可能会使你认为消息只有在和状态变化相关的情况下才能够嵌套。在下一小节中，你将看到实际情况并非如此。

10.3　饮料销售机

现在让我们来研究饮料销售机的例子，并看看和第 9 章中的顺序图相匹配的协作图。
我们还是从用例"Buy soda（买饮料）"的最理想场景开始，其协作图如图 10.9 所示。
这个图给出了嵌套消息的另一个例子。返回消息 Available 嵌套在一个调用 checkAvailability（）中，因此，它的编号是 3.1。

对于饮料销售机的其他场景的实例顺序图（图 9.10、图 9.11 和图 9.12），我们把绘制相应的协作图作为练习交给读者完成。这里，我们把注意力放到一般顺序图上（图 9.13），并给出相应的协作图（图 10.10）。

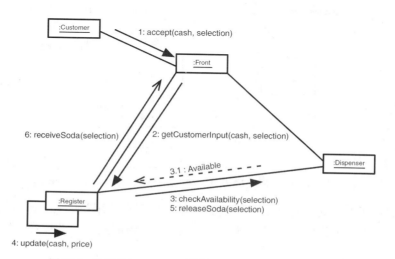

图 10.9　用例"Buy soda（买饮料）"的最理想场景的协作图

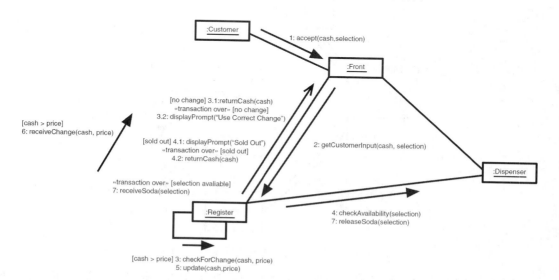

图 10.10　饮料销售机的一般顺序图对应的协作图

你将会看到,这个协作图多少有些混乱,尤其是在 Register 和 Front 之间的消息传递部分。消息的多个标记相互之间距离很近,沿着两个对象之间的连接有两种不同类型的消息,并且给出了构造型和保护条件。

10.4 创 建 对 象

为了说明在协作图中如何表示新对象创建,让我们回顾上一章介绍的用手机从饮料销售机购买饮料的例子。新创建的对象是一个交易记录,它使得销售机能够从顾客的账户收费。我们又一次把«create»放到消息标签中来对对象创建建模。图 10.11 给出了协作图。

10.5 编号的一点注意事项

有时候,两个消息来自同一个选择过程,并且它们的保护条件是互斥的。如何对它们编号呢?还是回到用手机从饮料销售机购买饮料的例子。图 10.11 只是对最理想情况建模。假设我们还要添加一种可能性,就是用户的账号信息没有得到确认。这除了需要图 10.11 中的消息 2.1 的保护条件[approved],还需要一个带有保护条件[not approved]的附加消息。后一种情况中,事务结束,Front 显示出相应的提示信息。

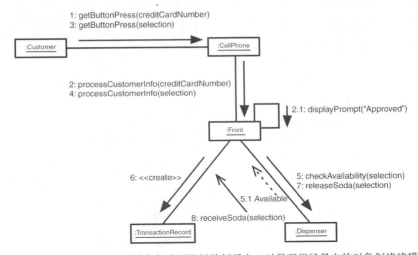

图 10.11   在用手机从饮料销售机购买饮料的例子中,对最理想场景中的对象创建建模

附加信息的编号是多少?还是 2.1。因为保护条件是互斥的,也就是说只会有一种可能的路径。图 10.12 对于图 10.11 中的相关部分集中显示,并绘出了这两条消息。

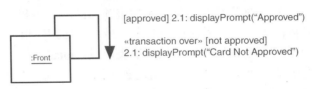

图 10.12   对带有互斥保护条件的消息编号

10.6   其 他 概 念

尽管已经介绍了协作图中的很多基本概念，但是并不是所有的概念都已经介绍了。这一节要介绍的概念看上去似乎有点深奥，但在做系统分析时这些概念却很有用。

10.6.1   发送给多对象的消息

一个对象可能会向同一个类的多个对象同时发送一个消息。例如，老师会让多个学生同时交作业。在协作图中，**多对象（multiple object）** 用"一叠向后延伸的多个对象图标"表示。在多对象前面可以加上用方括号括起来的条件，前面加一个星号，用来说明消息发送给多个对象，如图 10.13 所示。

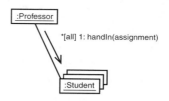

图 10.13   一个对象向多对象发送消息

有时，按顺序发送消息是很重要的。例如，银行出纳员（bank clerk）要按照顾客排队的次序为每名顾客（customer）服务。可以用"while"条件表达出消息的顺序（例如"line position=1…n"），参见图 10.14。

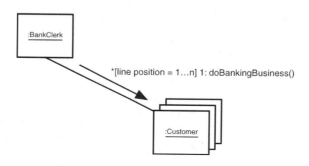

图 10.14   一个对象以指定的次序向多对象发送消息

10.6.2   返回结果

消息可能是要求某个对象进行计算并返回结果的值。例如一个顾客对象可能请求一个计算器（calculator）对象计算某项商品的总价，包括该项商品的价格和税款。

UML 提供了返回值的表示法。返回值的名字在最左，后跟赋值号"：="，接着是操作名和操作的参数。对计算商品价格这个例子，可以表示成：totalPrice：=compute（itemPrice，salesTax）。图 10.15 说明了在协作图中的返回值的表示法。

表达式中赋值号的右边部分被称为**消息型构**（message signature）。

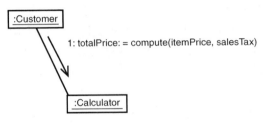

图 10.15 一个包含返回值表示法的协作图

10.6.3 主动对象

在一些交互中，控制流是由一个特定的对象控制的。这样的对象叫做**主动对象**（active object）。一个主动对象可以向被动对象发送消息也可以与其他主动对象交互。在图书馆的管理中，图书馆管理员（librarian）从主顾（patron）那里获得参考资料的信息，然后到数据库里去查找这些参考资料，然后回复主顾提出的问题，指派工人（worker）进新书。一个图书馆管理员也要和执行相同任务的其他图书馆管理员交互。两个或者多个主动对象同时工作时的情形被称为**并发**（concurrency）。

在协作图中，主动对象的表示法除了矩形框边界要加黑加重外，其他方面与一般对象的表示法相同（参见图 10.16）。

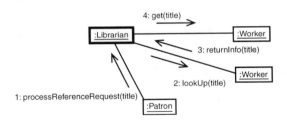

图 10.16 主动对象控制消息序列，它用一个加黑、加厚的矩形框表示

10.6.4 同步

有时遇到的另一种情况是一个对象只能等到其他一些对象发送了消息（可能是不连续的发送消息）后才能发送消息。也就是说，这个对象必须要"同步"自己发送的消息与其他对象发送的消息。

下面的例子将说明什么是同步。假设这里的对象是一个公司里参与新产品的商业活动的人员。如下是这些对象的交互序列：

1. 高级市场主管（Senior VP of Mktg）要求销售主管（VP of Sales）为某一新产品制定一份促销（campaign）计划。

2. 销售主管制定了一份新产品促销计划，并通知销售经理（Sales Mgr）将这个任务指派给一个销售员（Salesperson）。

3. 销售经理要求一名销售员根据促销计划销售产品。

4. 销售员与几位可能购买新产品的顾客通电话，向他们推销。

5. 在销售经理根据计划要求销售员执行后（也就是步骤 3 结束后），公司的公共关系专员（PR Specialist）在当地的一家报纸上发布了关于这次促销的广告。

如何在顺序图中表示步骤 5 呢？UML 同样为同步提供了表示法。不是在消息前加序号来表示同步，而是在需要同步的消息之前列出在这个消息之前要传递的消息序号，然后加上一个反斜杠。如果多于一条消息，序号之间用逗号分开，最后用反斜杠与需要同步消息隔开。图 10.17 说明了协作图的这种表示法。

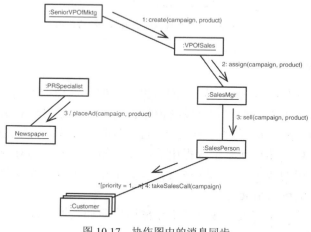

图 10.17　协作图中的消息同步

10.7　UML "大图"

图 10.18 是加入协作图后又一次增大了的 UML "大图"，协作图属于行为元素。

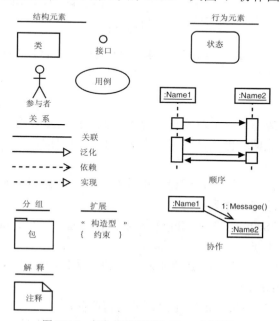

图 10.18　加入协作图后的 UML "大图"

10.8　小　　结

协作图是表达顺序图中所有信息的另一种 UML 图。协作图和顺序图是语义等价的。尽管如此，这两种图在建立系统的模型时都很有用。顺序图按照时间组织，协作图按照对象之间的联系。

协作图展示了对象和对象之间的关联，还展示了对象之间的消息传递。关联线旁的消息箭头代表一个消息，带有编号的标签显示出消息的内容，消息前的序号代表消息发送的时间顺序。

条件的表示与在顺序图中相同——将条件表达式用方括号括起来加在图中。

消息之间有从属关系。协作图中的消息序号命名方案与技术文章中的标题和子标题的命令类似——使用圆点来说明嵌套的层次。

协作图中可以表示出一个对象按照指定的次序（或无次序）向一组对象发送消息。还可以表示拥有消息控制流的主动对象，以及消息之间的同步。

10.9　常见问题解答

问：在对 UML 建立模型时确实要包含协作图和顺序图两种图吗？

答：两种图都包括是好主意。这两种图可以反映在开发过程的分析阶段中两种不同的思考过程。协作图能够阐明对象之间的关系，因为它包括对象之间的关联线。而顺序图则重点说明对象交互的时间顺序。同样，一个组织中或许要包括思维方式不同的人。在提交这些图时，对不同场合的不同人，需要为他们提供不同的图。

问：在第 9 章中，你介绍了 UML 2.0 把顺序图一部分帧化的方法。UML 2.0 有没有针对协作图的类似方法？

答：对于协作图，你可以按照顺序图一样的方法来把它绘入到一个帧中。但是对于协作图的一部分，UML 2.0 没有提供帧化的方法。

问：在本章中，你介绍了如何对对象的状态变化建模。我可以在顺序图中这样建模吗？

答：是的，你可以。可以在对象生命线上添加一个状态图标来表示对象的状态。状态图标在生命线上的位置表明了对象处于该状态的时间。要表示状态的变化，在生命线下方再添加一个新的状态图标。尽管 UML 允许你从一种图中取出符号并用到另外一种图中，但一些建模工具并不支持这么做。

10.10　小测验和习题

现在你已经学习了顺序图和协作图，为了测试和巩固你所学的知识，应该做些小测验和习题。答案列在本书附录 A 中。

10.10.1　小测验

1．在协作图中如何表示一个消息？

2．在协作图中如何表示出消息的时间顺序？

3．在协作图中如何表示出状态变化？

4．两种图"语义等价"是什么含义？

10.10.2　习题

1．在饮料销售机的例子中，只给出了与第 9 章里用例"Buy Soda"的"钱数不正确"场景的实例顺序图所对应的协作图。建立一个和第 9 章中的一般顺序图对应的协作图。也就是要在图 10.5 中加上"无存货"场景。

2．回到第 4 章中的例子，并查看图 4.17 到图 4.19。假设现在轮到马走了，绘出一张协作图来表示所有可能的走法。假设走一步就是一个棋子向另一个棋子发送消息。

3．第 9 章的习题中有一道题是为电子削铅笔刀建立顺序图，建立它的语意等价的协作图。

第 11 章　活　动　图

在本章中，你将学习如下内容：
- 什么是活动图；
- 如何应用活动图；
- 如何应用泳道；
- UML2.0 的重要概念；
- 活动图在 UML "大图"中的位置。

我们将要开始学习一种似曾相识的图，它向我们展示了一个操作或过程的步骤。

如果你学习过介绍程序设计的课程，那么就可能接触过流程图。它是历史最悠久的计算建模工具之一。流程图表示了一个步骤序列、过程、判定点和分支。通常提倡程序设计新手使用流程图作为可视化描述工具来表达问题并导出问题的解决方案。这种想法的目的是要使流程图成为程序代码的基础。UML 具有丰富的特征和多种不同类型的图，它在某种意义上也可被认为是一种流程图。

本章要介绍的 UML **活动图**（activity diagram）和旧的流程图很类似。它显示出工作步骤（更合适的叫法为**活动**，activity）、判定点和分支。它可用于描述业务过程和类的操作。你将会发现它在系统分析中的完整部分。

本章的前 4 个小节介绍基础知识，都是 UML 1.x 中就有的概念。由于 UML 2.0 所提供的和活动相关的建模技术内容比较广泛，所以我在本章最后专门用一个小节的篇幅讲解这些新内容。

11.1　基础：什么是活动图

首先也是最重要的，活动图被设计用于简化描述一个过程或者操作的工作步骤。

活动用圆角矩形表示——比状态图标更窄，更接近椭圆。一个活动中的处理一旦完成，则自动引起下一个活动的发生。箭头表示从一个活动转移到下一个活动。和状态图类似，活动图中的起点用一个实心圆表示，终点用一个公牛眼形的图标表示。

图11.1的活动图说明了起点、终点、两个活动和转移的表示法。

图 11.1　从一个活动转移到另一个活动

11.1.1　判定

一个活动序列几乎总是要到达某一点，在这一点处要做出判定。一组条件引发一条执行路径，另一组条件则引发另一条执行路径，并且这两条执行路径是互斥的。

可以用两种方式表示判定点（这听起来也是个判定）。一种方式是从一个活动直接引出可能的路径。另一种方式是将活动的转移引至一个小的菱形图标（容易让人想起传统的流程图中的判定符号），然后再从这个菱形图标中再引出可能的路径（由于习惯了传统流程图的表示法，我更喜欢用第 2 种方式表示判定）。不论使用哪种方式，都必须在相关路径附近指明引起这条路径被执行的条件，条件表达式要用方括号括起来。图 11.2 示意了判定的两种表示方式。

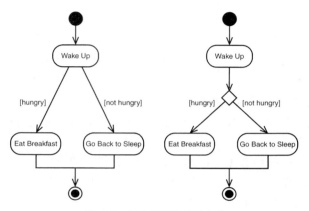

图 11.2　判定的两种表示方式

11.1.2　并发路径

在对活动建模时，往往要将一个转移划分成两个单独的同时（并发）执行的路径，而后它们再合并到一起。要表示这种活动路径的划分，可以用一个与路径垂直的黑色粗实线条表示，并发的路径从这个实线条引出。而并发活动路径的合并也使用另一个粗实线条表示（如图 11.3 所示）。

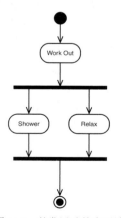

图 11.3　并发活动的表示法

11.1.3 信号

活动序列中的活动可以发送信号。当信号被接收时，会引起一个活动的发生。发送信号的图符是一个凸角五边形，而接收信号的图符是一个凹角五边形。图 11.4 说明了这种表示法。

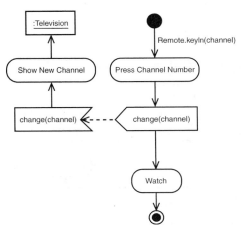

图 11.4 发送和接收事件

按照 UML 中的术语，凸角多边形代表一个输出事件（output event），而凹角多边形代表一个输入事件（input event）。

11.2 活动图的应用

让我们来看一个用活动图对一个过程建模的例子。

过程：创建一个文档

考虑一下使用Office软件包建立一个文档的过程。一个活动序列可能如下：

1. 打开Word字处理软件包（Open the Word Processing Package）；
2. 新建一个文件（Create a file）；
3. 命名该文档并为该文档指定一个存放目录；
4. 键入文档的内容（Type the Document）；
5. 如果文档中需要图形（graphics needed），则打开图形软件包（Open the Graphics Package），创建图形，将图粘贴到文档中；
6. 如果文档中需要电子表格（spreadsheet needed），则打开电子表格软件包（Open the Spreadsheet package），建立电子表格，将电子表格粘贴到文档中；
7. 保存该文件（Save the File）；
8. 打印一份该文档的硬拷贝（Print Hard Copy）；
9. 退出Office软件包（Exit Office Suite）。

这一序列的活动图如图 11.5 所示。

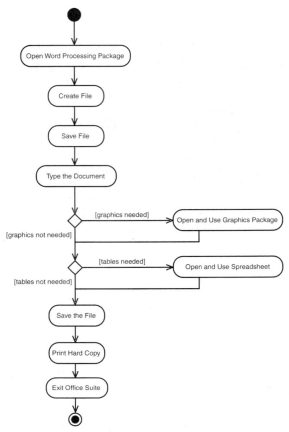

图 11.5　创建一个文档过程的活动图

11.3　泳　　道

活动图的一个缺点是它的扩展能力不强，并且不能方便地表达出图中的各个活动分别由哪些对象负责。

考虑一个咨询公司和该咨询公司会见一个客户时的业务过程。活动可能是像这样发生的：

1. 公司业务员打电话给客户，确立一个约定（Call client and setup appointment）；
2. 如果约定地点是在公司之内（appointment onsite），那么公司中的技术人员就要为会面准备一间会议室（Prepare a conference room）；
3. 如果约定地点是公司之外（appointment offsite），那么咨询顾问就要用膝上电脑准备一份陈述报告（Prepare a laptop）；
4. 咨询顾问和业务员与客户在约定的时间和地点见面（Meet with the client）；
5. 业务员随后给他们准备好会议用纸（salesperson follow-up letter）；
6. 如果会议产生了一个问题陈述（statement of problem），咨询顾问就根据问题陈述建立编写一个提案（Create proposal）并把该提案发给客户（Send proposal to client）。

一个标准的活动图见图 11.6 所示。

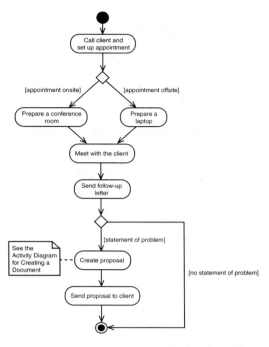

图 11.6　会见一个新客户的业务过程的活动图

活动图中还可以增加角色的可视化维数。要对角色可视化，应该将图分割成多个平行的段，这些段被称为**泳道（swimlane）**。每个泳道的顶部可以显示出角色名，每个角色负责的活动放在各个角色的泳道中。一个泳道到另一个泳道之间可以发生转移。图 11.7 是图 11.6 中的活动图的泳道版本。

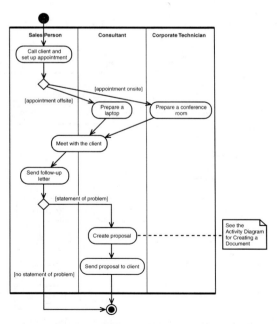

图 11.7　图 11.6 中的活动图的泳道版本，它表示了每个角色负责的活动

> **使用注释符号**
>
> "会见一个新客户"的两个活动图都将创建一个提案作为一个活动来表达，可以在这两个图中附加注释，用来说明创建文档所对应的活动图。

11.4　混 合 图

让我们重新回到文档创建过程的活动图。可以对图中"打印文档硬拷贝"这个活动进一步细化。不是只简单地画出一个"Print Hard Copy"活动，还可以把这个活动描述的更为具体些。打印的发生是由于包含文档的一个文件从 Word 字处理软件包传送到打印机引起的，打印机接收了这个信号，然后执行打印任务。

我们可以使用信号发送和信号接收图符，以及一个接收信号并执行打印操作的打印机对象来表示这个过程，如图 11.8 所示。这是混合图（hybrid diagram）的一个例子，因为它包含了通常认为属于不同类型的图的图符。

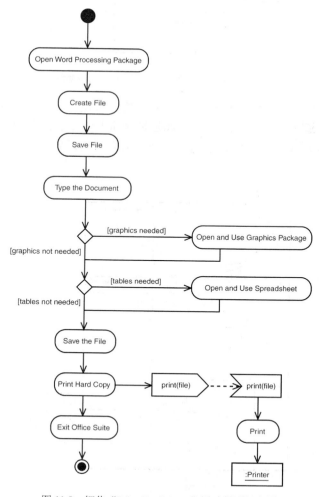

图 11.8　细化"Print Hard Copy"活动得到混合图

11.5 UML 2.0 中的新概念

UML 2.0就像透过放大镜来看活动图一样，针对它添加了很多建模技术。这些技术用来帮助我们清晰地表示一个操作或者过程的细节。

11.5.1 一个活动的对象

UML 2.0允许我们使用**对象节点**（object node）来明确一个活动的输入和输出。我将使用一个数学领域的例子来说明这种类型的符号，并且还将用这个例子来说明一些其他的UML概念。

你见过形如这样的一个数列吗？1,1,2,3,5,8,13,……它被称为"Fibonacci数列"，它是由一位中世纪的数学家于800年前发现的。这个数列中的每个数都是fib函数的值，第1个函数值——即fib（1）是1，fib（2）也是1，fib（3）是2，等等。这个数列的取值规则是，除了最开始的两个数，其余的每个数都是它前面两个数之和（因此fib（8）是21）。

为了对一个fib函数值的计算过程建模，我们在活动图标的内部写入一个Calculate fib（n）。我们可以把这个图标和另外一个表示打印fib函数值的图标连接起来。图11.9给出了这样的图，其中有一个注释符号，说明了打印的信息格式。

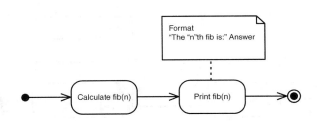

图 11.9 对计算和打印 Fibonacci 数建模的活动图

为了继续执行，第一个活动必须接收一个 n 值的输入。第一个活动完成工作后，就输出一个答案，供下一个活动打印。它还需要把 n 值传递给下一个活动，以便后者在打印语句中使用这个 n 值。

为了表示输出，在第一个活动的左边界添加一个小框，并把它标记为输入。为了表示输出，在活动的右边界添加一个小框。这些小框就是对象节点。对象节点也可以用来表示到第二个活动的输入。图11.10示意了图11.9的活动图标上添加了对象节点后的样子。

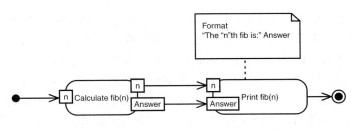

图 11.10 添加对象节点后能够明确输入和输出

如果太多的对象节点使得活动图显得很乱，可以使用图11.11所示的省略形式。

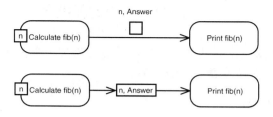

图 11.11　和图 11.10 中的活动等价的省略形式

11.5.2　处理异常

有时候一个活动会遇到**异常（exception）**，也就是普通情况之外或者在某方面超越活动的能力范围的一种情况。例如，假设你的Fibonacci计算函数只能够计算100万个以内的Fibonacci数。如果你给出一个大于100万的n值，函数将会输出n值以及一条"exceed the limit on n"（n值超出范围）的消息。

要在活动图中表示这种情况，我们可以使用一个像闪电一样的符号。这个符号从遇到异常的活动开始，到由异常引起的活动结束，后一种活动叫做**异常句柄（exception handler）**。图11.12示意了上述表示方法。

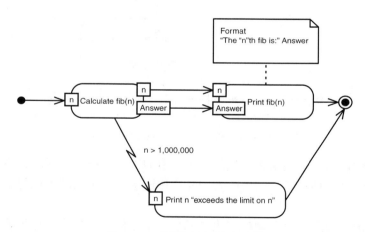

图 11.12　对异常和异常句柄建模

11.5.3　活动的析构

UML 2.0强调了活动的可分解性。一个活动由多个动作（action）组成。动作的图标和活动的图标相同。我们继续以Fibonacci数列为例展示组成活动"Calculate fib（n）"的动作。

为了对计算一个fib函数值的全部过程建模，我们需要几个变量。我们需要一个计数器来跟踪n值看看是否达到了第n个fib函数值，还需要一个变量（记为Answer）来跟踪计算结果，还需要两个变量（记为Answer1和Answer2）来存储将要加和的两个fib函数值。图11.13给出了整个过程中的动作和选择。遵循UML 2.0的格式，动作流程被帧化到一个代表"Calculate fib（n）"活动的大图标中。

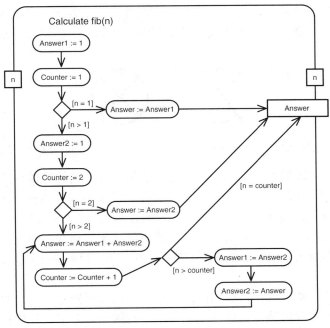

图 11.13 对组成 "Calculate fib (n)" 活动的动作建模

也可以对动作使用对象节点,针对动作的对象节点叫做**钉(pin)**。图11.14示意了"Calculate fib（n）"活动的一个动作片断,其中使用相应的输入钉和输出钉。你可以看到,钉的符号比活动上的对象节点的符号要小,并且其名字在钉的外面。作为练习,请为"Calculate fib（n）"中的其他动作添加钉。

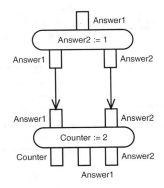

图 11.14 图 11.3 的一部分,其中针对两个动作添加了钉

11.5.4 标记时间并结束流程

图11.15展示了一对新的UML符号,它们使得活动图显得更加平滑。左边形状像沙漏的符号用来表示时间的流逝。右边的符号叫做**流程结束节点（ flow final node ）**,表示一个具体活动序列的结束,而同时又不会中止其他的活动序列。它和我们在第8章中见到的状态图的出口符号是一样的。

我有一块钟爱的电子手表，每天早晨它都能够自动重设时间。它在正常运行的时候，总是每秒钟都更新显示。在对这块表建模的活动图中，上面介绍的符号得到了恰当的应用。

图 11.15　UML 2.0 活动图中的符号，左边的符号表示时间的流逝，右边的符号表示一个具体活动序列的结束

在美国东部时间的凌晨2点到5点，手表进入了另一种不同的工作模式。这段时间的每个整点时刻（即凌晨2点、3点、4点和5点），它都会停止显示时间并改变显示，因为它正在接收一个来自美国科罗拉多州的Ft.Collins的原子钟的校准信号。当接收过程（通常要持续3到6分钟）完成，手表又开始显示校准后的时间并继续正常的工作模式。如果信号中断（有时候可能是因为大气环境造成的），接收过程就结束了，并且手表继续显示时间。图11.16示意了上述过程。

为了避免活动图混乱，我使用省略的绘图格式，把时间表示成一个对象节点。这种格式明确地表示出，一个活动的输出对象就是下一个活动的输入对象。我们把接收信号的时间建模为异常是合理的。考虑到手表以秒为单位表示时间，一天有86 400秒，只在其中特定的4个秒的时刻才改变操作，不能不算是"异常"。信号中断的情况对于信号传送正常的情况来说也是异常。中断信号结束了接收（校准）过程，它没有影响到手表接下来的操作。

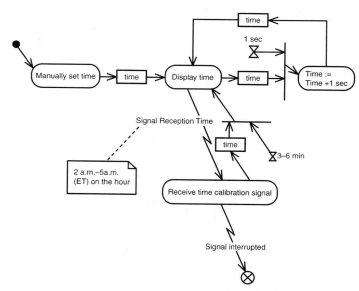

图 11.16　对一个每天早晨能够根据美国科罗拉多州的原子钟自动重设时间的手表建模

如果校准信号中断，手表继续显示时间

11.5.5　特殊影响

在活动图中使用对象开拓了建模的新方向：我们能够使用约束符号来表示一个活动（动

作）对一个对象的影响。

尽管这类影响可能有很多种，我们这里还是给出关于其中一种的一个例子。如果你和我是同一类人，你或许喜欢在Internet上观看流媒体视频（我尤其喜欢观看棒球比赛，不过或许你喜欢其他的内容）。让我们对这种流媒体视频的接收和传输过程建模。

图11.17给出了泳道图的模型。一个泳道代表服务器，另一个泳道代表客户端。服务器向客户端发送视频的过程被建模为输出对象。对于客户端，视频则是输入对象。单词streaming每次出现在花括号中，都表明了相关的活动是一个连续的操作，也即"Display video" 不会等待 "Send video" 完成，才开始动作。这也正是发明流媒体的初衷。你不必等上几个小时，直到巨大的多媒体文件下载完成后，才能开始观看和试听。

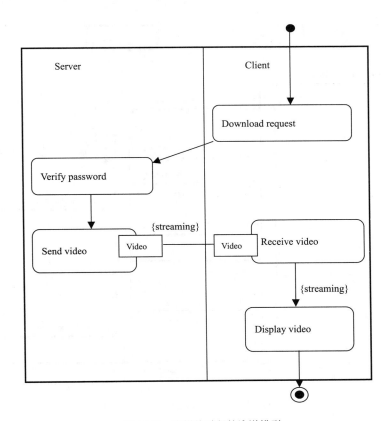

图 11.17　流媒体过程的泳道模型

11.6　对一个交互的纵览

我们在第9章中介绍了一种组合顺序图的方法，并且提到将在第11章介绍另外一种方法。现在我们就来介绍。

UML 2.0提供了一种交互纵览图（interaction overview diagram），它是来自活动图和交互图的建模技术的一种组合。交互纵览图就是一个活动图，只不过其中的每个活动都是一个独立的交互图。

为了更清楚地表达我的意思，让我们回到饮料销售机的例子。方便起见，我在图11.18中重复使用了图9.13，也就是用例"Buy soda"的一般顺序图。

我们如何在活动图框架中表示这个对象交互的序列呢？为了更有效起见，我们把保护条件从消息中取出来，把它放到连接顺序图的箭头上去。我们还把«transaction over»移除，因为已经不再需要它了。在这种类型的图中，我们通常按照活动图的方式来表示事务结束，也就是绘制一条指向结束点的箭头。

绘制交互纵览图最花费时间的部分莫过于那些单个的又彼此连接的顺序图。在本例中，我拆分了图11.18，才完成它们。图11.19给出了最终结果。为了简化，我假设change可以是0美元。

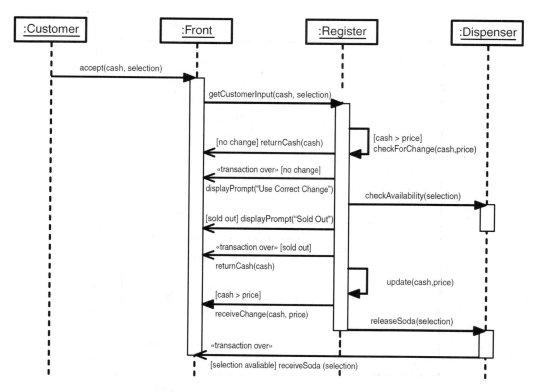

图 11.18　用例"Buy soda"的一般顺序图

注意包围了整个图的帧以及包围了每个顺序图的帧。在UML2.0中，每个帧的左上角都有一个五边形的区域，其中保存了标识信息。sd表示顺序图（sequence diagram）。最大的五边形区域中，给出了用例的名字以及交互中的对象的名字（在顺序图中，UML 2.0引用参与交互的生命线，这也是我所采用的方式）。

图中的帧可能会使你想起我们在第9章中介绍的交互事件，那是一段可以命名和复用的顺序图。我们也可以在交互纵览图中复用这些事件。

回过头去看看图9.18，你就明白我的意思了。在用例"Buy soda"的最理想场景中，我们把消息releaseSoda（selection）和消息receiveSoda（selection）划分到同一个交互事件中，把它记作DeliverSoda（selection），并在图9.19中复用它。

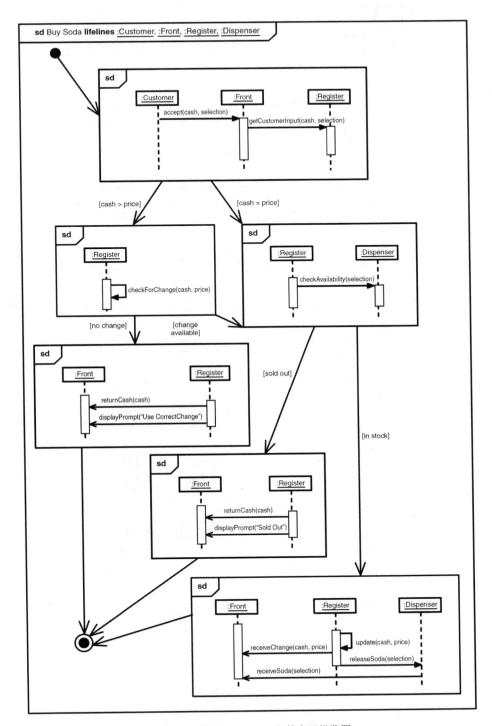

图 11.19 用例 "Buy soda" 的交互纵览图

在我们的纵览图中，引用 DeliverSoda（selection）的顺序图恰好是最下面的那个。图 11.20 放大了这个顺序图，并示意了对 DeliverSoda（selection）的复用。

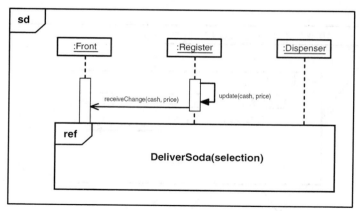

图 11.20　在图 11.19 的一个顺序图中复用一个交互事件

11.7　UML "大图"

图11.21是加入活动图后又一次增大了的UML "大图"，其中活动图属于行为元素。

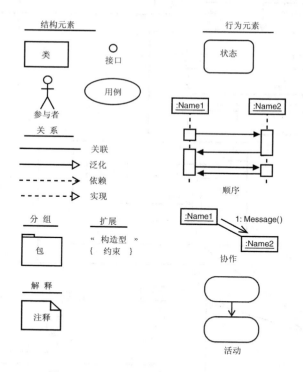

图 11.21　包括了活动图后的 UML "大图"

11.8　小　　结

UML活动图很像流程图。它显示出工作步骤、判定点和分支。

每个活动的图标被表示为圆角矩形，比状态图标更扁更接近椭圆。活动图的起始点和终止点图符和状态图一样。

当一个活动路径分成两个或多个路径时，可以用一个与路径垂直的粗实心线来代表路径的分支，两个并发路径的合并可以用相同方式表达。活动图中可以显示出信号：发送信号的图符是一个凸五角形，而接收信号的图符是一个凹五角形。

在活动图中还可以表示出执行每个活动的角色。这是通过将活动图划分为泳道——代表每个角色的平行段。

还可以在活动图中使用其他图的图符并绘制混合图。

UML 2.0 在活动图方面增加了很多建模技术。新版本的 UML 强调的是活动的动作部分和与其他活动对象一起工作的对象。

11.9　常见问题解答

问：这里还有一个"是否真正需要活动图"的问题。状态图能够表达出活动图的所有信息，那为什么需要活动图呢？

答：我的建议是在分析模型中应该包括活动图模型。它们可以澄清你或者客户脑海里的一些过程和操作。活动图对开发者来说也很有用途。一个好的活动图能够帮助开发者对操作过程进行编码。

问：　UML 对我建立混合图的种类有限制吗？

答：没有限制。UML的设计目标不是施加限制。尽管它有一些表示法规则，但是它的基本思想是让分析员建立能够被客户、设计者和开发者一致认同的模型——并不仅仅是为了建立一个满足UML语法规则的模型。如果你可以绘制出混合图，而这种混合图能够帮助所有的风险承担人理解系统，那么这种混合图就具有重要意义。记住，不是所有的建模工具都可以灵活地生成混合图。

问：当我看到图 11.12 时，对象节点给我的感觉是它所代表的值在从一个活动转移到另一个活动。这难道是活动图所要表达的内容的吗？

答：是的。活动图背后的思想（尤其在UML 2.0中）就是表现出**图符**在活动序列中的流动，而图符代表着一段信息或者是一个控制轨迹。这种思想来源于一种在20世纪60年代出现的、名为**Petri网络**的建模工具。添加对象节点和钉，只是UML 2.0使得活动图更加面向对象的一种方法。

问：交互纵览图使我认为能够把创建活动图作为创建一般顺序图的一个直接步骤。我从活动开始，然后用一个交互图去替换每个活动。最终，我把它们组合成一个一般顺序图。这种想法怎么样？

答：这听起来是个好主意。这和我得到图11.19的步骤正好相反，但我不知道为什么你不能按照我的顺序来思考呢？通常，大多数人会觉得使用活动图开始建模比较容易，可能是因为他们已经习惯了流程图。

问：我注意到你把顺序图用作交互纵览图的一部分。我能否用协作图来替代它们呢？

答：是的，你可以。每种类型的交互图都可以出现在交互纵览图中。实际上，也可以在一个纵览图中用上所有类型的交互图，只不过那样做比较容易把人搞晕。

　　问：在泳道的例子中，我们看到泳道是一个按垂直方向布局的部件，我能否水平布置它呢？

　　答：可以，两种方向都可以。我个人喜欢垂直方向布局，但这只是我的喜好。

11.10　小测验和习题

　　小测验的问题和习题将检验你对活动图理解以及如何使用活动图。小测验答案在附录A"小测验答案"中给出。

11.10.1　小测验

1．判定点有哪两种表示法？
2．什么是泳道？
3．信号发送和接收如何表示？
4．什么是动作？
5．什么是对象节点？
6．什么是钉？

11.10.2　习题

　　1．建立一个小轿车启动时的活动图模型。首先是插入点火钥匙，最后是引擎发动。图中还要考虑到如果引擎没有立刻发动怎样执行活动？

　　2．在"与一个新客户会谈"的活动图中，你能做一些适当的补充吗？

　　3．有 3 个石子，第一个放在第一行，另外两个放在下面的一行，它们形成了一个三角形。如果摆 6 个石子，第一个在第一行，两个在第二行，三个在第三行，那么它们也可以形成一个三角形。因为这个原因，数字 3 和 6 被称为三角数（triangle number）。下一个三角数是10，再下一个三角数是 15，等等。第一个三角数是 1。绘制两种不同的计算 n 个三角数过程的活动图。第一个从 n 开始向前计算，第二个从 1 开始向后计算。在活动图标中，给出所有的动作和钉（你将发现第 n 个三角数的计算公式是[（n）(n+1)] / 2，为了起到练习的作用，无论如何都要避免使用这一方案）。

　　4．如果你觉得第 3 题不错的话，对喜欢数学的读者来说本题也是个很好的练习。如果你对数学没兴趣，可以不用做这道题。在解析几何中，空间中的一个点的位置是用它的 x 坐标和 y 坐标来描述的。因此可以说点 1 的位置是（X1，Y1），点 2 的位置是（X2，Y2）。这两点之间的距离是（X2-X1）的平方根和（Y2-Y1）的平方根的乘积。绘制一张计算两点间距离的操作 *distance（X1.,Y1，X2，Y2）* 的活动图。包含所有的活动。

第 12 章 构 件 图

在本章中，你将学习如下内容：
- 什么是构件；
- 构件和接口；
- 什么是构件图；
- 应用构件图；
- UML "大图"中的构件图。

在前几章中所介绍的图都是用来处理概念实体。类图表达的是概念——对事物的分类抽象。状态图同样表达的是一种概念——对象状态的变化。在本章中要学习的 UML 图表达的是一种不同的实体——软件构件。

12.1　什么是构件

软件构件是软件系统的一个物理单元。作为一个或多个类的软件实现，构件驻留在计算机中而不是只存在系统分析员的脑海里。构件提供和其他构件之间的接口。

在 UML1.x 中，数据文件、表格、可执行文件、文档和动态链接库等都被定义为构件。实际上，建模者习惯把这些东西划分为部署构件（deployment component）、工作产品构件（work product component）和执行构件（execution component）。UML 2.0 则统称它们工件（artifact），也就是系统使用或产生的一段信息。

相比之下，构件定义了一个系统的功能。就好像一个构件是一个或多个类的实现一样，**工件**（如果它是可执行的话）是一个构件的实现。

对构件和构件的关系建立模型有下列用途：

1．使客户能够看到最终系统的结构和功能。

2．让开发者有一个工作目标。

3．让编写技术文档和帮助文件的技术人员能够理解所写的文档是关于哪方面内容。

4．利于复用。

先看最后一条。构件的一个重要特征是它具有潜在的复用性。在当今快节奏的商业竞技场中，你建造的系统发挥功能越快，在竞争中获得的利益就越多。如果在开发一个系统中所构造的构件能够在开发另一个系统中被复用，那么就越有利于获得这种竞争利益。在建立构件模型的工作上花费一些努力有助于复用。

在下一节的最后部分还将讨论复用问题。

12.2　构件和接口

当处理构件的时候，你必须处理构件的接口。在前面对类和对象的讨论中，曾提及接口的概念。回顾第 2 章"理解面向对象"的有关内容，对象对其他对象和外部世界隐藏了内部信息。这被称作**封装（encapsulation）**或**信息隐藏（information-hiding）**。对象必须提供对外部世界的窗口，以便让其他对象（也可能是人）能够通过这个窗口请求这个对象执行它的操作。这个"窗口"就是对象的**接口（interface）**。

12.2.1　回顾接口

在第 5 章中，我们对上述思想做过详细讨论。正如当时所提到的，接口是一组操作，它使你能够访问一个类的行为，并执行相关的操作；就像你可以通过控制柄来操作洗衣机执行洗衣服的操作一样。可以认为接口是只有操作的一个类——类中没有定义属性。基线：接口是一个类提供给其他类的一组操作。

在第 5 章对接口的讨论中，还提到过类和它的接口之间的关系被称为**实现（realization）**。

等一等，上面所说的听起来好像接口也是一个对概念建模的工具。在本章的开头，我曾说过，当你对软件构件建模的时候，实际上不是对概念建模而是对计算机系统中的实体建立模型。那么这两方面有什么联系呢？

实际上，接口既可用于概念建模也可用于物理实体建模。类的接口和软件实体（构件）的接口是相同的概念。对建模者来说，这就意味着类的接口表示方式和构件的接口表示方式完全相同。尽管 UML 的表示符号集对类和构件的表示符号做了区分，但是概念接口和物理实体接口的表示符号完全相同。

关于构件和接口，要记住的重要一点是：只能通过构件的接口来使用构件中定义的操作。与类和类的接口相同，构件和构件的接口之间的关系也叫做**实现（realization）**。

还有一个重要的结论：构件可以让它的接口被其他构件使用，以使其他构件可以使用这个构件中定义的操作。换句话说，一个构件可以访问另一个构件中所定义的服务。可以这样说，提供服务的构件呈现了一个**提供的接口（provided interface）**，访问服务的构件使用了**所需的接口（required interface）**。

12.2.2　替换和复用

接口在构件复用和构件替换中是一个非常重要的概念。你可以用一个构件替换另一个构件，只要新构件符合旧构件的接口。

为了说明替换和接口，我们这里举一个来自汽车领域的例子。几年前，我的一个朋友拥有一辆 20 世纪 60 年代某个品牌的经典跑车。他很快发现还需要在添另外一辆车，以方便他到修理厂去察看自己的跑车。为什么呢？汽车的引擎总是捣蛋，他不得不经常性地送去维修。我朋友的解决办法是，从另外一辆正在制造中的汽车那里，取来一个标准的引擎（尽管马力要小些但比较稳定），替换原来的引擎。他之所以能够这么做，是因为新的引擎恰好能够和跑车的其他部件协同工作，尽管它是设计用在另外一辆完全不同的汽车中的。

这个例子也可以很好地说明复用。你可以在一个系统中复用另一个系统的构件，只要新系统能够通过构件接口很好地访问复用的构件。如果你能够对一个构件接口进行细化，以至于众多的其他构件都能够访问它，那么，从工程的角度讲，你就可以在整个企业的开发项目中来复用这个构件。

对接口建模在这里派上了用场。如果模型中的构件接口信息恰好可用的话，对于试图替代和复用一个构件的开发者来说，工作就简单得多了。否则，开发者还必须花费时间来逐步完成编码过程。

12.3　什么是构件图

构件图恰好包括构件、接口和关系。你所见过的其他类型的符号，也可以出现在构件图中。

12.3.1　在 UML 1.x 和 UML 2.0 中表示一个构件

在 UML 1.x 中，构件图的主图标是一个左侧附有两个小矩形的大矩形框。很多建模者觉得 1.x 的构件图符号太糟糕，尤其是当他们需要绘制一个到左侧的连接的时候。因此，UML 2.0 提供了一个新的构件图标。在 UML 2.0 中，图标是一个顶部带有关键字«component»的矩形。为了继续保持术语相近，你可以在 UML 2.0 的构件图标中包含进 1.x 版本的图标，如图 12.1 所示。

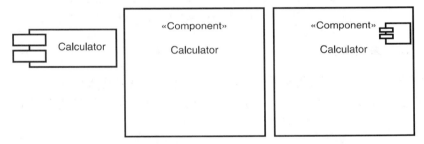

图 12.1　UML 1.x 中的构件图标以及 UML 2.0 中的两种构件图标

如果构件属于一个包，你可以在构件名称的前面加上包名，还可以在另外一个隔开的区域里绘出构件的操作。图 12.2 示意了这种情况。

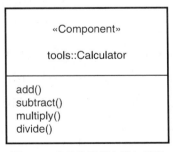

图 12.2　在构件图标中增加信息

说到工件，图 12.3 示意了表示工件的两种方法，并且示意了如何对一种特定的工件（可执行工件）和这种工件所实现的构件之间的关系建模。我们可以在工件的图标中添加注释符号，就像我们在 UML 2.0 的构件图标中添加 1.x 的构件符号一样。

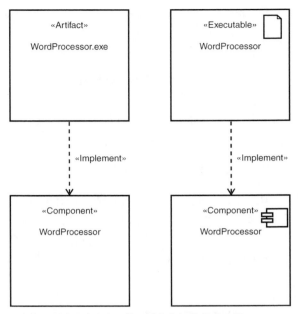

图 12.3　对工件和构件之间的关系建模

12.3.2　接口表示法

　　构件和构件的接口可以采用两种表示法。一种表示方法是将接口用一个矩形来表示，矩形中包含了与接口有关的信息。接口与实现接口的构件之间用一条带空心三角形箭头的虚线连接，箭头指向接口（如图 12.4 所示）。

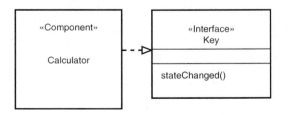

图 12.4　可以用一个包含信息的矩形来表示接口，并用实现关系箭头和构件相连

　　图 12.5 是另一种表示法。可以用一个小圆圈来代表接口，用实线和构件连接起来。在这种语境中，实线代表的是实现关系（将图 12.4、图 12.5 和图 5.6 及图 5.7 做对比）。

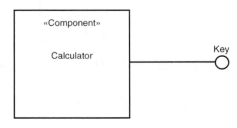

图 12.5　也可以用小圆圈表示接口，并用实线连接构件

除了实现关系以外，还可以在图中表示出依赖关系——构件和它用来访问其他构件的接口之间的关系。也许你还记得，依赖关系用一个带箭头的虚线表示。可以在一张图中同时表示出实现和依赖关系，如图 12.6 中上图所示。图 12.6 中，下面的图中使用了我们在第 5 章中见到过的"球窝"符号。这里的"球"代表了提供的接口，"窝"代表了所需的接口，这两个术语我在前面提到过。

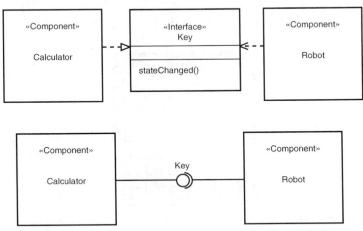

图 12.6　在同一个图中表示实现关系和依赖关系的两种方式

12.3.3　黑盒和白盒

当按照图 12.6 所示的那样对一个构件的接口建模的时候，所展示的就是 UML 所谓的外部视图，或者叫做"黑盒"视图。我们还可以选择用另一种内部视图，或者叫做白盒视图。这个视图在构件中列出了接口，并用关键字来对它们分组。图 12.7 展示了图 12.6 的白盒视图。

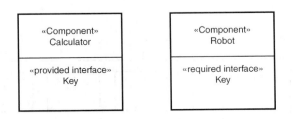

图 12.7　图 12.6 中的构件的白盒视图

12.4　应用构件图

下面举一个使用构件图的例子。这个例子对于 Rogers Cadenhead 的 *Teach Youself Java 2 in 24 Hours*，*Third Edition* (Sams Publishing，2003) 中的程序建模。这本书精心编写，寓教于乐。如果你希望（a）快速精通 Java，（b）学习如何用世界语说"Hello World"，（c）体会 Rogers 是如何成为最好的计算机图书作者，简直能够和 NBA 总决赛中的 MVP 相媲美；我向你推荐这本书。

　　这个例子来自于 Rogers 的书的第 16 章，其中的 Java 代码创建了一个名为 ColorSlide 的应用程序。这是由 3 个滑块组成的一个滑块组，你可以通过它们来不同程度地混合红、绿、蓝 3 种颜色，每个滑块对应其中的一种颜色。每个滑块的位置决定了它在混合颜色中的深浅程度。混合生成的颜色显示在滑块下面的一个调色板中。

　　图 12.8 取自 Rogers 的书，它展示了程序完成后的样子。当然，由于图的颜色是黑白的，你没法看到所生成的实际颜色。图中滑块的位置生成了一种名叫北德州中绿色（North Texas Mean Green），这是一种对北德州大学的在校生和毕业生来说，极富象征意义的一种颜色。

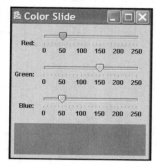

图 12.8　Rogers Cadenhead 的 ColorSlide 应用程序（取自 *Teach Youself Java 2 in 24 Hours，Third Edition*）

　　为了帮助你理解这个程序背后的思考过程，我将带你浏览一系列的构件图，目的是让你看看这个程序是如何形成的，同时我们还学习一些建模技术。

　　图 12.9 展示了支持程序中所使用的 Java 元素的包。缩写 awt 代表着 "abstract windowing toolkit（抽象窗口工具箱）"，这是用来展示和控制图形用户界面（Graphic User Interface，GUI）的一组构件。这个程序用到的具体构件是（负责显示颜色的）Color、（负责在 GUI 中布局元素的）GridLayout 和 FlowLayout，还有（负责在屏幕上绘制及渲染 GUI 的）Graphics 和 Graphics2D。

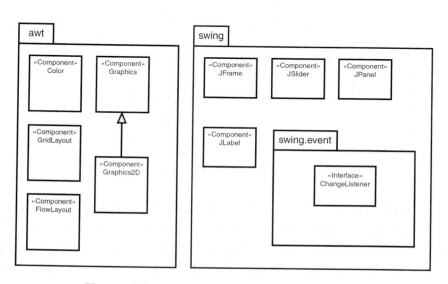

图 12.9　支持 ColorSlide 应用程序所使用的 Java 元素的包

另一个标记为 swing 的主要的包，是一组你可以添加到图形用户界面上去的构件。这张图中，包中的构件名字都一目了然的：JSlider 是一个滑块，JFrame 是一个窗体，JPanel 是一个面板（窗体中的一个区域），而 JLabel 是一个标签。

标记为 swing.event 的包支持 ChangeListener 接口，该接口等待 GUI 所发生的状态变化。

图 12.10 以最高的层次分析了各个构件。它用通用的方式展示了这样的关系：构件 ColorSlide 继承自 JFram 并提供了 ChangeListener，这是一个所需的接口，并且一个 Person 通过这个接口和 ColorSlide 交互。ChangeListener 和 ColorSlide 的交互通过一个端口进行。交互的结果被发送到 Color，用从端口指向 Color 的箭头表示。UML 2.0 把球窝连接称为**汇编连接**（assembly connector），把箭头称为**委托连接**（delegation connector）。连接点是 UML 2.0 中引入的新概念。

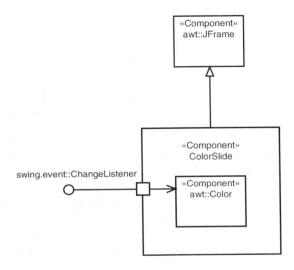

图 12.10　ColorSlide 应用程序最初的构件图

注意包名作为构件名的前缀出现。严格地讲，awt 的名字为 java.awt，swing.event 的名字为 java.swing.event，但我在这里使用简略形式。在 Java 语言中，程序在代码开始的地方就把包 import 进来，程序员也就不需要为整个程序中的每个构件来指定包。其他的图中反应了 import 包的过程，但并没有指出包的名字。

图 12.11 把分析带入了另一个层次，它展示了 ColorSlide 作为 JSlider、JPanel 和 JLabel 等构件的聚合，并且具有如图所示的多重性。由于程序需要处理红、蓝和绿 3 种颜色，所以你可以看到模型中有 3 个滑块和 3 个标签（每个滑块一个标签）。图中显示有 4 个面板，因为每个滑块拥有一个自己的区域，并且必须要有一个指定的区域显示颜色。

下面，图 12.12 开始考虑构件的布局和 GUI 的渲染。关键字«Arrange»说明了 GridLayout 和 FlowLayout 负责面板、滑块和标签等构件的布局（这里我们没有讨论它们如何布局构件的细节）。关键字«Paint»说明 Graphics 和 Graphics2D 负责处理渲染（我们又一次忽略了细节）。这些关键字并不是 UML 内建的，我添加它们只是为了说明问题。

如果你对这个分析步骤很清楚，你会发现有一点问题。图 12.11 和图 12.12 示意了 JSlider 是一个构件，而 ChangeListener 是一个接口。用户只能通过操作滑块来生成颜色。滑块每次移动，都会引起显示颜色的变化。我们该如何表示滑块和接口之间的这种关系呢？

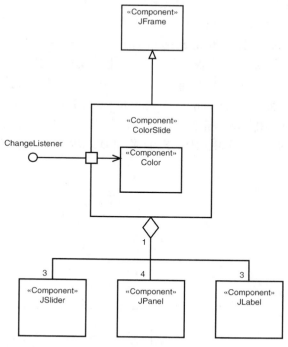

图 12.11　ColorSlide 应用程序被建模为构件的聚合

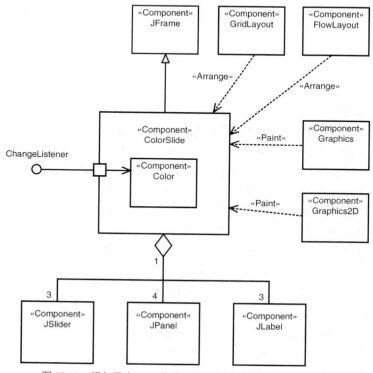

图 12.12　添加具有 GUI 构件的布局和 GUI 渲染的 Java 构件

接下来的这个层次的分析对此给出答案，并且示意程序在 GUI 中创建了构件的实例。为了对这些实例建模，我们可以应用在第 3 章中见到过的对象的图标。对于滑块该怎么表示呢？在 Java 中，当你创建一个对象（比如一个滑块的实例），你可以把它注册为一个变化监听器。在本例中，把一个滑块对象注册为一个变化监听器则意味着滑块的移动被注意到，并且导致了颜色的变化。

图 12.13 示意了这个层次的分析，并且展示了构成 ColorSlide 的对象。ChangeListener 则是 JSlider 的 3 个实例所需要的接口。端口和 current 之间是一个委托连接，current 则是 Color 的一个实例。canvas 对象是 ColorPanel 类的一个实例，ColorPanel 是 JPanel 类的一个子类。为了完整起见，图 12.13 示意了 ColorPanel 和 JPanel 之间的继承关系。

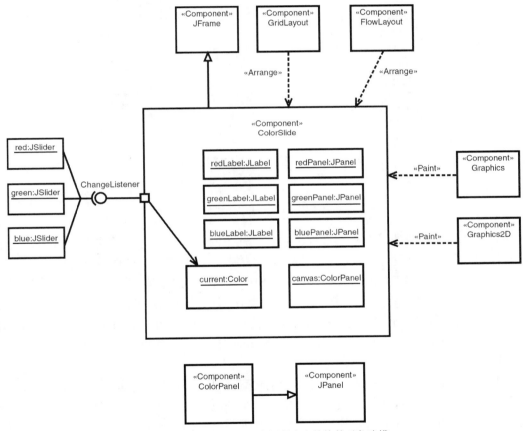

图 12.13　对 ColorSlide 应用程序中的构件对象建模

为什么要不辞麻烦地创建 ColorPanel 类？你到底是如何把一个对象注册为接口的？那些 awt 构件是如何工作的？我们将在 Rogers 的书中找到这些问题的答案。

12.5　UML "大图"中的构件图

UML 大图几乎就要完成了。图 12.14 是加入了构件图后的 UML "大图"。构件图主要用于对软件体系结构建模。下一章要学的部署图是对系统硬件体系结构建模。

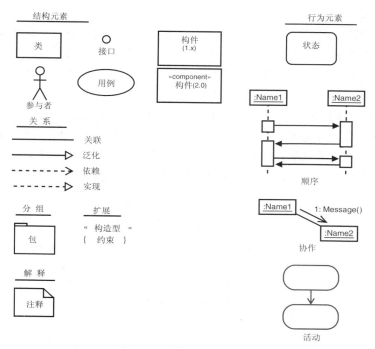

图 12.14　包括构件图在内的 UML "大图"

12.6　小　　结

构件是计算机系统的一个模块部分。它和工件不同，工件只是系统使用或创建的信息片断。构件定义了一个软件系统的功能。构件提供的接口使得其他的构件得以访问它。对于执行访问的构件，这个接口是所需的接口。在 UML 1.x 中，构件图的图标是一个左侧附有两个小矩形的大矩形框。在 UML 2.0 中，图标是一个顶部带有关键字«Component»的矩形。为了继续保持术语相近，UML 2.0 建议在构件图标的右上角使用一个小的 1.x 版本的图标，如图 12.1 所示。工件图标是一个顶部带有关键字«Artifact»的矩形。你可以在它的右上角放入一个注释图标。

有两种接口表示法。一种表示法是用一个含有信息的矩形代表接口，接口和构件之间用带空心三角形箭头的虚线连接。另一种是用一个小圆圈来表示接口，小圆圈构件之间用实线连接。在 UML2.0 中，我们可以使用球窝符号来表示一个构件所提供的接口和另一个构件所需要的接口。球就是我刚才提到的一个小圆圈，窝就是一个开放的半圆通过实线连接到另一个构件。球代表一个提供的接口，窝代表一个所需的接口。

12.7　常见问题解答

问：在球窝符号的例子中，你示意了相对一个构件的提供接口和相对另一个构件的所需接口。一个构件能够同时拥有两种接口，每种一个吗？

答：是的。实际上，一个构件能够同时拥有两种接口，每种多于一个。

12.8 小测验和习题

这部分中的习题和小测验是为了巩固你学到的有关构件和构件图的知识。在附录 A 中可以找到小测验的答案。

12.8.1 小测验

1. 构件和工件之间的区别是什么？
2. 表示构件和它的接口之间的关系，有哪两种方法？
3. 什么是提供的接口？什么是所需的接口？

12.8.2 习题

1. 尽管 UML 1.x 已经逐步过渡到 UML 2.0，但大多数现有的模型和众多的建模工具都遵从旧的标准。为了使你能够对这个标准有实际的了解，请把图 12.8~12.13 转换到 UML 1.x 版本。这个练习不是只简单地替代图标，记住 UML 1.x 中没有端口和连接器。

2. 针对 ColorSlide 创建一个白盒视图。

第 13 章 部 署 图

在本章中，你将学习如下内容：
- 什么是部署图；
- 应用部署图；
- 学习 UML "大图" 中的部署图。

除了上一章主要讨论软件构件以外，到目前为止的大部分内容主要还停留在概念领域。现在要来研究一下硬件了。你也许注意到，第一部分的学习顺序是介绍分析领域中的概念（类），接着是驻留在计算机中的软件构件，现在又到了真实世界中的计算机硬件。

当然，在多数系统中，硬件是一个重要方面。现在的计算领域，一个系统可能要包括无数种的操作平台，并且要跨越很长的物理距离。一个坚实的系统硬件部署图对系统设计来说是必需的。UML 提供了一组图符，用于创建一幅图来描述最终系统的硬件设置以及和硬件相关的各项事宜。

13.1　什么是部署图

部署图（deployment diagram）展示了我们在第 12 章中所提到的工件如何在系统硬件上部署，以及各个硬件部件如何相互连接。主要的硬件术语**节点**（node）是各种计算资源的通用名称。

在 UML 1.x 中，大多数建模者（包括我）把节点划分为两种类型：**处理器**（processor）是能够执行软件构件的节点；**设备**（device）是不能执行软件构件的外围硬件，但它通常都具备某种形式的与外部世界的接口。尽管这种区分并没有在 UML 1.x 中形式化，但是它很有用。

UML 2.0 正式地把一个设备定义为一个执行工件的节点（还记得第 12 章中提到的可执行文件，现在可以划入工件了）。

在 UML 2.0 中用立方体来表示一个节点（与 UML 1.x 例图一样）。你可以为节点起一个名字，并添加关键字《Device》来指明节点类型，尽管一般不需要这样做。我坚持认为把设备和外围设备区分开是一个好主意，你在下面将看到这一点。图 13.1 显示了一个节点。

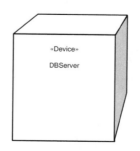

图 13.1　在 UML 中表示一个节点

图 13.2 展示了对于在一个节点上部署的工件的 3 种建模方式。

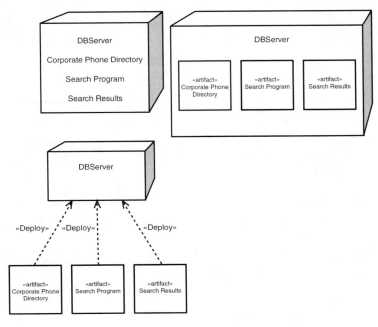

图 13.2　对于在一个节点上部署的工件的 3 种建模方式

连接两个立方体的一条线，表示了两个节点相连。记住，一个连接不一定要是一段电线或电缆。你可以表示红外线或者通过卫星的无线连接。图 13.3 给出了节点间连接的例子。

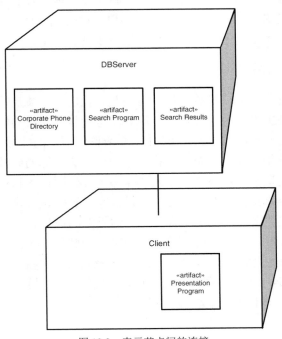

图 13.3　表示节点间的连接

UML 2.0 对工件的强调带来了一系列和工件相关的概念，其中的一个就是**部署说明**（deployment specification），也就是一个工件为另一个工件提供参数。一些调制解调器的连接过程中需要初始化命令，这就是一个典型的部署说明的例子。在这个例子中，部署说明就是一个字符串，用来设定调制解调器的某个属性的值。图 13.4 示意了如何对一个部署说明建模。

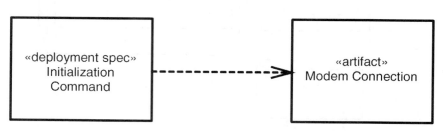

图 13.4   表示一个部署说明，以及它和它所参数化的工件的关系

为了清楚说明问题，我们可以给箭头添加一个关键字«parameterize»，尽管它不是 UML 2.0 自带的关键字，也就是说 UML 规范中没有它。

13.2   应用部署图

家用计算机系统是一个好的学习起点，因此第一个例子就是前面介绍过的家用计算机系统的部署图。

正如先前所说的那样，当今的多处理器计算机系统可能连接长距离的节点。因此你将看到一个应用于网络结构的部署图的例子。你可能会发现我所举的例子会对你的工作有所帮助，或者适用于你的工作。每个例子中包括了反映组网规则的约束。

13.2.1   家用计算机系统

在家用计算机系统模型中，我纳入了设备，并且我使用了节点符号来表示外围设备。正如我在前面提到的，外围设备的区分是很有用的，这就是个现成的例子。

在本例中，我使用节点的方式就是 UML 2.0 所谓的节点的非标准化（nonnormative）用法。在 UML 2.0 中，严格地说，一个节点代表着一件能够计算的硬件。由于系统包含外围设备，把外围设备纳入模型中显得很合理。为了能够区分外围设备和设备，我们可以为每个非标准化的节点添加一个«peripheral»关键字，但是这个关键字也不是 UML 所内建的。和这个关键字相比较，非标准化节点的名字也许能够表达更多的信息。

图 13.5 给出了部署图。在部署图中，通过表示出因特网服务提供商（Internet Service Provider，ISP）以及 ISP 和整个因特网的连接，我对宽带网络连接进行了建模。图中代表因特网（Internet）的云状图标和代表无线连接的闪电图标不属于 UML 图符集，但是这样画可使整个模型的含义更加清晰。我们将在第 14 章中讨论这类符号的用法。

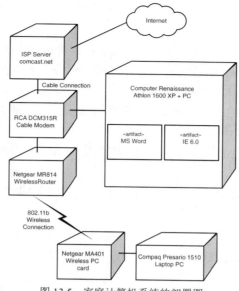

图 13.5　家庭计算机系统的部署图

13.2.2　令牌环网

在一个令牌环网（token-ring network）中，每台计算机都要配备一个网络接口卡（NIC），通过它与一个中心多站点访问单元（multistation access unit，MSAU）连接。多个 MSAU 可以通过串行口连接起来，整个形状像一个圆环（令牌环网中的"环"便由此得名）。MSAU 组成的环状结构就有点像交通控制台，它使用一个名为令牌（token）的信号来让每台计算机知道何时轮到自己传送信息（因此，令牌环网中的"令牌"便由此得名）。

当某台计算机得到令牌时，只有这台计算机的信息才能传送到网络上。当它传送完后，信息通过网络传送到目的节点。当信息到达目的节点时，目的节点还要给发送方计算机返回一个确认信息。

如图 13.6 所示，在这个例子中，令牌环网包括 3 个 MSAU 和各自所挂接的个人计算机（PC）。

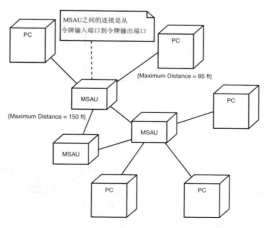

图 13.6　包含 3 个 MSAU 的令牌环网的部署图

13.2.3　ARCnet

和令牌环网类似，ARCnet（Attached Resources Computing network，挂接资源计算网络）也要将一个令牌从一台计算机传送到另一台计算机。两者的差别在于，每个 ARCnet 中的计算机都被指定了一个号码，号码决定了哪台计算机持有令牌。每台计算机都要连接到一个集线器（hub），集线器或者是主动的（active，先将接收到的信号放大，然后再转发出去）或者是被动的（passive，不放大信号，只转发信号）。

和令牌环中的 MSAU 不同的是，ARCnet 中的集线器并不控制令牌的移动，而是由各台计算机自己负责令牌的传递。

图 13.7 是具有一个被动集线器（passive hub）、一个主动集线器（active hub）和几台个人计算机（PC）的 ARCnet 的部署图。

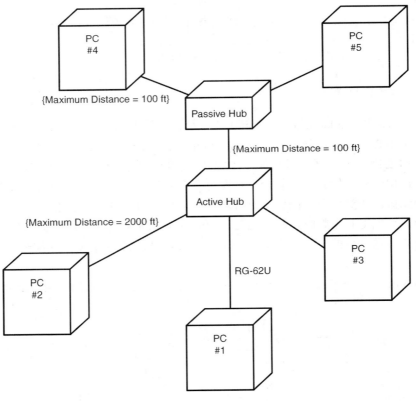

图 13.7　ARCnet 的部署图

13.2.4　细缆以太网

细缆以太网是目前很流行的一种网络。计算机与网络电缆之间通过一个叫做 T 型连接器（T-connector）的连接设备连接。一个网段可以通过一个**中继器（repeater）**加入到另一个网段中。中继器是一种能够将接收到的信号放大、整形后再转发出去的网络连接设备。

图 13.8 显示了为一个细缆以太网建模。

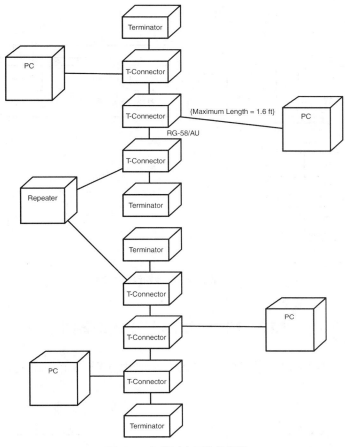

图 13.8　细缆以太网的部署图

13.2.5　Ricochet 无线网

Ricochet 公司提供了一种因特网访问的无线调制解调器（modem）解决方案。它的无线调制解调器可以插入一台计算机的串行端口中并且可以向整个 Ricochet 网络广播信息。

Ricochet 网络包括无线发送-接收仪（radio transmitter-receiver），每个都像一个鞋盒那么大。在相距 1 英里到 15 英里的距离之间安装多个无线收发单元（microcell radio），它们以检查盒模式布局。每个无线收发单元都安装了一个特殊的适配器，通过它可以接收一些来自街灯中的能量。

无线收发单元将信号广播到一些无线访问点（Access Point），无线访问点又将这些信息转给一个网络互连设施（Network Interconnection Facility，NIF）。NIF 包含一个**名字服务器**（Name Server，它是一个存放有效连接信息的数据库），一台**路由器**（router，一种网络之间的连接设备）以及一个**网关**（gateway，用于在两个使用不同通信协议的网络之间传递信息）。信息再从 NIF 传送到整个因特网。

虽然目前只有在丹佛和圣迭戈能够使用这种网络，Ricochet 技术还是向我们提供了一个很好的建模机会。图 13.9 是这种网络的部署图。

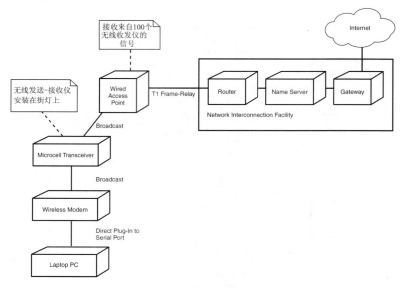

图 13.9　Ricochet 无线网络的部署图

13.3　UML"大图"中的部署图

　　UML 所有种类的图你已经学习完了。UML"大图"（图 13.10）中又包含了节点和工件，并且已经完整了。

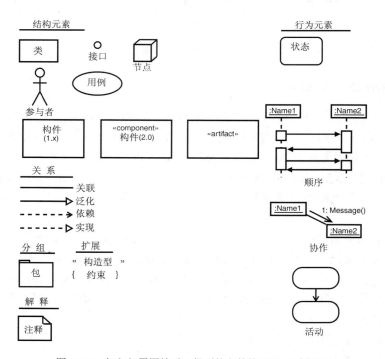

图 13.10　加入部署图符后，得到的完整的 UML"大图"

13.4 小　　结

将 UML 部署图与整个系统集成到一起后，我们将看到完整的物理结构图。系统是由节点组成的，每个节点用一个立方体表示。节点之间的连线代表两个立方体之间的连接。我们可以表示部署在每个节点上的工件。

部署图对建立网络结构的模型很有用处。本章中用部署图建模的网络包括令牌环网、ARCnet、细缆以太网以及 Ricochet 无线网。

13.5　常见问题解答

问：你在书中用一个云状图标来表示因特网，还说它不是 UML 图符集的一部分。那么建模者可以在模型中使用其他的、不属于 UML 标准图符集的图符吗？

答：是的。而且，UML 标准并没有一棒子打死。UML 的基本思想是使用 UML 图符来表达视图。自己定义的图符在部署图中用得最多。如果你有桌面、膝上电脑、服务器和其他一些设备的剪贴画，那么你就可以在模型图中使用它们。实际上这些图符就是你自定义的图形构造型。下一章将为此举一个例子（顺便说一句，云状图标是在 UML 标准的注释说明中提到的可以采用的图符。UML 创始人之一，Grady Booch 在开始研制 UML 之前就喜欢使用这种图符表示对象）。

问：如果已经有了某些对象的剪贴画而缺少其他一些对象的剪贴画。可以把这些剪贴画和 UML 图符混合使用吗？

答：可以。只要符合能够将视图表达得更明确这个目标，这种做法就是可用的。

13.6　小测验和习题

现在已经学习完了各种 UML 图，下面的问题是测试你所学到的如何表示硬件方面的知识。答案列在附录 A "小测验答案"中。

13.6.1　小测验

1．部署图中节点如何表示？
2．节点中可以出现哪些信息？
3．令牌环网如何工作？

13.6.2　习题

1．考虑你自己的家庭计算机系统中的节点。绘制一幅部署图，图中要包括 CPU 盒和其他一些外围设备。包括工件。
2．两个网络之间也可以连接起来。一种方式是将每个网络都连接到一个路由器，每个路由器连接到一个局域网。绘制一个小型令牌环网连接到一个细缆以太网的部署图。

第14章 理解包和 UML 语言基础

在本章中，你将学习如下内容：

- 包图；
- UML 的结构；
- 扩展 UML。

如果按照一般教科书来讲授的话，那么这一章应该出现在第一部分的开头而不是结尾。这样编排的目的是让读者快速了解 UML 的全貌——即理解 UML 是什么以及 UML 能用来干什么。这样的编排方式，可以让读者更容易理解下面要介绍的 UML 中的一些基本概念。

这种学习过程与学习外语有点类似。最好的方式是先学习外语怎么用（就像第 1 章到 13 章和第二部分"学习案例"那样），然后再开始学习语法和词法规则。这样就很容易理解语法和词法规则（遗憾的是，大部分外语教科书都是按照相反的顺序编排）。

既然已经学习过 UML 的每种图和主要用法了，这一章为什么还要介绍一些基本概念呢？如果你能理解 UML 的基础是什么，那么在实际运用 UML 时你就能够扩展它和修改它。任何一个系统分析员都可能会告诉你，没有完全相同的两个对象。你在实际中遇到的情况没有哪本参考手册、教科书或者其他教程能够查得到。然而，对基本概念的扎实理解却能让你对付大部分系统建模中的问题。

14.1 包 图

在开始学习 UML 的基础知识前，我们先来了解包图。这个图对 UML 中的其他图提供支持。作为 UML 各个版本的中流砥柱，包图在 UML 2.0 中同样具有"图"的地位。

14.1.1 包的作用

顾名思义，包是用来对一个图的元素（如类和用例）进行分组的。把分组后的元素用一个带有标签的文件夹图标包围起来，我们就完成了对其打包。如果给包起一个名字，我们就命名了一个组，在 UML 术语中，包为这组元素提供了一个**命名空间**（namespace），这组元素**属于**这个包。UML 有两种方式来表示一个包的内容，如图 14.1 所示。

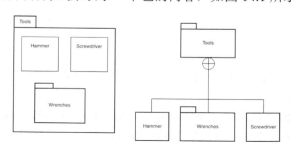

图 14.1　两种方式表示一个包的内容

要引用包中的内容，使用 PackageName::PackageElement 的形式（如 Tools::Hammer）。这种形式叫做**全限定名**（fully qualified name）。

14.1.2　包之间的关系

两个包之间可以有 3 种相关的方式：一个包可以**泛化**另一个包、**依赖**另一个包或者**细化**另一个包。图 14.2 展示了泛化关系和依赖关系的例子。

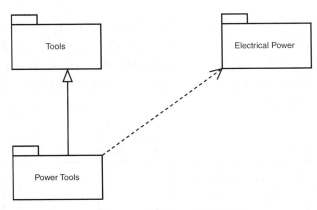

图 14.2　包之间的泛化和依赖关系

在 UML 的其他元素中，我们已经遇到过泛化和依赖的关系。细化则只是和细节有关。只有当一个包和另外一个包包含相同的元素，但却带有更多细节的时候，前者才是后者的细化。例如，当你开始写一本书的时候，总是从一个简短概括了每章内容的提纲入手。我们假设每章的概括都是一个名为 Proposal 的包中的元素，而 Complete Book 是另外一个包含了所有完成的章节的包。在这个例子中，包 Complete Book 就是包 Proposal 的细化。图 14.3 示意了表示细化关系的两种方式。

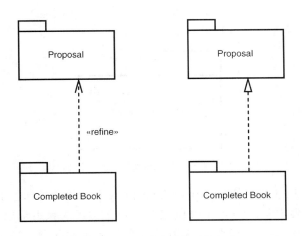

图 14.3　表示细化关系的两种方式

图 14.3 中，左边的图把细化关系表示为依赖关系的一种，因此使用了带有箭头的虚线和«refine»关键字。

图 14.3 的右图使用了一个我们用来表示（一个类和一个接口之间的）实现关系的符号。这是否意味着一个类"细化"了它的接口呢？嗯⋯⋯这也算是一种说法。从某种意义上讲，当接口和一个类相关联时（这个例子中的类是收音机），对一个接口的操作（如调节控制柄）会导致更加细致的操作（如收听一个无线电台）。另外，在第 22 章中，我们将再次见到这个实现（细化）符号。

14.1.3　合并包

一个包可以和另一个包合并。合并关系是进行合并的包（目标包，target）和获得合并操作的包（源包，Source）之间的一种依赖关系。合并的结果是源包发生了变换[①]。

让我们举个例子。假设有一个名为 Computer 的包和一个名为 Telephone 的包。第 3 个包 Computer Telephony 分别和这两个包合并。图 14.4 展示了这些包和它们的内容，注意，包 Computer Telephony 是空的。

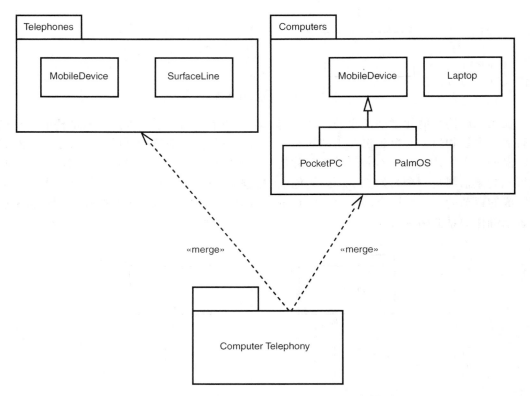

图 14.4　对一个包和另外两个包的合并建模

合并变换出如图 14.5 所示的 Computer Telephony 包。两个目标包中的所有的类都被导入到这个包中。通过全限定名，Laptop 和 SurfaceLine 的继承关系表示出了它们原来所在的包。MobileDevice 的继承关系体现出了有关合并的一个重要问题。当包之间进行合并，并且

---

① 译注：这里源包和目标包的定义和通常意义上的源和目标有些不同。注意，在下面的例子中，Telephones 和 Computers 是目标包，而 Computer Telephony 是源包。

它们包含具有相同名字的类的时候，这个类在变换所得的包中，具有目标包中所有同名类的属性和操作。Computer Telephony 包中的 MobileDevice 继承自每个目标包中的 MobileDevice 类。实际上，Computer Telephony::MobileDevice 是一个具有计算能力的智能手机，和 PoketPC 与 PalmOS 之间的继承关系表明智能手机可以在这两种操作系统中实现。

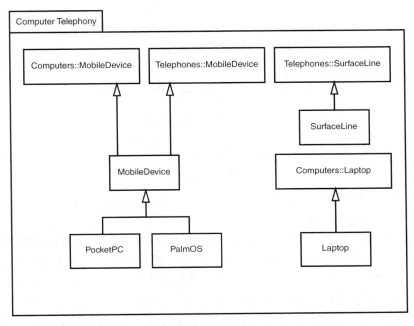

图 14.5　通过图 14.4 中的合并所得的变换结果

对包图的了解使我们能够继续顺利地学习 UML 的基础知识。这是因为 UML 是根据包来定义的。我们将讨论这些包，但首先我们要将注意力放到概念上。

14.2　层　　级

前面介绍的 UML "大图" 说明了各种 UML 的分类以及每种图属于哪一类。正如第 1 章 "UML 简介" 中提到的，所有这些种类的图都有必要，因为这些图可以让你从不同的视点观察一个系统。因为不同的风险承担人关心系统是出于不同的原因，必须要能以不同的方式反映出一个一致的系统映像。

尽管 UML "大图" 有助于记忆 UML 的元素，但它却不是 UML 的定义。三个好朋友是以一种形式化的方式定义 UML 的结构的，这样定义出的元素才能够清晰地展现所讨论的系统。UML 2.0 正是建立在这种清晰展现的基础上的。

我们先从 UML 的体系结构开始讨论。可以把体系结构理解成一组关于系统如何组织的决策的简单总结。这些决策主要集中于系统的组成元素——这些元素是什么，做什么，具有哪些行为，它们有哪些接口以及如何将这些元素组合到一起。

UML 具有一个四层体系结构。每个层次是根据该层中元素的一般性程度划分的。图 14.6 给出了所有的体系结构，用一种简单的记号来表示 M0 到 M3 这些层。

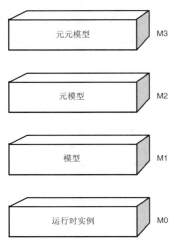

图 14.6   UML 的四层体系结构表示

最具体的一层，M0 层，是运行时实例层（runtime instance layer）。当模型进入代码创建阶段时，这个层开始发挥作用。

接下来是 M1 层，叫做模型层（model layer）。你使用 UML 建立的模型就在这一层。

在每一章的开始，当你了解类和节点这样的一个概念的时候，你工作在 M2 层，也就是四层体系结构中的第 3 层。这一层定义了用来具体化模型的语言。经过一番体验，当你对 UML 足够熟悉的时候，这第 3 层就成为你的下一个更加内在的层次。由于这一层定义了纳入到模型中的东西，所以它叫做**元模型层（metamodel layer）**。因为 UML 大图展示的类、节点、构件、用例等等，所以它属于元模型层。

第 4 层（M3）是什么？如果有一种用来具体化类、用例、构件以及其他所有你用到的 UML 元素的语言，M3 就是定义这个语言的一种方法。由于这一层定义了纳入到元模型中的东西，因此，它叫做**元元模型层（metametamodel layer）**。

14.2.1   一个类比

我们打个比方来帮助理解层级。让我们离开系统建模的世界，来讨论一个稍微平凡一些的例子。

当你写一封商务信函的时候，开头先写上你的名字和地址。然后写上日期、收件人地址、问候语，然后是信函正文和结尾（如 Sincerely），最后是你的签名和打印名字。实际上，你遵循的是书写一封商务信函的格式。当你写信给朋友的时候，你会按照另外一种格式来写。当你只是发送一个便笺，又会是一种不同的格式。

和图 14.6 中的四个层级一样，你所书写的信函（在字处理程序中）也是一个模型。商务信函的一组格式是元模型。当你打印和发送的时候，你就拥有了一个运行时实例。

我们沿着这个模型的层级向上看。商务信函格式（Business letter guidelines）以一般的通信格式为基础，友人信函格式（friendly letter guidelines）和便笺格式（business memo guidelines）也是这样。通信的格式（以问候语开始、向收信人表达你的想法和感受）形成了这些元模型的基础，因此，通信格式（correspondence guidelines）就是元元模型。

如果我按照包的想法和概念来思考通信格式，我们可以用图 14.7 来描述。

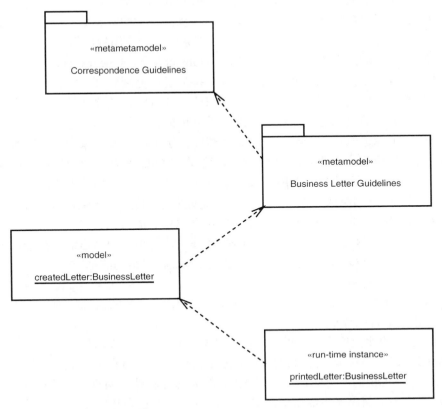

图 14.7　在信件书写例子中对元模型和元元模型建模

14.2.2　继续

在本书以前的版本中，我对 M3 层，也就是元元模型层讨论的很少。随着 UML 2.0 的变化和 UML 建模工具的涌现，我才感到最好探讨一下元元模型层。

尽管 M3 并非你在日常建模活动中总是会遇到的一个层，但是我认为，如果你至少熟悉该层中的基础概念的话，你会对 UML 有更好的理解。一旦你开始使用 UML 建模工具，这些概念也有助于你熟悉它们。

14.3　大　胆　深　入

你是一个科幻小说迷吗？或许是《星际迷航》（*Star Trek*）影迷？为什么来自遥远星球的奇异居民和地外生命都能够和“企业号”（Enterprise）的成员们说流利的英语呢？你是否对此感到疑惑？（而且，不可思议的是，它们彼此之间也说英语。）

有时候，科幻作家只是忽略了语言问题，不管人物所来自的星球，全让他们说英语。《星际迷航》的作者没有回避这个问题，他虚构了一个叫做宇宙翻译器（Universal Translator）的设备。这种设备能够以某种方式把说话者的脑电波和聆听者的脑电波匹配起来，产生一个信息模具。这个信息模具使得设备能够很快地把单词、短语和习惯用语从一种语言转换到另外一种语言。通过这种方式，星系中的每个人都能够和其他人交谈。

我们为什么要暂时离题来讨论 *Final Frontier*（*Star Trek* 的第 5 集）中的语言学问题呢？如果你把"奇异居民"当作"广泛变化的信息处理系统上的应用程序"，把"流利的英语"当作"无缝地通信"，你就能够体会到对象管理组（Object Management Group，OMG，就像《星际迷航》中的星舰司令部）在早期所面临的一个挑战了。追溯到 20 世纪 90 年代，OMG 的首要任务就是要开发出类似宇宙翻译器之类的东西，其目的就是要使得基于不同系统（潜在地来自不同的厂商）的对象之间能够顺利地、无缝地彼此通信。

暂时记住《星际迷航》这个类比。如果你能够把宇宙翻译器想象为一个现实生活中的设备，它的体系结构和基础构造应该和 CORBA 类似。CORBA 是使得应用程序能够跨网络协同工作的 OMG 平台。记得翻译器所生成的信息模具吗？对信息模具中所包含的内容的具体说明，可以类比为另一个 OMG 解决方案，那就是元对象设施（Meta-Object Faclity（MOF））。MOF 就是 OMG 用来说明和管理驻留在 CORBA 上的信息的方法。

我们的话题从《星际迷航》到 CORBA 和 MOF。科幻小说和术语缩写掺合在一起，这和 UML 有什么相干呢？仅仅有一点相关：MOF 是 UML 底层结构的基础。

这到底是什么意思呢？

OMG 使用 MOF 的目的，除了能够说明和 CORBA 相关的信息的本质，还能充当创建 UML 这样的建模语言的模板。

像 UML 这样的建模语言？是的。就像人类有多种语言来交流思想，UML 不是创建模型的惟一可能的语言。UML 成为我们的标准，但是其他的建模语言也可能成为标准。从理论上讲，你可以学习 MOF 的所有知识，并以 MOF 的概念为基础来创建一种不同的建模语言。

这就好比从宇宙翻译器中取用信息模具的规范，并以它为基础创建一种新的语言供人类和其他生命形式之间用来交流。

14.4　用包表示 UML 的底层结构

我们来更正式地探讨更多有关 M3 层的内容。就像在图 14.7 中使用包来表示写信例子的模型的层次一样，我们也使用包来对 UML 的基础（也就是 OMG 所谓的 UML 底层结构）建模。

包里有些什么？类图是用 MOF 描述的，这些图组成了规范（这就是为什么 MOF 是 UML 的基础）。此刻，你可能对 MOF 还有些疑惑，那么，让我们来进一步学习它吧。

我们从一个名为 Infrastructure Library 开始讨论 M3 层。如图 14.8 所示，Infrastructure Library 包含有两个包，分别是 Core 和 Profiles。可以把 Core 看作是创建 UML 这样的元模型的概念的集合，把 Profiles 看作是定制元模型的概念的集合。Core 包含了定义 UML 的概念，而 Profiles 则包含了是你能够针对特定领域创建 UML 变体的概念。

打个比方如何？假设 Infrastructure Library 是一个现实中的图书馆，并且假设我们所谈论的都是和图书相关的"概念"。在图书馆的"Core"区，你可以找到一些类似《如何绘制油画》的图书。你通过阅读图书，可以掌握自己独特的油画技巧，然后你可以把你的油画技巧用图书的方式出版。人们能够应用这些技巧来画出和你的风格一样的油画。

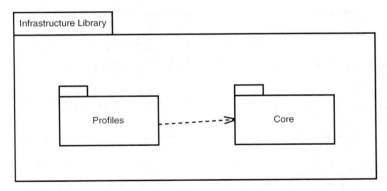

图 14.8　Infrastructure Library 拥有 Core 和 Profiles 包

在图书馆的"Profiles"区，可能会有《绘画人体学》这样的书。读了这本书，你将能够在人物绘画方面学会新的特定技巧并融入到自己的风格中。

14.4.1　Core 包

什么是 Core 包呢？Core 包拥有 4 个包，分别是 Primitive Types、Abstractions、Basic 和 Constructs，如图 14.9 所示。我们将对每一种进行概要介绍。

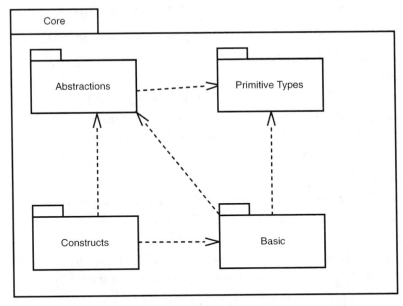

图 14.9　Core 包的内容

1.　Primitive Types

如果你要创建一种建模语言，你就需要用到 Primitive Types 这种数据类型。这个包中的数据类型有 Integer、Boolean、String 和 UnlimitedNatural。最后一种数据类型表示一个自然数组成的无限集合中的一个元素，它指定用星号（*）来表示无限。在 UML 模型中，我们在类之间的关联的末端，看到的是一个表示多重性的数字（这是使用星号表示"很多"的最初由来）。图 14.10 对这些类型建模。

> **一个基本的问题**
>
> 　　看到图 14.10，你可能会对 MOF 感到疑惑。就是说，如果（定义了 UML 的基础的）Infrastructure Library 图是用 MOF 表示的，那么 MOF 的定义在哪里呢？这个定义的定义，等等，又在哪里呢？
>
> 　　哦，一切到此为止吧，MOF 也到此为止了。MOF 具有所谓的映射性（reflective），意思是 MOF 也是用 MOF 定义的。

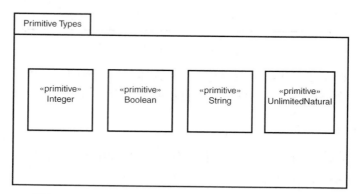

图 14.10　Infrastructure Library 中的 Core 的 Primitive Types 包

　　用油画的例子打个比方，其原始类型（primitive types）就是油彩的特性。在应用任何风格的相应规则的时候，你都要考虑这些特性。

2. Abstractions

　　Abstractions 包含有 20 个包。这些包说明了如何表示我们在第 1~13 章所学习过的概念。Elements 包是这些包中最基础的一个，它只拥有一个名为 Element 的抽象类。我们已经涉及到元元模型层了，所以，可以很习惯地把 Element 称为一个抽象元元类。

　　由于用模型表示事物已经很平常了，所以，Element 是所有其他类的超类，同时也是 Infrastructure Library 的元元类。

　　其他的包还有 Relationships、Comments 和 Multiplicities 和 Classifiers。一个分类（classifier）描述结构和行为的任何元素。类、用例、节点和参与者都是 UML 中的分类。

3. Basic

　　Basic 包是开始建模的起步过程。它以类为基础，是开发复杂建模语言的基础。如果你能够想象 UML 只具有类（带有自己的属性和从其他的类继承而来的能力）、参数（供一个类的操作使用）、包和指定数据类型的能力，你就可以明白这个包了。

4. Constructs

　　Constructs 包对 Abstractions 包和 Basic 包有很多依赖。它组合了来自这些包的内容，并添加了类、关系和数据类型这样的细节。例如，这个包充实了很多细节，说明了在一个类中如何可视化属性和操作。在这个包中，你将发现一些信息，它们可以添加到类之间的关系中。

14.4.2　Profiles 包

　　让我们回到上两级来研究 Profiles 包。这个包为你提供一种机制，使你能够针对一个特定的知识领域来改变元模型。每次改变都得到一个单独的 profile。

一个 profile 构成了一个新的元模型吗？不是的。如果我们要创建一个新的元模型，也就是说，一种新的建模语言，我们需要从 Core 开始着手工作。

可以把 profile 看作是 UML 的一种调整，例如为了对法律和教育领域建模而改写的 UML。我们可以以 UML 为基础添加内容，而 Profiles 包说明了我们所能够添加的内容。

那么，我们能够添加一些什么呢？我们已经熟悉了构造型，它是扩展 UML 的一种方法。Profiles 包说明了创建构造型的正规的机制。也就是说，这个包拥有名为 Extension 和 Stereotype 的元元类（这是元元模型级别的类）。

为了使你能够理解 Extension 和 Stereotype 是如何工作的，我们假设你要创建一个 UML profile 来对电工学建模。你希望能够具备一定的方法，对电容、晶体管、电阻、电源以及其他的电工部件建模。由于这些东西都是硬件，你可以创建一个节点的构造型，这在 UML 符号中是用来表示硬件的。

到目前为止，你还没有绘出一个块状图标，但已经有了一个名为 Node 的元元类。如果希望表示出要创建一个名为 Capacitor（一种用来存储电荷的电路元件）的构造型，如图 14.11 所示。

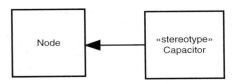

图 14.11　创建一个 Capacitor 构造型

实心箭头代表着"扩展"关系，这是一个元类和一个构造型之间的关系。

电容以及其他的电路部件通常提供一个接口供我们修改它的操作。对于一个电容器来说，这个接口就是控制柄（是不是很耳熟）。我们通过操作控制柄来改变电容中存储的电荷的数量。下次你调节收音机的时候，记住你所调节的旋钮就是电容的一个接口。因此，你可能希望创建一个接口的名为 ControlKnob 的构造型。

当所有的构造型完成后，把它们放入到一个表示 profile 的包图标中。图 14.12 示意了包含构造型的 Electricity profile。

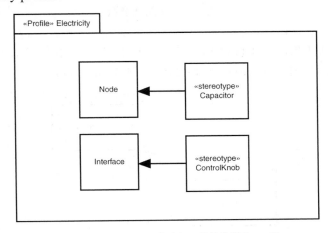

图 14.12　改写 UML 以对电工部件建模的 profile

在实际过程中，一旦构造型创建好了，我们就可以在 Electricity profile（即扩展的元模型中）的 UML 中使用其符号，如图 14.13 所示（在 UML 中，我们可以使用块图标）。

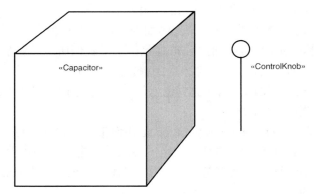

图 14.13　创建 Electricity profile 的结果可以作为 UML 中可用的符号

在更多的实际过程中，当我们在模型中使用这些符号时，它们如图 14.14 所示。

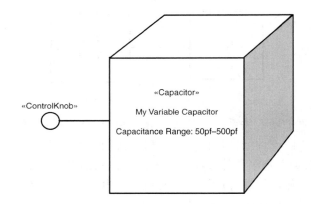

图 14.14　使用 Electricity profile 中的符号

14.5　回到 UML

现在我们离开 M3 层，开始讨论 M2 层。图 14.15 展示了我们在前一节所讨论的内容中 UML 的地位，它告诉我们 Infrastructure Library 是 UML 的基础。

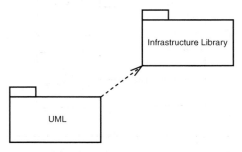

图 14.15　UML 是以 Infrastructure Library 为基础的

14.5.1　又见 4 层结构

UML 是你所创建的模型的基础，这当然是一种说法。我们还可以用相关的术语，如类、元类和元元类来表述这样的"基础"关系。当你在自己的模型中创建一个类的时候，你已经创建了一个 UML 类的实例。反过来，一个 UML 类也是元元模型中的一个元元类的实例。从另外一个方向看，运行时实例来自于根据你的模型产生的代码。图 14.16 用（我们已经见过多次的）4 层结构概括了上述内容，并展示了元元模型中的一些资源。

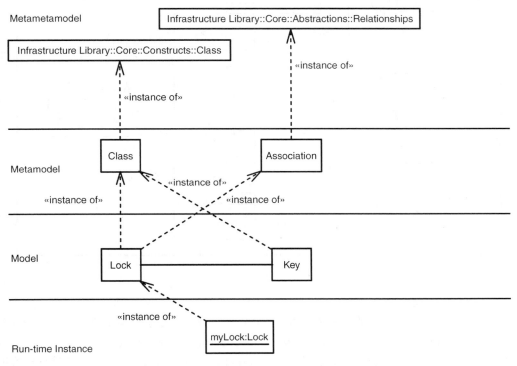

图 14.16　模型的 4 层结构中的实例

14.5.2　用包表示 UML 的上层结构

就像包可以用来表示 UML 的基础一样，它也可以用来对 UML 中的元素（也就是 UML 所谓的上层结构，superstructure）建模。

图 14.17 是对图 14.15 中的 UML 包的具体细化，我们可以看出其中包含了 12 个包。

图中各个包的名字说明了这里是我们在前 13 章所学到的内容的正式规范。你会发现图 14.17 中依赖箭头的排列有些奇怪，其中有双向的依赖箭头和循环依赖箭头（CommonBehaviors 依赖于 Actions，Actions 依赖于 Activities，Activities 依赖于 CommonBehaviors）。每个包中至少有一个元素依赖于另一个包中至少一个元素，于是就有了这张图。

包的名字表明了其中的内容，因此我们这里只是概括地介绍一些重要的包的特性。顺便说一句，这里的 Profiles 是 Infrastructure Library 中的 Profiles 包的复用。

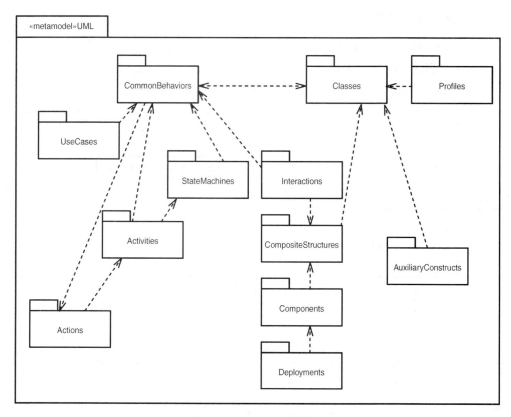

图 14.17　UML 的上层结构

1. Classes

Classes 包包含了类以及类之间的关系的规范。你可能还记得我曾经提到过，这些元素和 Infrastructure Library::Core 中的 Abstractions 包和 Constructs 包相关联。实际上，Classes 包通过那些包合并为 Kernel 而复用了其中的规范。Kernel 是一个表示 UML 的基础建模概念的包。

2. CommonBehaviors

这个包中包含了和对象如何执行行为、对象间如何进行通信以及如何对时间的消逝建模等相关的规范。

3. UseCases

这个包使用来自 Kernel 和 CommonBehaviors 包中的信息。它规范了捕获一个系统的功能需求的图。这个包中有参与者、用例、包含关系、扩展关系等的正式规范。

4. CompositeStructures

除了对组成结构图（在第 1 章中提到过）的规范，这个包还说明了端口和接口。这个包还说明了类之间的协作是如何发生的。我们将在第 22 章介绍更多有关协作的内容。

5. AuxiliaryConstructs

既然这个包的名字可能会让你好奇，我们就来介绍一下它。这是一个负责外观的包，它所处理的是模板和符号。模板技术是用来可视化一个系统中的信息流的（也将在第 22 章介绍），而符号是用来表示模型的。

图 14.18 给出了一个模型的图标，它是带有一个小三角形的包的符号。另外，AuxiliaryConstructs 还包含了原始类型，这复用了我们前面见到的 Infrastructure Library 中的信息。

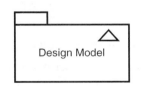

图 14.18　用包的符号表示模型

14.6　UML 的扩展

在前面几章中已经介绍过，UML 拥有一个广泛的结构，这个结构是我们在前 13 章中所学到的内容广泛的建模技术的基础。

除了这些技术，UML 中有 3 个机制能够帮助你扩展它，这就是构造型、约束和标签值。

14.6.1　构造型

构造型是用双尖括号括起来的字符串，它用于扩展一个 UML 元素，扩展后的元素就成为一个新的元素。在前面的 Profiles 那一节中，我们介绍了构造型如何对 UML 基础发挥作用。记住，你不需要为了使用构造型而创建一个全新的 profile。

构造型增添了灵活性。它可以让你使用已有的 UML 元素来建立新的 UML 元素——新建的 UML 元素能够捕获你自己的系统或者领域中的某方面特征，而使用标准 UML 元素无法表达这种特征。

除了你所创建的构造型，UML 还提供了一组现成的构造型。本节后面的内容中将介绍其中的一部分。

1. 依赖

基于依赖的构造型扩展了（带箭头的虚线开始的一端的）一个客户和（带箭头的虚线所指向的）供应者之间的一种依赖关系。让我们来快速浏览一下表示依赖关系的构造型。

«import»依赖位于两个包之间。构造型向客户的命名空间（包对其组成部分的名字分组管理形成的区域）中添加了供应者的内容。在本章中，你已经见到过«refine»，这是表示包之间的依赖关系的另一种构造型。

在«send»构造型表示的依赖关系中，客户向供应者发送一个信号。

在«instantiate»构造型表示的关系中，客户和供应者都是类。这个构造型表示客户创建了供应者的实例。

2. 类

我们在前面元模型的相关章节中见到过«metaclass»这个构造型。它是一个类，它的实例也都是类而不是对象。记住，你在 UML 模型中创建的一个类是元类的一个实例，元类是 UML 中的一个类。

«type»是通过属性、操作和关系来规范一组对象的类。«type»不包含方法（实现操作的可执行算法）。一个对象可以符合多个«type»。

«implementationClass»和«type»是相对的，它表示一个类在一种编程语言中的实现。对象只能有一个«implementationClass»。

«utility»是属性和操作的一个集合，这些属性和操作不是该类的成员，它是一个没有实例的分类。

通过类，操作或方法就可以创建或销毁一个实例。你可能见过 Java 中的构造方法和析构方法。你可以分别用«create»和«destroy»来表示这样的特性。

3. 包

UML 有一些内建的用于包的构造型。其中一个构造型说明了包中包含了可供其他包复用的建模元素。这个构造型叫做«modelLibrary»。

«framework»是一个构造型的包，它包含了那些可以使 UML 元素复用的模型和模板。我已经介绍过这种结构，但在第 22 章还会介绍更多细节。

14.6.2 图形构造型

有时候你可能不得不在 UML 模型中引入一两个新的符号，以便更好地表达意思。只要你的小组里的每个人都能够一致地理解你所使用的符号的含义，那么你使用这个符号是可以接受的。

部署图就为这种尝试提供了很多的机会。通常有很多的硬件剪贴图可以用来取代我们在第 13 章中见到的平淡无趣的立方体图标。使用一幅图来表示一个 UML 图标的时候，我们就创建了一个图形构造型（graphic stereotype）。

图 14.19 给出了一个例子。它是图 13.7 的另一种风格的版本，表示的是一个 ARCnet 的模型。

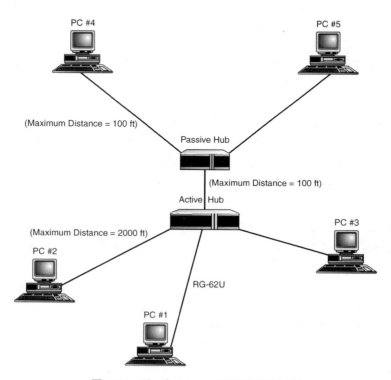

图 14.19　对一个 ARCnet 用图形构造型建模

14.6.3　约束

约束为 UML 模型元素提供条件和限制。你可以以任何格式说明约束，只需要把约束写入到一个花括号中就可以。例如，如果一个类拥有一个 velocity 的属性，你可以如下使用约束{velocity cannot exceed the speed of light}。

14.6.4　标记值

标签值（tagged value）用来显示定义一个属性。它也写在花括号中，由一个标记和一个值组成，标记代表着要定义的属性。例如，你可以把{location = nodeName}附加到一个构件上，其中 nodeName 表示构件所驻留的节点。

14.7　小　　结

这一章讨论了包和 UML 的基础概念。目标是让你对真实世界中怎样运用 UML 有更彻底的理解，而不至于在应用 UML 的时候只会根据教科书的习题照猫画虎。在介绍完各种 UML 图后才介绍这些概念，为的是让你在深入 UML 各种图之前能够理解 UML 的语言基础。

UML 包含 4 个层次：运行时实例、模型、元模型和元元模型（分别简记为 M0、M1、M2 和 M3）。我们所创建的 UML 模型对应到第 2 层上。根据 UML 模型生成的代码对应到第 1 层。当你学习 UML 概念的时候，通常是在第 3 层进行。我们在日常的基本工作是不会接触到第 4 层的，但熟悉它的概念则能够帮助你理解 UML 以及方便地应用建模工具。实际上，那些生产 UML 建模工具的厂商必须从这一层开始。

UML 提供了 3 种扩展机制：构造型、约束和标记值。构造型通过扩展已经存在的 UML 元素来创建一个新的元素。UML 中预定义了一些构造型。你也可以创建自己的构造型。图形构造型是另外一种构造型，它用图形来替代 UML 图标。约束则指明了建模元素上的限制。标记值显示地描述了一个属性的值。

如果我在第 1 章中就告诉你所有这些基础概念，你能够理解吗？

14.8　常见问题解答

问：我注意到你有时候把包的名字放到包图标的标签上，有时候放在包图标上，关于这个有什么统一规则吗？

答：如果给出了包中的元素，那么把名字放在标签上。如果没有，则放在包图标上。

问：我已经对运行时实例层中的对象有些混淆了。这些对象和 UML 模型中的对象相同吗？

答：不，它们是不同的。模型中的对象和运行时对象是有区别的。模型中的对象是在 M1 层，而运行时对象而在 M0 层。

问：你好几次提到 4 层结构。这是有某种限制的吗？对一个元模型的层次划分能够多于 4 层吗？

答：是的。理论上，没有对层次的限制。例如，如果考虑业务信函的例子，我们的元元模型是"信件"，更高一个层次就是"书面通信"，这个层次还可能推导出"虚构的"和"非虚构的"这样的"信件"以外的元元模型。实际上，你很难找到生活中的某个领域具有非常合适的层级划分。

问：你好几次提到"其他元模型"。Infrastructure Library 也是 UML 以外的其他建模语言的基础吗？

答：是的。Infrastructure Library 也是 CWM（一种数据仓库建模语言）。

问：另外一个问题，我们应该在何时创建 profile，何时创建一个新的元模型？

答：这个问题提得很好。不过，并没有任何规则来对我们的选择加以限制。

问：我明白 MOF 是 UML 2.0 的基础。MOF 曾经是以前每个版本的 UML 的基础吗？

答：不是。UML 1.x 就是用 UML 自身来定义的。

问：UML 2.0 为什么要做出改变呢？

答：OMG 希望把 UML 和他们致力推进的其他技术联合起来，这其中包括一些未来的技术（如即将推出的元模型）。给所有这些技术一个共同的基础，这是一个很好的办法。

问：我知道 UML 有很多的规则。谁来保证这些规则得到遵守？

答：就像我在前面说到的，UML 警察不会来巡逻并检查你是否用正确的方法建模。而建模工具则会耐心地帮助你遵守这些规则。

14.9　小测验和习题

这一部分用来巩固在本章中所学的一些 UML 的基本概念。按照你的理解来回答小测验中的问题，附录 A "小测验答案"部分列出了小测验中问题的答案。

14.9.1　小测验

1．什么是元模型？
2．什么是分类？
3．为什么 UML 的扩展机制很重要？
4．UML 提供了哪些扩展机制？

14.9.2　练习

通过网络获取图片或者剪贴画，用它们来细化第 13 章中的部署图。

第15章 在开发过程中运用 UML

在本章中，你将学到如下内容：

- 开发过程的重要性；
- 为什么传统的开发方法学不适用于当今的系统开发；
- GRAPPLE 开发过程；
- 如何在开发过程中使用 UML。

已经学习过 UML 的各种图和它的结构，下面是该学习开发过程的时候了。UML 是一个有力的工具，但是却不能孤立地使用它。它必须被用于一个开发过程。本章将介绍开发过程方法学，它是用于理解 UML 使用环境的工具。

假设这样一种情况：如果一个组织为了在竞争中取得优势，需要新增一个计算机系统，那么必须补充新的硬件和软件。还必须进行系统开发，而且开发的越快越好。

假如你是系统开发工作的决策者。那么就要建立一个项目开发小组并使小组成员就位，这个项目开发小组包括项目经理、建模设计师、系统分析员、程序员和系统工程师。他们都很兴奋，对新的开发项目跃跃欲试。

换一个角度，如果你是该系统的一个客户。那么从你的角度希望开发小组能为你提供什么工作产品呢？项目经理如何向你做报告呢？当然，最后你还要看到正在运行的系统。但在这之前，你需要明确开发组确实已经理解你要解决的问题和你所要求的对问题的解决方案。这时你就需要能看到一个正在进展的系统，并且想知道在某一时刻的开发进度。

这些是客户共同关心的，并且所有系统开发项目都应该包含对时间、金钱及前景的评估。

15.1 开发过程方法学：传统的和现代的

当然你不希望开发组立刻就匆匆投入编码。毕竟，他们到底要对什么编码还没完全搞清楚。开发组必须要经历一个结构化的系统的开发过程。在开发过程中所经历的步骤的结构和性质就是前面所提到的**开发过程方法学（methodology）**。在进行程序设计前，开发人员必须要充分理解所要解决的问题。这就需要专门有人负责需求的分析。进行了需求的分析之后，编码就可以开始了吗？不，还必须有人将分析产品转化为设计产品。然后，程序员再根据设计产品编制代码，这些代码在经过测试和部署后，最终成为目标系统。

15.1.1 传统的开发过程方法学

上面对开发过程中各个阶段的简单描述可能会使你觉得开发过程中的各个活动是按照时间顺序一个接着一个展开的。事实上，早期的开发方法就是采取这种方式。图15.1说明了一种曾经造成广泛影响的开发方法模型。它被称为"瀑布（Waterfall）"模型，就像活动图中的活动一样，在瀑布方法中，**分析、设计、编码**和**部署**阶段是一个接着一个按照顺序进行的。前一个阶段完成后，下一个阶段才能开始。

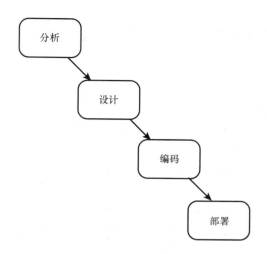

图 15.1 软件开发过程的瀑布方法

这种开发方式具有一些明显的缺点。首先，这种方式下的开发过程被分割开来。分析员将分析结果转交给设计人员，设计人员再把设计结果交给开发人员。采用这种工作方式的话，那么这三个组的成员在一起工作和共享重要信息的机会就很少。

这种方法的另一个问题是它不利于在项目开发过程中对问题的逐步理解（通常，对问题的理解是随着开发过程的深入而增强的，甚至是在分析之后转向设计的）。如果过程不能回溯到早期阶段，那么在后期萌发的好的思想将不能被利用。在开发过程中塞进新的见解是非常困难的。重新进行分析和设计（同时引入对问题的更进一步理解）会大大增加项目获得成功的机会。

15.1.2 新的开发过程方法学

与传统的瀑布方法明显不同，当代软件工程强调开发阶段的无缝集成。例如，系统分析员和设计人员，通常要往返进行分析和设计，为程序设计人员提供坚实的基础。程序设计人员反过来也要与分析人员和设计人员交互，共享重要的见解，修改设计，充实代码。

这种方法的优点是，随着对问题理解的深入，项目小组能够引进新的思想，建立起更完善的系统。缺点（如果有缺点的话）是一些故步自封的人想要看到中间阶段达到一个清晰的结尾。有时，项目经理可能对客户说出这样的话来："分析已经结束，我们将要进行设计，两三天后就开始编码"。

这种做法充满了危险。在开发过程的各个阶段之间设置人为的障碍会最终导致所开发的系统不是客户想要的。

传统方法还有另外一个问题：瀑布方法的追随者通常将过多的项目开发时间用于编码。其直接结果是宝贵的系统分析和设计时间被编码所侵吞。

15.2 开发过程中必须做什么

在计算机程序设计的早期，分析问题，设计解决方案，编制程序代码都是由一个人完成的。在原始时代（那时人们认为地球还是平的），一个人也可以建造出一个很舒适的房子。

现在却完全不同了。为了开发各种复杂的系统，今天的企业需要群组工作方式。为什么呢？由于知识越来越专业化，一个人不可能知道一个企业的全部方面，理解问题，设计解决方案，将解决方案转化成程序代码，在硬件上部署解决方案的可执行版本，并能确保所有的软硬件构件都能很好地协同工作。

项目小组中必须包括的成员有：系统分析员，他们与客户交流，理解客户的问题；设计人员，他们设计问题的解决方案；程序设计人员，将解决方案编制成代码；以及将代码部署到硬件上运行的系统工程师。一个开发过程必须要考虑到所有这些角色，合理地利用他们，为开发过程的每个阶段分配时间。开发过程还必须产生一些指明过程进度以及形成职责跟踪的工作产品。

最后，开发过程必须确保每个阶段的工作不是分离的。相反，必须在开发过程中得到反馈信息以培育创造能力，增加在开发过程中采纳新思想的容易程度。基线：能容易地修改系统的蓝图，然后再修改系统，而不是说修改了系统再去改变系统蓝图。

在开发过程中，还要构造出一组开发阶段，每个阶段都产生大量的书面制品。一些商业可用的开发方法学的做法就是这样的，让项目经理填写大量的表格。

产生这种情况的一个原因是源于一种方法能够适用于所有开发过程的错误思想。每个组织都是独一无二的。一个组织有它自己的文化、标准、历史和人员。适用于跨国大公司的软件开发方法用在一个小公司身上时，很可能失败，反过来也一样。为了让一个方法能够应用于某个组织，在开发过程中制定大量的书面制品就有助于将一个开发方法学运用于某个组织，这种观念是错误的。

因此，一个开发方法学必须要能够做到：
- 保证开发小组对所要解决的问题有个坚实的理解；
- 要考虑到开发小组是由不同角色组成；
- 能够在小组的不同角色成员之间培育良好的通信关系；
- 考虑到跨越阶段的开发过程的反馈信息；
- 开发出能够向客户反映出开发进度的工作产品，但是要避免产生过多的纸面制品。

顺便再说一句，如果采用某种开发过程能够在一个短的时间周期内开发出一个完善的产品，那么它就是一个好的开发过程。

> **过程和方法学**
>
> 你可能注意到在前面的叙述中，"过程"和"方法学"这两个词是可互换的。尽管可能能够找出一些两者之间的差别，我宁愿不对这两个词做区分。根据我的经验，"方法学"这个词已经获得了不好的名声。引入"过程"这个词后，我觉得会对此有所缓解。

15.3　GRAPPLE

为了适应对开发过程多方面的挑战，我在这里向读者介绍**快速应用工程指导原则**（Guidelines for Rapid APPLication Engineering，GRAPPLE）。GRAPPLE 内的思想并不是什么新颖思想。它只是吸取了许多其他方法的精髓。三个好朋友[①]还开发了 Rational 统一开发过程

---

① 译注：指发明 UML 的三位科学家。

（Rational Unified Process，RUP），在这之前，他们每个人还有自己的开发过程方法学。这些开发过程方法学的思想与 GRAPPLE 类似。Steve McConnell 的 *Rapid Development*（Microsoft Press，1996）一书，介绍了适于快速开发的很多好的做法 。

GRAPPLE 的第一个字 Guideline（指导原则）是非常重要的：这说明 GRAPPLE 并不是写在教科书中的一个开发方法学。相反，它是一组可自适应的、灵活的开发思想。可以把它看成是开发过程的简要骨架。我将它作为开发背景，以说明在这个背景中如何使用 UML。经过适当的完善和补充，GRAPPLE 可以适用于许多种不同组织（但也许不是全部组织）的软件开发过程。它为项目经理留有余地，以便让他们发挥自己的创造力和好的思想来适应自己的组织，减少一些不必要的开发步骤。

一点背景

在我讨论 GRAPPLE 之前，你可能会提出一个问题："为什么要在介绍 UML 的书里讲这些内容？"

原因如下，这本书的前面并没有讲述开发过程也没有讲述 UML 的应用环境，到目前所讲的实质上就是如何使用 UML 画图。为什么要使用 UML 以及什么时候使用 UML 才是更重要的。

在第 II 部分"案例学习"中，你将碰到运用 GRAPPLE 和 UML 的一个学习案例。

15.4 RAD³：GRAPPLE 的结构

GRAPPL 由 5 个**段**（segment）组成，我使用"段"而不是"阶段"为的是说明不是通常意义上的那种一个阶段完成后，下一个阶段才能开始（我又不想把这个词叫做"块"（piece），这个称呼很难听）。每个段又由许多**动作**（action）组成。每个动作能够产生一个工作产品，并且每个动作都是一个特定的**执行者**（player）的职责。

在许多情况下，项目经理都可以根据工作产品生成一个要提交给客户的报告。工作产品实际上就是项目开发过程中的各种纸件。

项目经理可以在每个段中增加动作来改变 GRAPPLE。另一种改变方式是深入到一个更深的层次，把每个动作进一步划分为多个子动作。还可以对每个段中的动作重新排序。组织的需求将决定如何改变具体的开发过程。

GRAPPLE 主要适用于面向对象系统。因此，每个段中的动作主要是生成面向对象的工作产品。GRAPPLE 中有下列段：

1. 需求收集（requirements gathering）；
2. 分析（analysis）；
3. 设计（design）；
4. 开发（development）；
5. 部署（deployment）。

这 5 个段组成的过程简称为 RADDD（或 RAD^3）。在第 3 段以后，项目经理将所有工作产品转化为一个设计文档，将该设计文档交给客户和开发人员。当所有的 RAD^3 段都完成后，要结合所有的工作产品来生成系统的定义文档。

在所有这些段开始之前，客户必须已经为该系统制作了一个业务案例。还要求开发组的成员特别是分析员尽可能多地阅读相关的文档资料。

让我们先仔细地考察每个段，并着眼于在每个段中如何应用UML。

15.4.1 需求收集

如果给每个段指派一个重要性的级别的话。那么这一段是第一重要的。如果不理解客户需要什么，那么你就无法构造出正确的系统。如果你不理解客户的领域和他想让你解决的问题，那么所有的用例分析都无济于事。

1. 发现领域过程

开发过程的起点是获得对客户业务过程的理解，特别是获得要使用目标系统的客户的理解，这是一个好的思想，要获得这种理解，分析员通常应与客户或者客户指定的具有业务知识的人面谈，与他们一起一步一步地讨论相关过程。

分析员获得了一套客户业务领域的词汇，这套客户所使用的词汇是初期的重要成果。在下一个动作中，分析员要用这些词汇与客户进一步面谈。

这项活动的工作产品是一个或者一组能够捕获业务过程中的步骤和判定点的活动图。

2. 领域分析

这个动作类似于第 3 章中的与篮球教练交谈的那个例子。它可以与前一个动作同时进行。目标是尽可能深刻地理解客户的领域。注意，这个动作和前一个动作是针对领域中的概念，不是分析要最终建立的系统。分析员必须能够在客户的世界里游刃有余，因为分析员在开发组中最终要担当客户和开发组之间的使者。

分析员与客户会谈的主要目标是理解客户领域中的主要实体。在分析员与客户交谈的过程中，另一个小组的成员做记录（最好是在一个装有字处理软件包膝上型电脑上做记录），对象建模人员构造高层类图。如果有多于一个的组员做记录，那就更好。

对象建模人员听取名词，然后开始为每个名字建立一个类。最终，一些名词可能成为类中的属性。对象建模人员还要听取动词，它们可能成为类中的操作。此时，基于计算机的自动建模工具可能会派上大用场。

工作产品是一个高层的类图和会谈记录。

录音还是不录音？

对会谈过程录音好，还是仅仅依靠会谈记录呢？这是一个在实际中经常冒出来的问题。如果会谈过程中使用录音机录音，那么分析员听的注意力和记的注意力就不容易集中（反正还可以在事后重放对话过程）。我的建议是干脆忘掉录音机，在做记录的时候就当录音机不存在。

在训练对象建模新手时，录音机是一个有用的工具。一个有经验的建模者能够比较建模新手所建的模型和实际的会谈录音，检查模型的完整性。

---

3. 识别协作系统

17世纪的诗人John Donne写到："没有人是孤岛，只包括他自己"。如果这句话放到今天来说，可以说成是"没有不和其他人交往的人"。还可以说成是"没有哪个系统是孤岛……"，等等。无论从哪个角度考虑，Donne写的都是对的。当今企业中的计算机系统中不是孤立地存在于真空中。它们必须与其他系统协作。在开发过程的早期，开发组要找出新建的系统要依赖那些老系统，那些老系统要依赖新建的系统。这个动作备受系统工程师关注，因为他要为准备新建的系统建立部署图。图中每个节点是一个系统，节点之间的连线是系统之间的通信关系，节点中还要表示出驻留在节点中的软件构件和构件间的依赖关系。

4. 发现系统需求

你可能已经猜到，因为这个动作名字中有"需求"两个字，因此这个动作极其重要。在这个动作中，开发组要经历第一次**联合应用开发会议**（Joint Application Development session，JAD session），在整个GRAPPLE中还有好几个这种JAD session。

JAD session的参加者是来自客户所在组织的决策者、可能的用户，以及开发组的成员。还要有个协调者来缓和会议气氛。协调者的任务是引出组织决策者和用户对系统的需求。至少要有两个人做会议记录，对象建模人员应该在会议中细化他以前所建立的类图。

会议得到的工作产品是一个包图。每个包代表了一个系统功能的高层领域（例如，"协助顾客"）。每个包中包括了一组用例（例如，"获取顾客历史信息"和"与顾客交互"）。

系统的复杂性决定了会议的时间长度。一般很少短于半个工作日，有时长达一个工作周的时间。客户的组织必须要舍得在会议的时间上投资。

为什么要使用JAD session来开发系统需求呢？为什么不直接找每个要找的人会谈呢？也许你还记得，当今系统开发的一个挑战是短的开发周期。单独会谈可能耗时数周或者更长的时间，因为被找的人不一定总有时间。如果等他们有时间了再会谈，那么就白白浪费了宝贵的系统开发时间。单独会谈时可能会产生意见上的分歧，解决这些分歧又要浪费更多的时间。将所有的人召集起来开会的作用显然要超过和每个单独的人开会的作用，这样对每位会议参加者都有好处。

5. 将结果提交给客户

当开发组完成了所有需求动作，项目经理就要将这些动作的结果提交给客户。有一些组织在这个时候可能需要客户对这些结果认可，然后才能继续开发过程。其他一些组织可能要根据这些结果做成本估算。这个动作工作产品视不同的组织而不同。

15.4.2 分析

在这一段里，工作组深入研究需求段获得结果并增进对问题的理解。事实上，分析段的部分工作在需求段就已经开始，例如，对象建模者在需求段 JAD session 时就应该开始细化类图了。

1. 理解系统的用法

这个动作是一个高层用例分析。在一个与可能的用户的 JAD session 中，开发组与用户一同工作找出发起每个用例的参与者以及从用例中获益的参与者，这些用例是在需求段 JAD session 中发现的（以前介绍过，参与者也可以是一个系统也可以是一个人）。协调者协调会议气氛，并且要有两个小组成员做记录。在有过几个项目的经验后，协调者有可能发展成为用例分析员。

开发小组还要尝试开发出新用例。产生的工作产品是一组用例图，图中说明了用例和用例的参与者，以及带着构造型（«extends»和«includes»）的用例之间的依赖关系。

2. 充实用例

在这个动作中，开发组继续和用户一同工作。目标是分析出每个用例中的步骤序列。这个动作的 JAD session 可以是前一个动作的 JAD session 的继续。注意：对用户来说，这个通常是最困难的 JAD session。他们往往不习惯将一个操作分解成各个组成步骤并列举出所有可能的这种步骤。工作产品是对每个用例步骤序列的文本描述。

3. 细化类图

在 JAD session 期间，对象建模者听取所有讨论并继续细化类图。在这时，对象建模者应当在类图中加入关联名、抽象类、多重性、泛化和聚集。工作产品是一个细化了的类图。

4. 分析对象状态变化

对象建模者进一步细化模型，要展示出对象状态的变化。工作产品是一个状态图。

5. 定义对象之间的交互

开发组有了用例图和细化了的类图后，就该定义对象之间如何交互了。对象建模者开发一组顺序图和协作图来描绘对象之间的交互。状态变化应当包括在内。这些图形成了该动作的工作产品。

6. 分析与协作系统的集成

系统工程师要找出与协作系统集成的具体细节，这个过程是与前面的过程同步进行的。何种类型的通信？何种网络体系结构？如果系统要访问数据库，那么一个数据库分析员要决定这些数据库（物理的和逻辑的）的体系结构。这个动作的工作产品是详细的系统部署图和（如果有必要的话）数据模型。

15.4.3　设计

在本段中，工作组使用分析段的结果来设计系统的解决方案。设计段和分析段都可以往返进行直到设计完成。事实上，在一些方法学中，分析和设计被当做一个阶段。

1. 开发和细化对象图

程序员根据类图产生一些必要的对象图。他们检查每个操作并开发对应操作的活动图去充实对象图。活动图将是开发段中编码的基础。工作产品是上述对象图和活动图。

2. 开发构件图

在本动作中，程序员是重要角色。这个段的任务是可视化地描绘出构件和构件之间的关系。构件图是本动作的工作产品。

3. 制定部署计划

当构件图完成后，系统工程师就开始编制系统的部署以及系统与其他协作系统集成的计划。系统工程师要绘制系统的部署图，图中要表明每个节点中驻留了哪些构件。这个动作的工作产品是部署图。

4. 设计和开发用户界面原型

这个动作要包括另一个与用户的 JAD session。尽管属于设计段的一部分，这个会议也可以是早期与用户进行的 JAD session 的继续——说明了分析和设计之间的相互作用。

用户界面应当考虑到所有用例的完成。为了执行这个动作，一个 GUI 分析员与用户一起开发纸面上的用户界面原构件原型（按钮、检查框、下拉列表、菜单等等）。当用户对界面构件满意后，开发人员就开发显示器上的用户界面原型，拿给用户让他们认可。工作产品是屏幕界面原型的快照。

5. 测试设计

用例是进行测试设计的依据。目标是评价所开发出的软件是否能够做所期望的事——也就是说，它能够实现用例所描述的事情。更好的做法是再请一位开发组之外的测试专家为自动测试工具开发测试脚本。这些测试脚本构成本动作的工作产品。

6. 开始编制文档

系统最终用户和系统管理员使用的文档不要太早就开始编制。编制文档的专业人员与开发人员共同编制文档，制定出每个文档的高层结构。文档的结构就是工作产品。

15.4.4　开发

该段是由程序员负责的。有了充分的分析和设计结果，这个段的工作就能快速平稳地进行。

1. 编制代码

根据掌握的类图、对象图、活动图和构件图，程序员编制实现系统的代码。这一动作的工作产品是编制出的代码。

2. 测试代码

测试专家（不是开发人员）运行测试脚本，评价代码是否做了预期的工作。测试结果是这个动作的工作产品。这个动作中产生的信息要反馈到前面的动作中，反过来也是如此，直到代码通过了所有层次的测试。

3. 构建用户界面和用户界面到代码的连接及测试

这个动作向着用户认可的用户界面原型靠近。GUI 专家构建用户界面并将界面连接到代码。要进一步地测试，确保用户界面工作正确。工作产品是带有用户界面的功能系统。

4. 完成文档

在开发段中，文档专家与程序员并行工作，确保文档及时完成和交付。该动作的工作产品是文档。

15.4.5　部署

当开发完成后，系统就要被部署到适当的硬件上运行并要与协同系统集成起来。尽管如此，这一段中的第一个动作在开发段开始以前就可以开始。

1. 编制备份和恢复计划

由系统工程师编制计划，以防系统崩溃。这个动作的工作产品是备份和恢复计划，计划中要详细说明如何备份系统以及系统崩溃后如何恢复。

2. 在硬件上安装最终系统

系统工程师在必要的开发人员协助下，将最终开发好的系统部署到合适的计算机上运行。工作产品是完全部署好的计算机系统。

3. 测试安装后的系统

最后，开发组还要对安装好的系统测试。它是否能做预期的事？备份和恢复机制起作用了吗？测试的结果将决定系统是否需要进一步精化，并且测试结果组成了工作产品。

4. 庆祝

开发组庆祝一个新系统的诞生，这个动作的工作产品就是这个新系统。

15.5　GRAPPLE 总结

如果你回过头来看 GRAPPLE 中的段和动作，将会看到 GRAPPLE 的运动方式是从一般到具体——从不精确到精确。它开始于一个对领域的概念理解，然后是系统的高层功能，接着继续深入每个用例、细化模型，最后设计、开发和部署系统。

你还将注意到在分析和设计段中的动作比开发段中的动作多。也就是说，强调对系统的设计。基本思想是尽可能多地花时间在前端的分析和设计上下工夫，为的是能使编码平稳地进行。这看上去好像有点背离系统这个主题。但在实际开发中，编码只是系统开发过程的一小部分。分析的越充分，就越能接近目标。

正如我在前面所述，GRAPPLE 只是一个简单的开发过程骨架。我并没有涉及一些重要问题的细节，例如测试的层次。我还省略了一些重要的细节：中间工作产品存放在哪里，如何存放？如何处理在任何时候都非常重要的配置管理问题？

我没有讨论这些问题是因为它们与我们正在学习的 UML 不直接相关。下面对这些细节问题做一个简单的回答。工作产品（已经完成的或者正在进行中的）可以被存储在位于组织局域网中的一个数据仓库中。一种可选择的方案是安装一个集中控制的数据仓库软件包来控制各个用户对每个工作产品的读出和写入。这也是配置管理问题的基本解决方案。数据仓库技术至今仍然在不断发展，当然还有别的可供选择的方案。

下一章开始本书的第二部分，一个应用了 UML 和 GRAPPLE 的学习案例。

15.6　小　　结

开发过程方法学将一个系统开发项目的开发过程分为阶段和活动。没有开发过程方法学的指导，开发过程就会产生混乱，开发者无法理解到底他要解决的是什么问题，因而系统也不可能满足用户的需求。早期的开发过程方法学采用严格的"瀑布"顺序，即分析、设计、编码和测试。

这种顺序的开发过程方法学机械地分割了开发过程，因此一个开发组不能对项目的生命周期产生的问题增加理解。它还将主要的开发工作量分配给了编码，浪费了分析和设计阶段的宝贵时间。

这一章还介绍了 GRAPPLE（快速应用工程指导原则），它是一个开发过程的骨架。GRAPPLE 由 5 个段组成：需求收集、分析、设计、开发和部署。每个段又由一些动作组成，每个动作都产生各自的工作产品。UML 图是许多这些动作的工作产品。

15.7　常见问题解答

问："瀑布"方法还有适用的情况吗？

答：如果所要开发的系统是很小的系统，那么可以用"瀑布"过程。但对于现代面向对象系统来说，开发过程方法学仍然鼓励开发过程之间的各个活动持续进行、相互作用，这样能产生较好的结果。

问：上一问题提到面向对象的系统开发所应采取的开发过程，那么非面向对象系统采取何种开发过程好呢？

答：即使是非面向对象系统（例如许多基于大型主机的项目），本章中介绍的思想也是适用的。JAD session、前端分析和设计，以及开发过程中各个阶段之间的相互作用仍然有效。你还可以改变 GRAPPLE（例如通过减少类和类模型）来适应你的系统。GRAPPLE 的基本思想是——它是一组灵活的指导原则而不是写在刻在石头上一成不变的开发过程方法学。

15.8　小测验和习题

既然你已经了解了开发过程方法学，下面就测试一些你所学到的知识。小测验的答案列在附录 A "小测验答案"中。

小测验

1．通常客户最关心的是什么？
2．开发过程方法学有什么含义？
3．什么是"瀑布"开发过程方法？它有哪些缺点？
4．GRAPPLE 中包含哪些段？
5．什么是 JAD session？

第二部分 学习案例

第 16 章 学习案例介绍

在本章中，你将学习如下内容：

- 学习案例的场景；
- 发现业务过程并对业务过程建模；
- 业务会谈中的一些事项。

既然你已经积累了一些 UML 的使用经验并初步学习了一个开发过程方法学的框架，下面将要学习的是如何将 UML 运用到开发过程中去。从本章开始就进入了本书的第二部分，即在一个遵循 GRAPPLE 开发过程的项目中使用 UML 的学习案例。

16.1 从业务入手

由 LaHudra、Nar 和 Goniff 领衔的著名的（同时也是本书虚构的）跨国联合餐饮公司对全世界的餐饮业进行了调查后，得出了一个惊人的结果：人们更喜欢外出就餐，但他们对目前外出就餐的某些状况并不满意。

LaHudra 说道，"你也知道，在我们调查未结束之前我就能预测出调查结果。当我外出就餐时，有时服务员拿了我的定单后就消失了，过了一小时才看见他。我对这种情况很不满意。当你到一个很幽雅的餐馆就餐时，你当然希望你受到的待遇要更好些"。

"确实是这样"，Nar 说，"有时候我在点了菜之后改变了主意，想找服务员，或者我想问一些问题或者……但是我却找不到他们。"

"我同意，但是外出就餐的感受还是比较有趣的，我喜欢有人在餐厅等候我的那种感觉。当一群厨师和工作人员为了给我准备丰盛的菜肴而忙碌时，那种感觉也是很不错的。毕竟我们的调查结果表明大部分人还是喜欢外出就餐的"，Goniff 插嘴道。

"那么是否有某种措施可以保持住顾客的这种感觉同时让它变得更好呢？"Nar 问道。

"我知道该怎么做！"LaHudra 说，"采用技术。"

这时候他们决定找一个联合软件开发组来建立未来的餐馆。

16.2 用 GRAPPLE 开发过程解决问题

开发组的成员都是 GRAPPLE 开发过程的忠实拥护者。他们清楚地知道项目的大部分时间都应该花费在系统的分析与设计上。经过了充分的分析与设计之后，编码过程才会高效率地平稳推进，并且系统安装和部署出现问题的可能性也会大大降低。

首先要做的是需求收集和了解餐馆领域。前一章讲到过，需求收集段包括如下几个动作：

- 发现业务过程；
- 执行领域分析；
- 识别协作系统；
- 发现系统需求；
- 结果提交给客户。

本章讨论其中的第一个动作。

16.3　发现业务过程

LaHudra、Nar 和 Goniff 办事可一点都不小气。他们准备开办的是跨国的餐饮公司，并且在 LNG 设置了一个分支机构。他们还雇佣了许多有经验的工作人员、服务员、厨师以及维护人员。

现在他们等待的是这个未来餐馆的技术骨干。他们将和这些技术骨干一同开设这里的第一个餐馆，为的是使这里外出就餐的人们感到更加满意。

开发组的成员很走运，因为他们只能用一张白纸起家。他们现在要做的就是去理解业务领域和业务过程。下面就是他们要做的工作。

对业务过程的分析从分析员与餐馆工作人员的会谈开始。在谈话过程中，要有一个记录员在一旁将会谈记录输入笔记本电脑。同时，一个模型设计师在一块白板上绘制业务过程的活动图，并且要让分析员、记录员和餐馆工作人员都能看清他所绘的图。

下一小节将考察一个餐馆中有关业务过程的会谈经过。会谈的目标是建立能够描述业务过程的活动图。

16.3.1　招待一位顾客

"感谢您花费宝贵的时间与我交谈"，分析员说。

"不客气，你想知道些什么呢？"餐馆工作人员说。

"让我们先从一次具体的业务过程开始吧。当一名顾客走进餐馆时，你们要做些什么？"

"经过是这样的。如果顾客穿着外套，我们会帮助他脱下外套，将外套存放在存衣间里，并给顾客一张取衣票。对顾客戴的帽子也按同样过程处理。接着……"

"等等，再重复一遍。假设顾客比较多，需要排队等候。是不是先来先进或者按照先后次序登记顾客的名字后再直接进来，还是……"

"不。我们会尽量让顾客感到舒服。但是如果确实排队，我们会询问顾客是否要预订席位，并尽可能处理顾客的预订，让顾客尽快入席。如果没有空缺的席位可供预订，顾客可以登记下他的名字，并可以选择先到我们安排的休息室里喝点饮料，休息一会儿。当然顾客也可以不去休息室，也可以到一个指定的候餐区坐下来等。"

"真有趣，顾客还没有预订饭菜，我们的活动图上就多了几个判定点了。"

现在让我们暂停交谈过程，并记录下刚才的谈话。现在记录下的活动图大致如图 16.1 所示。

现在重新回到谈话过程中。

分析员的工作是继续询问业务过程。

"好，轮到某个排队的顾客或者已经预订了席位的顾客来到餐馆后，是不是就该让他们入座就餐了？"

"是的，但是也没想象的那么简单。在顾客入座就餐之前，餐桌必须要提前准备好。清洁师要事先清理桌面，除去旧的桌布，换上新的桌布，还要调整好桌子和座位。当一切准备就绪后，领餐员将顾客领到餐桌前就座，并叫一名服务员来招待顾客。"

"叫服务员？"

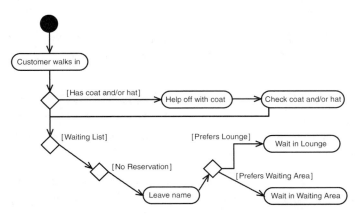

图 16.1　餐馆业务过程"招待一名顾客"的开始阶段

技巧 1　明确定义

注意分析员在这里的行为。餐馆工作人员使用了一个新的词汇（这个词汇在访谈的过程中是"新"的），分析员对这个词汇的定义紧追不舍。

知道在何时以及如何去明确定义，这是访谈技巧的一部分，关于这个技巧，经验是最好的老师。

"是的。这个过程不太复杂，因为每名服务员都被分派了一个指定的服务区，并且通常服务员都在各自的服务区附近活动，而且知道哪个餐桌已经准备就绪。领餐员一打手势，服务员就能看见。"

"接着怎么样？"

"然后服务员就接管了这一桌的顾客。他给每位就餐者一份菜单，并询问顾客是否要预订酒水。然后服务员会叫一名'助手'，助手来的时候会给顾客端来面包、黄油，并给每位顾客倒一杯水。如果顾客订了饮料，则服务员立刻去取来。"

"打断一下，你刚才说服务员时一直用'他'，是不是服务员一定是男性？"

"对不起，我这样说只是出于习惯，不必非得是男性。"

"我建议以后一律使用'服务员'而不用其他称呼，怎么样？我还注意到顾客有好几次机会都可以点酒水或饮料。"

"确实如此。如果一名顾客因为等待席位而在休息室里，并且叫了饮料在喝，没喝完的话他可以带到就餐席位去。但是我们严格禁止顾客带过多的饮料到就餐席位去。"

技巧 2　发现业务逻辑

分析员并不仅仅是被动地听对方解答问题。在这里，分析员从以前的谈话中注意到了某些共同点，并对重复出现的事物提出新的问题（有几次订饮料的机会）。

> 问题的答案之中就包含了业务逻辑，即在某一场合下，业务过程所要遵循的规则。在这个例子中，业务逻辑是禁止顾客从休息室携带过多的饮料到就餐席。

"完全应该设置这样的规定，再回到餐桌旁，看看顾客点饭菜的情况如何？"

"好。每天我们都有当日的特色菜点，这些特色菜点菜单上都没有，服务员在顾客点菜时会向顾客背诵出这些菜点。"

"我观察到一种常见的情况，顾客通常会让服务员给他们推荐一些菜点，并且服务员也很诚实——服务员通常会告诉顾客哪个好吃，哪个不太好吃等等。你们这家餐馆鼓励服务员这样做吗？"

"是的，当然。我们餐馆里的服务员也在这里吃过饭，他们对什么好吃什么不好吃也有自己的见解。如果他们确确实实发现某些饭菜很难吃，我们希望他们在告诉顾客之前首先要告诉厨师。如果服务员只是说哪些更好吃，那我们就不介意了。你当然不愿意听到你手下的服务员对顾客说你的餐馆中的菜做得很难吃。"

"完全能够理解。好，下面总结一下。某位顾客，更常见的是一组顾客，不是吗？一组顾客脱下外衣，进休息室候餐，入席就座，还可能订了饮料，吃面包，喝水，点菜。"

技巧 3　停下来做总结

在谈话的过程中不时地停下来，做些总结是个好的做法。可以帮助你理解问题，记住领域中的术语，还可以让对方获得轻松愉快的感觉，他会认为你集中注意力听他的讲话。

"现在服务员取回了顾客订的饮料并给顾客，顾客可以边喝边点菜。服务员暂时离开，给顾客 5 到 10 分钟的时间选择，然后再回来招待顾客。顾客选的越快，服务员回来的也应越快。"

"服务员如何能够知道何时应该尽快返回？"

"他们必须时刻注意所服务的顾客的举动。服务员一般都在各自的服务区内活动，除非是到厨房给厨师送菜单或者因为某种原因必须留在厨房与厨师谈话。"

"服务区？"

"是的。每个服务员都被指派一个服务区，里面有几张餐桌。有一个服务区是专门为吸烟者设置的，其余是非吸烟者就餐的服务区。"

"你如何确定某个区域的服务员是谁？"

"我们的服务员轮流负责各个服务区。"

"让我们重新回到餐桌。顾客点了菜，服务员记录下顾客所点的菜点，接着呢？"

"接着通知厨师。服务员将顾客的选择填在一张表格中并交给厨师。"

"表格中都要登记些什么内容？"

"桌号、顾客点的饭菜、酒水，还有（也是最重要的）菜单送到厨房的时间。"

"为什么时间如此重要？"

"因为通常厨房都是很繁忙的地方，厨师必须按照接到菜单的先后次序安排好自己的工作。"

"这会引起混乱吗？"

"有时候确实会引起一些混乱。"

"为什么这么说？"

"大部分顾客吃主菜前都要吃一些小菜，并且都希望主菜是刚出锅的热菜。因此厨师就得先做小菜（通常这些小菜都是事先已经做好了的，如一些沙拉、凉菜），服务员将小菜端给一组顾客。问题是一组顾客中有人吃得快有人吃得慢，但是主菜还得为多个人同时上，这样吃的慢的顾客在吃主菜时可能菜就有点凉了。因此为每个顾客做小菜的先后次序必须要很好地协调。"

"嗯，这看上去是另一个问题了。应该把这个问题拿出来单独讨论——从厨师的角度讨论。"

"不错，这听起来是个好主意。"

"我们的活动图已经到了厨师正在做主菜。你对我们绘制的活动图有什么看法？"（参见图 16.2）。

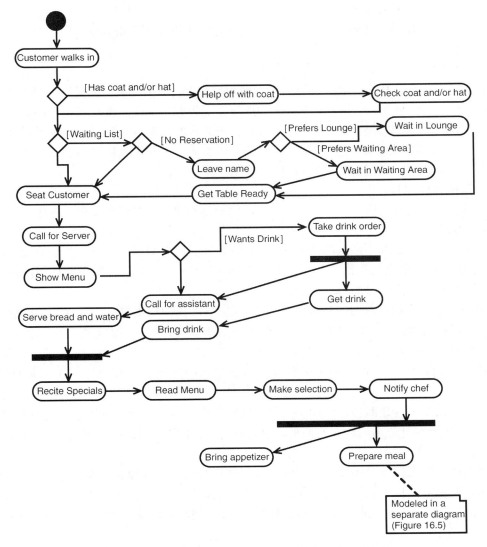

图 16.2　餐馆业务过程"招待一名顾客"的中间阶段的活动图

"我认为你们理解的已经比较充分了。不管怎样，厨师都要做主菜的，服务员要在所有人都吃完小菜后给一组顾客同时上主菜。顾客在就餐时，服务员在自己的服务区内巡回服务，至少要到每个有顾客正在就餐的餐桌去检查一次。"

技巧 4　把复杂的问题分开讨论

　　分析员在这里做出了一个重要的决定——将可能是另一个单独的过程推迟讨论。到底什么时候讨论要取决于分析员的经验。

　　一个好的指导原则是，如果谈话者使用了诸如"复杂"、"混乱"、或者在回答某件事情是否很"复杂"时回答了"是"，那么很可能就要把这个事物的过程分为几个步骤单独提取出来建立模型。在做出这样的决定之前，应该让会谈者多讲一些。

　　"如果顾客对某些食品不满意怎么办？"

　　"那我们就尽量做到让顾客满意，即使造成一定的经济损失也要如此。宁可少赚些钱也不能丢掉顾客。"

　　"不错的见解。"

　　"谢谢。当就餐完毕后，服务员会上前询问顾客是否再来些甜食。如果顾客要吃，服务员就会给顾客一份甜食菜单，并记录下顾客的选择。如果顾客不吃甜食，服务员还会询问顾客要不要喝咖啡，如果要，服务员则端来咖啡和杯子为顾客冲咖啡。如果顾客就餐后什么也不需要，服务员就拿来账单让顾客确认，过几分钟后服务员再回来收钱（现金或信用卡支付），找零钱，给顾客收据。顾客离开座位，取回衣帽，离开餐馆。"

　　"是这样的过程吗？"

　　"不完全是。顾客走后，服务员还要叫清洁师清理餐桌，并重新布置餐桌和座椅以备下一批顾客使用。"

　　"既然这些工作已经不涉及离开的顾客了，那么可以将它们作为另一个单独的过程拿出来讨论——现在只简单地提及就够了。我还有几个问题要请教。首先，服务员如何能及时地察觉到顾客已经就餐完毕，即将离开呢？"

　　"服务员一般都在各自的服务区内活动，扫视服务区内的每张餐桌。一般他们都很有经验，知道吃一顿饭大约要花多少时间。因此当服务员离就餐的人距离不太远时就可以预料到顾客是不是已经吃完或马上要离开。还有其他的问题吗？"

　　"还有，前面你曾谈到过服务员有可能出于某些原因到厨房和厨师交谈。都有哪些原因呢？"

　　"有的时候是顾客让服务员到厨房问问厨师饭菜何时做好。这时，顾客会主动召唤服务员，服务员就会到顾客身边询问顾客的要求，然后到厨房询问厨师饭菜何时做好，再回来将厨师的回答转达给顾客。"

　　"你知道，我现在绝对还没有把餐馆如何招待一名顾客的过程完全弄清楚。"

　　"你这样说太幽默了。你没问我如何招待顾客之前，我自己都还没把这个过程整理清楚。我认为你们已经正确地记录了刚才我所说的一切，现在绘制出的图对我自己整理思路也大有好处。"（参见图 16.3）。

　　第 11 章"活动图"中曾讲过，可以将活动图改绘为泳道图。当建立了一个业务过程模型后，很有必要做这件事情，因为泳道图可以反映出参与业务过程的各个角色。图 16.4 是业务过程"Serving a customer（招待一名顾客）"的泳道图。

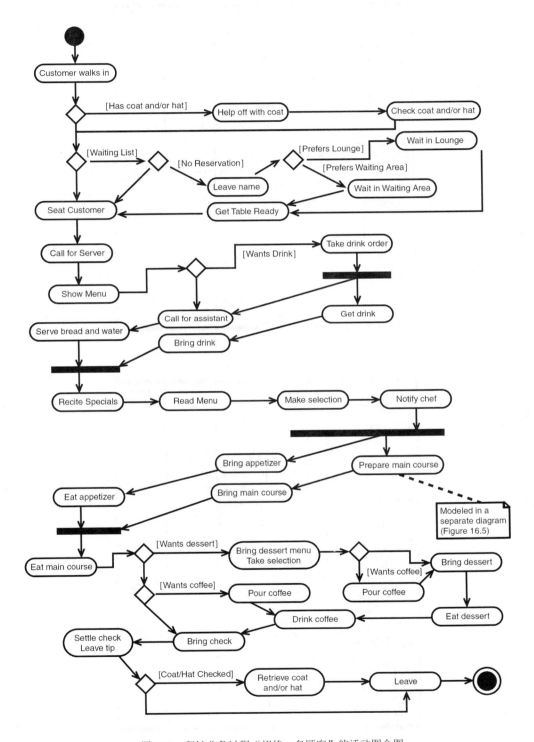

图 16.3　餐馆业务过程"招待一名顾客"的活动图全图

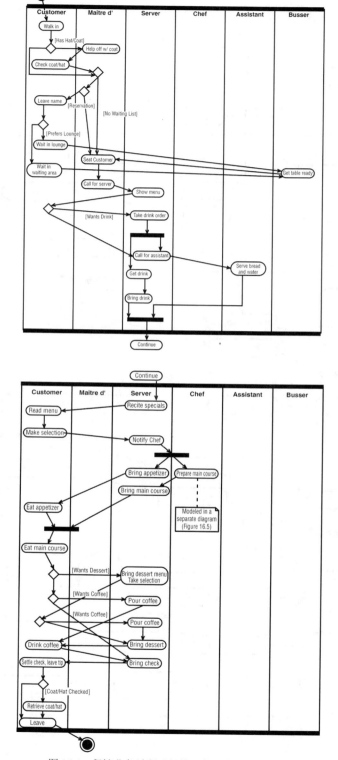

图 16.4　餐馆业务过程"招待一名顾客"的泳道图

16.3.2　准备饭菜

记住前面的会谈所得出的业务过程了吗？下面让我们再加入到分析员与餐馆工作人员的对话中，研究一下另一个业务过程"Preparing the meal（准备饭菜）。"

分析员说："在前面的谈话中，你曾提到，顾客在吃主菜前通常都要先吃点小菜，并且大部分顾客都想吃热的主菜。给一组顾客要同时上主菜，并且菜还得是热的。因此协调好上菜的时机是很重要的，能对此具体说明一下吗？"

"当然可以。一起就餐的一组顾客吃小菜或喝汤或吃沙拉凉菜的速度几乎没有相同的。我们必须协调好给他们上主菜的时机，这就需要服务员和厨师之间的协作。厨师收到服务员拿来的菜单后就开始做小菜，同时也要开始做主菜。当顾客吃完小菜后，服务员到厨房去端来主菜，送到顾客的餐桌上。"

"那服务员如何得知小菜已经被吃完了呢？"

"服务员要不时地去餐桌旁检查。这时就要服务员和厨师间的协作：厨师将做好的小菜交给服务员后，要等服务员回来通知他顾客马上就要吃完小菜时才做烹饪主菜的最后手续。服务员呆在各自的服务区内，不停地监视顾客的餐桌，在合适的时候，服务员会到厨房通知厨师，顾客即将吃完小菜，就要上主菜。厨师得知这一消息后，完成主菜烹饪的最后工序。厨师的技术都很熟练，并有一些助手在旁协助，能够同时协调好多组顾客的上菜要求。目标是尽量让想吃主菜的顾客尽快吃上主菜。"

"主菜上得总是很及时吗？"

"并不总是这样。但是根据经验和常识，一般主菜上得都很及时。最常见的情况是一组顾客中有一个人吃得很慢，主菜上来时他还在吃小菜，但这无妨大局。"

"明白了。你对这个业务过程的模型图有什么意见？"（参见图 16.5）。

同前一个业务过程一样，这个业务过程模型也应绘制成泳道图，如图 16.6 所示。

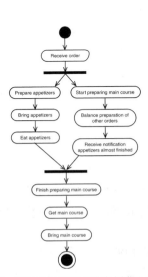

图 16.5　餐馆业务过程"准备饭菜"的活动图

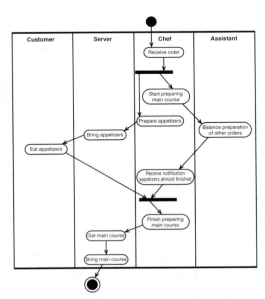

图 16.6　餐馆业务过程"准备饭菜"的泳道图

16.3.3　清理餐桌

"让我们再回到前面提到过的另一个过程——"Clean the table（清理餐桌），"分析员说。

"这个过程也需要协作。首先服务员要确认顾客已经离开，然后叫来清洁师料理一下餐桌。如果餐馆业务繁忙的话，这个过程必须快速完成。我们没有像服务员一样多的清洁师，有时这个过程显得有些杂乱无章。清洁师不一定总在附近，服务员可能需要去寻找他们。"

"我想我能明白你说的'料理一下餐桌'的大概意思，能不能再具体一点？"

"当然，在我们这家餐馆里，我们为每一组顾客准备一块干净桌布。因此，清洁师必须取下旧桌布，换上干净桌布。并把取下的旧桌布叠好放在厨房后面的仓库里。第二天我们会将旧桌布打包并派人把桌布送到洗衣店去清洗。"

图 16.7 是这个业务过程的活动图。

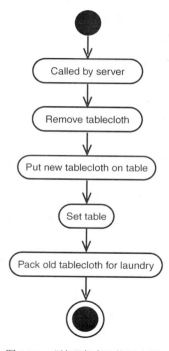

图 16.7　"清理餐桌"的活动图

16.4　吸取的经验教训

如果你是一名渴望获得知识的分析员，应该记住下面这些从"会谈"中得出的经验教训。

- 在谈话过程中应该不时地停下来做总结，测试一下你对问题的理解，熟悉和使用领域术语，并尽量使谈话气氛保持轻松愉快。
- 对你所不熟悉的领域术语，务必让对方解释清楚。不必担心对方觉得你无知。你和他谈话的目的正是要获得业务知识、学习领域术语。毕竟，在后面要进行的领域分析中，你就要使用这些术语。

- 要经常从前面的回答中辨别出新问题，对方对每个问题的解答都要集中注意力听。业务逻辑通常就包含在对方对问题的解答中。
- 当遇到业务逻辑时要做记录，还要整理和维护好这些记录。以后随时可能要用到这些记录（开始时你可能不知道什么时候会用到它们——但说不定哪天你可能会有建立业务规则支持工具这样的想法）。
- 如果你觉得业务过程的某些部分过于复杂，就应当暂时将这些复杂的部分搁置，把它们作为单独的过程日后讨论。每个业务过程复杂度不宜过高，以容易被绘制成模型图为宜。绘制出的模型图的清晰性要比模型的复杂性更重要。
- 征求对方对业务过程模型的反馈意见，根据对方的建议修改模型图。

本章介绍的内容很多，并讨论了几个有价值的技术。随着经验的积累，你将能总结出自己的一套实用技术。

在下一章，我们将学习领域分析技术。

16.5　小　　结

这一章介绍了将 UML 运用到具体的开发过程中的一个学习案例中的场景。在学习案例的场景中，虚构的 3 个人物 LaHudra、Nar 和 Goniff 决定在未来的餐饮业中使用计算机技术。你作为一个分析员，要做的工作是理解业务过程和业务领域，收集需求——这些是 GRAPPLE 开发过程第一段中的动作。

新成立的 LNG 餐馆为你的工作提供了领域专家，你需要同领域专家会谈来理解业务过程。

本章的大部分内容都是分析员同领域专家之间的对话，以及对话的过程。对话中穿插的注解说明了如何与领域专家会谈。本章的目标是说明如何根据会谈记录，绘制出反映业务过程的 UML 模型图。

下一章将学习领域分析技术。

16.6　常见问题解答

问：在开发过程中一个段内的动作顺序总是按照本书中所列举的顺序吗？

答：不。有时候按照其他的顺序执行段内的动作也是合理的。例如，可能在识别出协作系统之前就要发现系统需求。此外，不要忘记，对一些项目来说，某些动作不是必需的，或者一个段中的动作有时可以并行执行。GRAPPLE 开发过程的首字母"G"是"Guidelines（指导原则）"的缩写，而不是"Gee（规定）"。不要忘记这一点。

问：和一个专家或客户就业务过程进行会谈时，必须只能一个人和他们谈吗？两个或者更多人同时与专家或客户会谈的效果是不是会更好？

答：通常最好还是一个人同专家或客户会谈，这样可以使会谈气氛更好些。也可以考虑在会谈时半路换人。第 2 名与专家或客户会谈的人可以是在前面会谈时做记录的记录员或者干脆把谈话人和记录员换个角色轮流进行。

问：做会谈记录时，有哪些要特殊注意的地方？

答：必须详细记录会谈的日期、时间、地点和参加者。说不定什么时候就要用到这些信息，到时候再靠大脑来回忆可不大行得通。另外，能记多少就尽量记多少，要像法庭上的记录员记录案件审理过程一样。如果只试图列出谈话的提纲，那么就一定会遗漏掉某些信息。

问：试图记录下一切，是不是反而会遗漏掉许多信息？

答：绝对正确——这就是为什么要提倡多个记录员的原因。还要有其他记录员来记录记录员遗漏掉的东西。记住，会谈记录将是日后提交给客户的文档的一部分。记录越完整，就越容易理清思路，越容易跟踪思路的发展过程。

16.7　小测验和习题

为了真正掌握这一章所学的知识，下面我们做一些小测验与习题，小测验的答案列在附录 A "小测验答案"中。

16.7.1　小测验

1．哪种 UML 图适合对业务过程建模？
2．如何修改这种图来显示出不同的角色所做的事？
3．什么叫"业务逻辑"？

16.7.2　习题

1．试着将本书中介绍的一些基本原则应用到另一个系统中。假设 LaHudra、Nar 和 Goniff 雇佣了你来领导一个开发组，开发他们公司的图书管理信息系统。现在正处于需求收集段的初期，主要工作是理解业务过程并建立业务过程模型。注意做好你的业务过程会谈记录，因为后面的几章的习题还要用到这个例子。
2．回顾本章的有关业务过程的会谈过程，可以得出哪些业务逻辑？
3．尽管本章中使用活动图就足以描述业务过程了，你可能希望能够应用 UML 2.0 中的技术来练练手。看一看图 16.5，其中应该包含哪些对象节点？

第 17 章　领 域 分 析

在本章中，你将学习如下内容：
- 分析会谈；
- 开发初步类图；
- 建立和标记类之间的关联；
- 找出关联的多重性；
- 得到组成；
- 填充类的信息。

本章将继续 GRAPPLE 开发过程中需求收集段的概念性分析。

在 GRAPPLE 中前一章的两个动作只与概念领域有关而与系统无关。而且前一章也从来未提到过要开发的系统是什么样子，这一章也将如此。到目前为止，并没有讨论一个具体的系统。开发小组只是接受了 LaHudra、Nar 和 Goniff 分派给我们的一个概念性任务：运用技术来使外出就餐的人们感到更加满意。

本章和上一章的共同目标是达到对领域的理解。这意味着我们必须了解我们要改进的业务过程和这个过程中所要解决的实际问题的性质。对于我们要开发的系统来说，它的业务过程已经大大超过了开发组成员的知识范围。因此必须具备一个领域词典，用来进一步与 LGN 的餐馆工作人员沟通信息。建立领域词典是极其重要的，因为它是开发组在项目进展过程中拓宽知识范围的基础。

17.1　分析业务过程会谈

开发组要同餐馆的领域专家进行多次会谈，但是最初的交谈是面向业务领域的，目标是建立系统的初步类图。这个工作是由一名对象建模设计师负责。他或者同分析员一同参加会谈或者只分析会谈记录。在这个阶段，对象建模设计师在谈话记录中查找名词、动词以及动词短语。其中的一些名词将可能成为模型中的类，另一些名词成为类的属性。动词或者动词短语可能成为类的操作或类之间的关联标记。

下面就让我们来检查一下上一章中的谈话记录。餐馆工作人员使用了哪些名词和动词呢？

有下列一些名词：

customer, coat, cloakroom, coat-check ticket, hat, line, waiting list, reservation, name, cocktail lounge, drink, dinner, waiting area, table, busser, tablecloth, maitre d', waiter, serving area, diner, menu, assistant, tray, bread, butter, glass, water, person, party, server, menu choice, selection, daily special, restaurant, chef, dish, kitchen, order, smoking area, form, time, appetizer, main course, dessert, dessert menu, coffee, cup, check, cash, credit cards, change, credit card receipt, tip, silverware, napkin, room, laundry.

注意，这里的名词表示的是概念，因此都用单数。

动词和动词短语有：

has, help, store, give, get in line, honor, seat, leave, sit, wait, come up, get rid of, set, walk, call for, hover, see, gesture, show, ask, order, decide, call over, bring, pour, order, go, get, wait, bring, finish, reserve, refuse, recite, recommend, encourage, like, tell, express, look, come back, drink, read, allow, make a selection, get attention, get an order, talk, assign, designate, determine, notify, write, prioritize, consist of, prepare, bring, finish, coordinate, cook, pick up, eat, come over, check on, cost, lose money, lose a customer, come by, want, take an order, pour, collect, leave, call, get ready, glance, anticipate, talk, come out, summon, go back, find out, tell, prefer, finish, coordinate, receive, check, rely, stay, keep an eye on, take care of, hunt for, remove, bundle up, fold, arrange, pack up, send。

当我们第一次记录下这些名词和动词时，应该尽量包括所有在谈话中出现过的名词和动词。对象建模设计师在后来建立的模型中要用到所有这些名词和动词吗？不，通过常识知识就可以排除掉一些词汇，筛选出哪些是需要的，哪些是不需要的。进一步与餐馆工作人员交流可以帮助建模设计师做出选择。

17.2　开发初步类图

让我们进入对象建模设计师的角色，开始开发系统的初步类图。下面是一些在前文曾提及的常识知识。先从筛选名词开始。

回忆上一章中的谈话内容可知，"侍者（waiter）"和"服务员（server）"是同义词。因此这两个名词应该只保留一个，保留"服务员（server）"。"顾客（customer）"和"就餐者（diner）"也是同义词，两者之中可以去掉一个。我们选择保留"顾客"。"人（person）"这个词太笼统，也可以去掉。"菜单选择（menu choice）"和"选择（selection）大致是同一个意思，可以去掉其中的一个。"选择"这个词更具描述性，因此保留它而去掉另一个（纯属个人观点）。

还可以再筛选掉一些词吗？一些名词更适合作为类的属性而不是类。在我们的领域词汇表中，"名字（name）""时间（time）"以及"预订（reservation）"属于这类名词。另一个名词"洗衣店（laundry）"物理上不是餐馆的一部分，因此可以排除掉它。

现在还得考虑问题的另一方面：还可能在词汇表中增加一些类。如果我们仔细检查谈话记录，将会发现餐馆工作人员曾提到过"指定的区域（designated areas）"和"轮换服务员的服务区（rotate the servers）"。那么谁指定和轮换服务员的服务区呢？显然还需要另一个类"经理（manager）"。这个名词在谈话中未曾提到，可能只是因为分析员的注意力都集中到顾客、服务员、厨师和清洁师身上去了。

增加类（以后还将看到增加抽象类）反映出项目进展过程中对问题理解的深入。

在筛选掉一些与其他名词意义重复或者应该作为属性的名词，并增加了代表新类的名词后，得到了如下的可能成为系统中的类的名词列表：

顾客（customer）、外套（coat）、储衣室（cloakroom）、取衣票（coat-check ticket）、帽子（hat）、队（line）、等候队列（waiting list）、休息室（cocktail lounge）、饮料（drink）、正餐（dinner）、候餐区（waiting area）、餐桌（table）、清洁师（busser）、桌布（tablecloth）、领餐员（maitre d'）、服务区（serving area）、菜单（menu）、助手（assistant）、碟（tray）、面包（bread）、黄油（butter）、玻璃杯（glass）、水（water）、一组顾客（party）、服务员（server）、选择（selection）、每日特色菜点（daily special）、餐馆（restaurant）、厨师（chef）、盘装菜（dish）、厨房（kitchen）、定单（order）、吸烟区（smoking area）、表单（form）、小菜（appetizer）、主菜（main course）、甜

食（dessert）、甜食菜单（dessert menu）、咖啡（coffee）、杯子（cup）、账单（check）、现金（cash）、信用卡（credit card）、找回的钱（change）、信用卡收据（credit card receipt）、小费（tip）、餐具（silverware）、餐巾纸（napkin）、房间（room）、经理（manager）、预订的事物（reservation）。

图 17.1 是用这些名词绘制的初步的类图。类名首字母大写，如果类名是由多个词组成，那么每个词首字母都要大写。

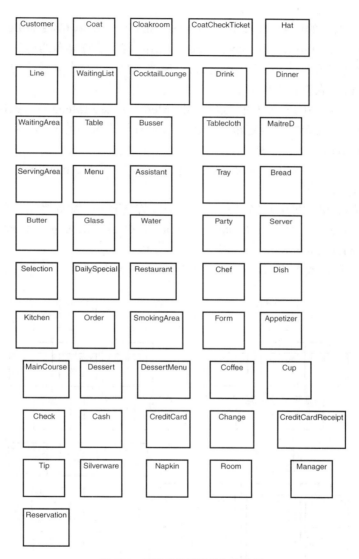

图 17.1　餐馆业务领域的初步类图

17.3　对 类 分 组

现在我们将设法形成一些有意义的组。人组成的一组：Customer、Busser、Maitre d'、assistant、Chef、Party、Server 和 Manager。除了 Customer 和 Party 以外，其余的类代表的人都是餐馆中

的雇员（employee），因此可进一步将这些类分为 3 组：Customer、Party 和 Employee 组。

第二组由餐馆中的食物组成：Drink、Diner、Bread、Butter、Water、Daily Special、Dish、Appetizer、Main Course、Dessert 和 Coffee。

第三组由餐馆中的用具组成：Glass、Silverware、Tray、Cup、Napkin 和 Tablecloth。

第四组包含与支付有关的项目：CoatCheckTicket、Check、Cash、Change、CreditCard、CreditCardReceipt 和 Tip。

还有一组由餐馆中的区域组成：WaitingArea、SmokingArea、CocktailLounge、Cloakroom、Kitchen、ServingArea、Table 和 Room。"Room" 指的是存放脏桌布的房间（当然也可以存放其他东西），这些桌布第二天要被送到洗衣店中清洗。为了使这个词意义更明确，不妨称其为"LaundryRoom（待洗衣物存放间）"。

最后，将餐馆中用到的各种表单划为一组：Menu、DessertMenu、CoatcheckTicket、Check 和 Form。最后一个词代表的是当定单送到厨房后服务员给厨师的表单。为了更明确起见，这里将它称为"OrderForm（定单表）"。

注意，最后一组还可以再细分为两组：Form（表单）和 PaymentItem（支付项）。这样分组也是可以接受的。

怎样处理这些组呢？每个组名可以成为一个抽象类名——抽象类用作其他的类的超类，自己并不产生实例的类。抽象类 RestaurantArea 有 CocktailLounge、ServingArea、Table、WaitingArea、Cloakroom 和 Kitchen 子类。

根据上面的讨论修改图 17.1，得到图 17.2 所示的类图。

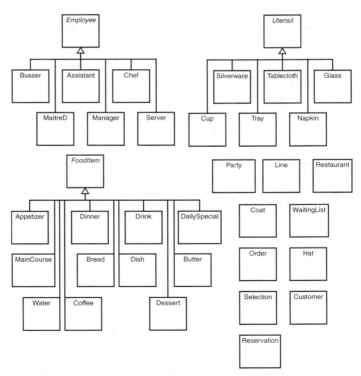

图 17.2　用抽象类将类图划分为有意义的组

17.4 形 成 关 联

下一步，要建立和标记出类之间的关联。动词和动词短语可以帮助我们标记关联。但是我们将不局限于只使用前面的谈话中提到的动词。可以使用含义更准确的动词来标记关联。

一种策略是先从几个类开始，找出与这几个类存在关联的其他类，然后再寻找另外一组类与其他类的关联，直到穷尽了所有的类为止。在标记出类之间的关联后，进一步找出类之间的聚集和组成关系。最后使用一些动词或动词短语来表示类的操作。

17.4.1 Customer 参与的关联

先从 Customer 类开始寻找关联。哪些类与 Customer 类有关联呢？Reservation 是明显的一个。另一个是 Server。另几个是 Menu、Meal、DessertMenu、Dessert、Order、Check、Tip、Coat 和 Hat。图 17.3 说明了这些关联。

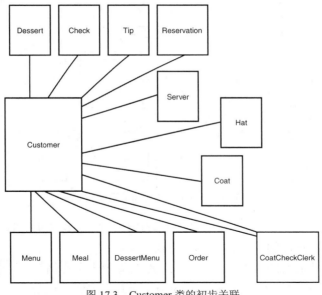

图 17.3 Customer 类的初步关联

在这时要做出一些果断的决定。Customer 与 Coat 和 Hat 的关联是必需的吗？毕竟，我们现在关注的是顾客就餐，经过讨论之后，开发小组很可能会确定这些类应当保留在模型中，因为我们现在感兴趣的是与顾客就餐有关的全部事物。出于这样的考虑，在模型中应当加入另一个类 CoatCheckClerk，因为必须有人负责保管顾客的外套和帽子。

下面用一些表示关联的动词短语来标记上面产生的关联。下面是一些我们立刻就能想到的动词短语：

- The Customer makes a Reservation
- The Customer is served by a Server
- The Customer eats a Meal
- The Customer eats a Dessert

- The Customer places an Order
- The Customer selects from a Menu
- The Customer selects from a DessertMenu
- The Customer pays a Check
- The Customer leaves a Tip
- The Customer checks a Coat with a CoatCheckClerk
- The Customer checks a Hat with a CoatCheckClerk

图 17.4 示意了上述加了标记的关联。

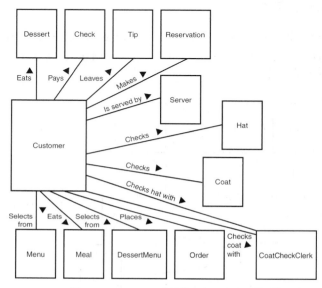

图 17.4　Customer 类的加了标记的关联

接着我们的注意力将转移到关联的多重性。还记得吗？多重性是关联的一部分：它指明类 B 的多少个实例与类 A 的一个实例发生关联。

在 Customer 与其他类的大部分关联中，只涉及类的一个实例。第二个关联的动词短语与其他关联不同，它是被动语态（"is served by"），而其他关联短语是主动语态（例如"pays"和"leaves"）。这说明第二个关联与其他关联有某种不同之处。如果换成主动语态，从服务员的观点来看（"The Server serves a Customer"），显然一个 Server 可以为多名 Customer 服务。

最后两个关联短语代表的是我们以前未遇到过的一种关联：

- The Customer checks a Coat with a CoatCheckClerk
- The Customer checks a Hat with a CoatCheckClerk

怎样对这样的关联建模呢？

这种关联被称为**三元关联**（ternary association）。"三元"意味着 3 个类同时参与一个关联。在模型中，三元关联用一个菱形框表示，在菱形框附近写上关联的名字，如图 17.5 所示。三元关联的多重性含义为当一个类的实例数量固定时，另外两个类的多少个实例参与这个三元关联。在本例中，一个 Customer 可以从一个 CoatCheckClerk 那里取回多于一件的 Coat。

参与一个关联的类也可能超过 3 个。由于通用性的缘故，在 UML 中这种关联被称为 **n 元关联**（n-ary association）。

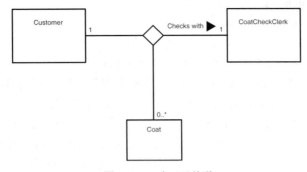

图 17.5 一个三元关联

下一小节将介绍三元关联的另一种建模方法。

图 17.6 展示了添加了多重性后 Customer 参与的关联。

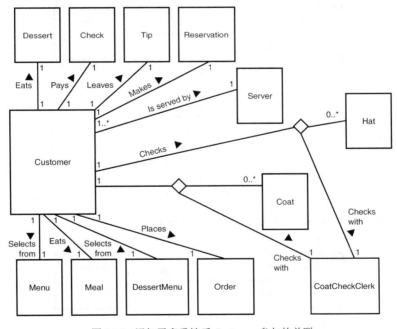

图 17.6 添加了多重性后 Customer 参与的关联

17.4.2 Server 参与的关联

让我们用 Customer-Server 之间的关联作为出发点，继续寻找 Server 类参与的关联。对 Server 参与的关联的一种建模方式是将这些关联作为三元关联：

- The Server takes an Order from a Customer
- The Server takes an Order to a Chef
- The Server serves a Customer a Meal

- The Server serves a Customer a Dessert
- The Server brings a Customer a Menu
- The Server brings a Customer a DessertMenu
- The Server brings a Customer a Check
- The Server collects Cash from a Customer
- The Server collects a CreditCard from a Customer

　　但是这样表示的关联无疑会使模型图很复杂，不容易理解。更有效的方法是检查这些关联，使用最少数量的关联标记，并将一些关联表示为恰当的关联类。

　　Server 的工作显然可概括成"take"和"bring"。"collect"是一种"take"，"serve"是一种"bring"。我们可以将 Server 参与的关联标记为"take"或"bring"。再在这些关联上附加一个关联类，在这个类中可以指明"take"或"bring"的是什么。为了达到这样的目的，我们给关联类中设置一个枚举类型的属性 itemType。这个属性可以取的值是 Server 可能"bring"或"take"的东西。

　　图 17.7 显示了活动中的关联。

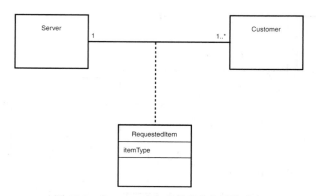

图 17.7　在 Server 参与的关联中使用关联类

Server 还同时与 Assistant 和 Busser 关联，如图 17.8 所示。

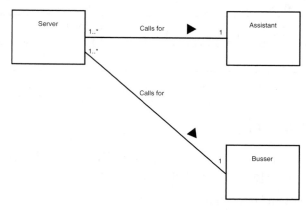

图 17.8　Server 参与的其他关联

17.4.3 Chef 参与的关联

Chef 与 Server、Assistant 以及 Meal 关联，如图 17.9 所示。关联类 Order 对 Server 带给 Chef 的点菜单建模，这个类的属性（可以是一个枚举类型）显示了点菜单的状态。

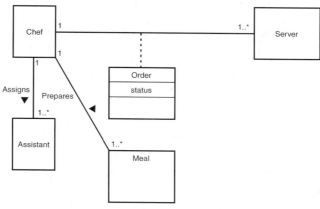

图 17.9 Chef 参与的关联

17.4.4 Busser 参与的关联

Busser 有两个关联，如图 17.10 所示。其中一个关联表示 Server 招呼 Busser，并且通过多重关系表示有多个 Server 在招呼同一个 Busser。另一个关联表示一个 Busser 摆好了多张桌子。

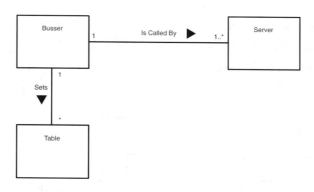

图 17.10 Busser 参与的关联

17.4.5 Manager 参与的关联

Manager 是我们在领域分析中引进的新类。这个类与许多其他类都有关联，这些关联短语可表示如下：

- The Manager operates the Restaurant
- The Manager monitors the Employees
- The Manager monitors the Kitchen
- The Manager interacts with the Customer

图 17.11 表示出了这些关联。

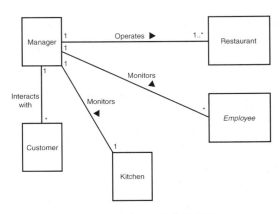

图 17.11   Manager 参与的关联

17.4.6   其他问题

一种思想流派认为应当消除名词在关联中的角色，只使用一个通用的类，例如 Employee。在关联中，应当将角色名写在关联端处。

在有些情况下（例如一个工资发放系统），这样的模型很有效。但是在我们现在这个例子中，就不一样了。考虑如下的关联陈述：

● The Server brings to the Customer
● The Server takes from the Customer
● The Server brings to the Chef
● The Server takes from the Chef
● The Server summons the Busser

图 17.12 是采用上述思路建立的类模型。

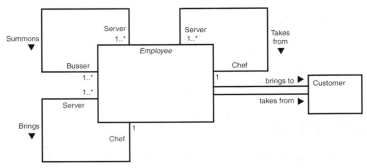

图 17.12   使用 Employee 类对关联建模

可以看到，图中的类图标很密集，关联的表示很不清晰，并且关联类还没包括进去，加入关联类后图将变得更复杂。

在所有和建模相关的活动中，易于理解应该是我们的指导思想。

17.5 形成聚集和组成

我们已经用抽象类对类进行了分组，还找出了类之间的主要关联关系。下一步是要找出类之间的包含关系，即聚集关系。在餐馆这个领域中，此项工作不是很难。例如，一个 Meal 对象是由一个 Appetizer、一个 MainCourse、一个 Drink、一个 Dessert 组成的。Appetizer 和 Dessert 是可选的。并且这些成员对象代表的事物在 Meal 中是按照一定时间顺序出现的，应当在模型中反映出这种时间顺序。

如下是其他一些组成关系：

- 一个 Order 由一个到多个 MenuSelection 组成；
- 一个 Restaurant 由一个 Kitchen、一个到多个 ServingArea、一个 WaitingArea、一个 CocktailLounge 和一个 LaundryRoom 组成；
- 一个 ServingArea 由一个到多个 Table 组成；
- 一个 Party 由一名到多名 Customer 组成。

在每一种情况中，一个组成体只属于一个聚集体，因此图 17.13 是这些组成关系的模型。

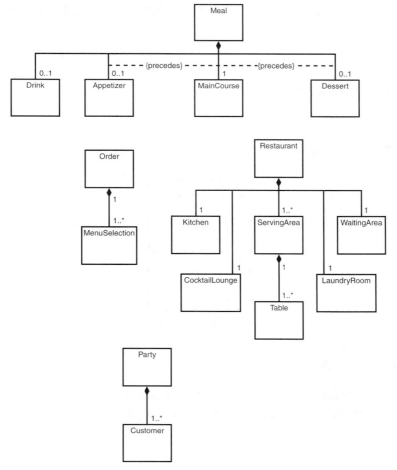

图 17.13 餐馆业务领域中的组成关系

17.6　填充类的信息

　　进一步的会谈和交流对补充类的信息来说很有必要。需要提醒的是，在每次会谈和交流的时候，对象建模设计师都要在场，使用计算机辅助的建模工具，不断细化和补充模型。我们现在只是通过为模型中的类添加一些属性和操作来说明这个过程。

　　领域模型中最重要的类当数 Customer、Server、Chef、Manager 和 Assistant。另一个重要的类是 Check。

17.6.1　Customer 类

Customer 类有哪些明显的属性呢？下面列出了一些：

- name
- arrivalTime
- order
- serveTime

又有哪些操作呢？前面的动词列表可以提示出类的操作（但也不是只限制于此）。其中的一些操作有：

- eat（）
- drink（）
- beMerry　（just kidding!）
- order（）
- pay（）

图 17.14 说明了 Customer 类。

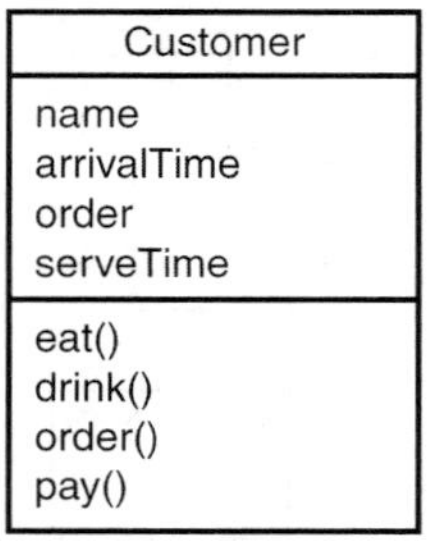

Customer
name arrivalTime order serveTime
eat() drink() order() pay()

图 17.14　Customer 类

17.6.2　Employee 类

Server、Chef、Manager 和 Assistant 都是抽象类 Employee 的子类。因此，Employee 类的属性，它的这些子类也都具有。Employee 类的一些属性有：

- name
- address
- socialSecurityNumber

- yearsExperience
- hireDate
- salary

Assistant 类有些特殊。首先，需要一个叫做 worksWith 的单独属性来指明 Assistant 协助的对象。因为一个 Assistant 既可以协助 Server 也可以协助 Chef。这个属性应该是枚举类型。

每个子类都有自己特定的操作。对 Server 来说，有下列这些明显的操作，参见图 17.15。

- carry（）
- pour（）
- collect（）
- call（）
- checkOrderStatus（）

Chef 的操作包括：

- prepare（）
- cook（）
- prioritize（）
- createRecipe（）

Assistant 的操作包括：

- prepare（）
- cook（）
- serveBread（）
- serveWater（）

Manager 的操作包括：

- monitor（）
- operateRestaurant（）
- assign（）
- rotate（）

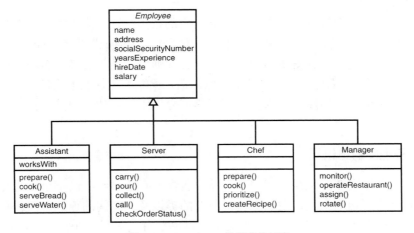

图 17.15　Employee 类和它的子类

17.6.3　Check 类

Check 显然是一个重要的类，因为它包含了支付信息。它的属性有：

- mealTotal
- tax
- total

因为 total 是 mealTotal 和 tax 的和，它是一个导出的变量（derived variable）。为了在模型中反映出这一点，我们在 total 前面使用了一个反斜杠（见图 17.16）。Check 具有的操作是 computeTotal（mealTotal，tax）和 displayTotal()。

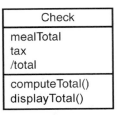

图 17.16　Check 类

17.7　有关模型的一些问题

到目前为止，我们所建立的模型中已经包含了很丰富的信息，下面是一些帮助你组织这些信息的技巧。

17.7.1　模型词典

在将会谈结果、业务过程和领域分析中得到的信息综合起来的时候，要维护一个模型词典（model dictionary）。它是一个模型中出现的词汇的术语表。它将帮助你维护模型的一致性，避免二义性。

例如，在我们的餐馆领域中，术语 "menu" 用的很多，这个术语对餐馆工作人员来说具有一种解释，对 GUI 开发人员来说可能是另一种解释。"Server" 是另一个有潜在危险的词：餐馆工作人员可能认为 Server 是服务员，而系统工程师可能认为它是完全不同的另一个事物（例如服务器）。如果在模型词典中定义了这些术语，就能避免这些潜在的危险，省去很多在以后可能遇到的不必要的问题。大部分建模工具都允许用户在建立模型时同时建立和维护模型词典。

17.7.2　模型图的组织

另一个技巧是模型图的组织。在一个大图中包含所有的类和类的细节信息是一个不好的做法。首先应该绘制一幅主图，主图中包括所有的类以及类之间的连接、关联和泛化关系，但省略了类的属性和操作细节信息。每个类又可以单独有一幅图，图中详细显示出类的定义。建模工具通常能够让用户采用某种方式组织好模型图。

17.8 吸取的经验教训

从本章介绍的领域分析中能获得哪些经验教训呢？
- 业务过程会谈是进行领域分析的基础。
- 业务过程会谈中出现的名词可能成为模型中的类。
- 在获得的名词列表中去掉应该作为属性的名词、与其他词意义重复的名词以及不属于本领域的名词。
- 注意不要忘记有些重要的类没有在领域会谈中出现，这样的类也应该加入模型中。
- 使用业务过程会谈中出现的动词或动词短语来标记类之间的关联。
- 使用抽象类对类分组。
- 按照聚集或 / 和组成关系对类分组。
- 重新调整类的名称，使类的意义更清晰。
- 某些关联可能是三元的（也就是 3 个类同时参与一个关联）。
- 使用常识知识对关联命名，确定关联的多重性。

下一章将停止概念领域的建模，而讨论与物理系统相关的问题。

17.9 小   结

本章继续前一章在概念领域对系统进行分析。业务过程会谈是进行领域分析的基础。会谈中出现的名词、动词和动词短语是餐馆领域的初步类图中可能出现的词汇。常识知识可以告诉我们哪个词汇应当保留而哪个词汇可以去掉。在进行领域分析时还可以增加在业务过程会谈中不曾提到的新类。

对象建模设计师要在类图中增加许多信息，这些信息包括抽象类、关联和关联的多重性。找出类之间的聚集和/或组成关系有助于模型图的组织。要补充模型中的细节信息，还要进行多次必要的会谈，这个过程可以从添加类的属性和操作开始。

17.10 常见问题解答

问：如何得知候选类列表中的哪些类可以被去掉？

答：通过运用常识知识，消除掉意义重复的类和应该作为属性出现而不是作为类出现的名词。还要去掉不在所分析的领域之内的名词。别忘了除了要去掉一些类之外，还可能要添加必要的新类。

17.11 小测验和习题

这部分用来测试你所学到的重要的领域分析技术——主要体现在如何建立和开发系统的类图上。附录 A "小测验答案" 列出了小测验的答案。

17.11.1　小测验

1．如何利用与专家会谈时得到的名词词汇？
2．如何利用动词和动词短语？
3．什么是"三元"关联？
4．如何对三元关联建模？

17.11.2　习题

1．重新考虑 Customer 类与 CoatCheckClerk 的三元关联，使用关联类对这个三元关联建立更高效的模型。

2．如果你仔细回顾业务过程会谈和领域分析过程，你将会发现有些类在两部分中都未出现，Cashier（出纳员）就是这样的类中的一个，它与 Server 类之间有关联。用模型表示出这两个类之间的关联，必要的时候可使用关联类。还可以考虑一些其他本章及前一章中未曾考虑到的类，在领域分析中加入这些类，重新建立有关模型。

3．本章中的餐馆（见图 17.13）只包括了"物理"类——一些物理区域，例如 Kitchen 和 CocktailLounge。你可能认为餐馆中除了物理区域以外还应该包括人。重新考虑餐馆的组成，并在餐馆类中加入 Employee 类，这样得到的餐馆类与构成餐馆的类之间的关系是否由组成关系变为了聚集关系？

4．除了属性和操作，在第 3 章中还提到，可以在类的图标中写上类的职责。在 Server 类中增加它的职责部分。

5．把注意力放到图 17.7 和图 17.9 所示的关联类中。对于每个关联类，我都说过其属性可以是一个枚举类型。请对这些枚举类型建模。

6．继续研究第 16 章中的习题所述的图书馆领域，为这个领域开发一个类图。

第18章 收集系统需求

在本章中，你将学习如下内容：

- 系统展望；
- 联合应用开发会议（JAD session）；
- 组织系统的需求；
- 使用用例。

LaHudra、Nar 和 Goniff 对开发组前面的工作印象深刻。他们已经看到了开发组的工作成果，并且意识到开发组的工作正在沿着正确的方向前进。每个人似乎都已经对餐馆这个领域有了充分的了解——了解得如此充分，以至于连餐馆的工作人员都对自己的工作有了进一步的理解。

现在到了开发组开发未来餐馆的技术框架的时候了。开发组现在已经得到了业务过程模型和系统的类图。下面就可以开始编码了吗？这种想法是错误的，他们甚至离编写一小段程序还有一定的距离。首先，他们必须要开发出一个系统的视图。

大部分项目都以"构造一个顾客信息数据库系统并使它具有对用户友好的界面，以便可以花费最短的时间对用户培训"或者"构造一个尽量在最短时间内解决问题的基于计算机的辅助桌面软件"进行陈述。而现在，开发组只能从一个不太明确的任务"使用技术建立未来的餐馆"开始。开发组必须事先设想出这个餐馆是什么样子，这样才能估计出餐馆中的各类人员怎样在其中工作。他们现在处在一般的开发组所没遇到过的情况，但是 LaHudra、Nar 和 Goniff 信任他们。

开发组将使用他们所了解到的业务过程知识和新获取的领域知识，为的是看看外出就餐的哪些地方可以使用技术来改善。让我们来旁听一个开发组的会议。会议的成员有一名系统分析员、一名建模设计师、一名餐馆老板、一名服务员和一名系统工程师。另有一名主持会议的协调员。

协调员先向大家分发了图 18.1（"Serving a customer"的业务过程图）和图 18.2（"Preparing a meal"的业务过程图）各一份。

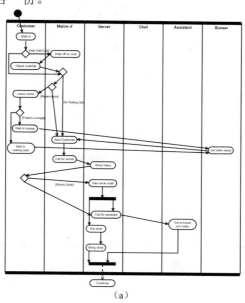

（a）

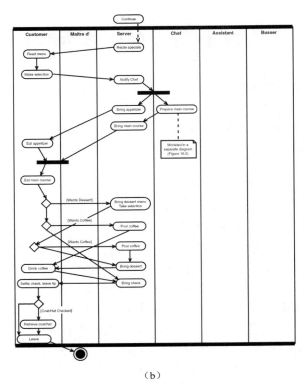

（b）

图 18.1　"Serving a customer"的业务过程模型图

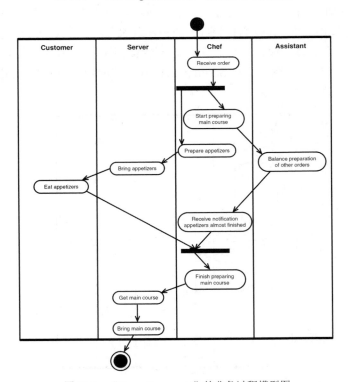

图 18.2　"Preparing a meal"的业务过程模型图

18.1 开发系统的映像

协调员:"请看我们的业务过程模型图,我认为大家都看得出有好几处可以引进计算机技术加以改进。我在一块白板上做记录,哪位先发言?"

分析员:"很明显,与大部分其他企业一样,餐馆的业务运作也要依赖信息的流动。如果我们能够加速信息的流动(这也是技术所擅长的),就能够达到我们的目的。"

餐馆老板:"我还不敢肯定已经理解了你的意思。你所说的"信息流动"指的是什么?我认为我的餐馆里一直在流动的是食物。"

系统工程师:"我可以帮你说明什么是信息流动。当顾客下一份定单后,他就在给服务员传递信息⋯⋯顺便提一下,Server(服务员)这个词不是指客户/服务器系统中的一块硬件(服务器)而是餐桌旁的服务员⋯⋯并且,当服务员将这个定单转交给厨师时,他就在使信息继续流动。"

协调员:"还有什么地方有信息流动?"

服务员:"我想我已经有些明白了,当一名顾客叫我去问厨师定单完成情况时,也有信息流动,对不对?"

分析员:"完全正确。"

厨师:"但是服务员来问我饭菜做的如何时,我并不能真正做什么,一切还得照旧进行,在烹饪时我不希望被打扰。"

协调员(协调员要缓和厨师的情绪,以使他集中注意力开会):"或许我们就能找出一种使这种打扰降至最低程度的方法。对信息流动诸位还有什么看法?"

餐馆老板:"当服务员为顾客背诵每日特色菜点,或者回答顾客就菜单提出的问题时,这是不是信息流动?"

协调员:"肯定也是。"

厨师:"有时我也回答顾客提出的问题。顾客让服务员到厨房来问我某个菜做的怎么样时,我可以告诉服务员,由服务员转达给顾客,或者我不太忙时,会亲自出去解答顾客的问题。顾客喜欢我这么做。"

服务员:"我要告诉你我最不喜欢的一种信息流动。顾客下了一份定单,我将定单送到厨房,结果听到厨师说我们缺某个菜。这时我必须让顾客再点其他的菜。这通常会使顾客不高兴——也让我不高兴,因为我的小费会受影响的。"

分析员:"是不是应该把这个过程作为一个单独的业务过程另外讨论?"

协调员(协调员要尽量使与会者注意力集中到会议的主要议题上。注意协调员避免使用"是的,但⋯⋯"等字眼):"也许。我认为各位会同意再为此单独开一个会。"

分析员:"是的,我这么说不是想分散大家的注意力。"

协调员:(停下来做总结)"让我们总结一下会议到目前为止的成果,根据我的记录,信息流动出现在以下几处:

- 顾客下一份定单(点菜);
- 服务员将定单转交给厨师;
- 顾客要求服务员到厨房探察定单的完成情况;

- 服务员为顾客背诵每日特色菜点；
- 服务员回答顾客就菜单提出的问题；
- 厨师回答顾客就某样菜烹饪方面的问题。

分析员："我知道还有一处没有出现在业务过程模型图中。就是顾客如果对账单有些疑问，当服务员回答这些问题时，这也需要信息流动。"

协调员："对了，确实如此，业务过程中还有需要信息流动的地方吗？"

系统工程师："我发现了一处。在厨师与服务员之间进行协调时是不是也需要信息流动？他们不是要确保在顾客吃完小菜时给顾客同时上热的主菜吗？这时需要大量信息流动。"

分析员："我同意。这时的信息要以几种不同的方式流动。"

餐馆老板："你只拿出了两幅业务过程模型图。我记得还有一幅。"

协调员："对了。还有一幅'清理餐桌'业务过程模型图。"（参见图 18.3）。

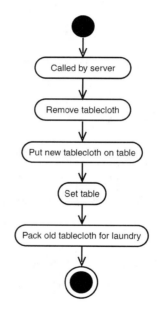

图 18.3　"清理餐桌"的业务过程模型图

分析员："看上去这幅图中只有一处信息流动的地方，但我敢打赌，这一处的信息流动十分重要：服务员召唤清洁师，通知清洁师立即清理餐桌。"

餐馆老板："是的，这是十分重要的。只有餐桌清理好了才能让新来的顾客就坐。清理餐桌必须进行得尽可能快，否则我们餐馆的休息室和候餐区里就坐满了又饿又气的顾客。"

建模设计师："在听到你们发言时，我同时在修改我的类图。我可以问个问题吗？让我们的系统（不管实际系统最终是什么样子）具有评估招待顾客的工作效率的功能，这是不是个好主意？"

餐馆老板："好主意。"有了这项功能我们就知道是不是要改进我们的工作以及如何改进。你是怎么认为的？"

建模设计师："在我们的 Customer 类中设置两个属性 arrivalTime 和 serveTime。我还准备再增加一个派生（导出）属性 waitDuration，它是 serveTime 和 arrivalTime 之差。对此你有什么看法？"

　　餐馆老板："好主意。这样我们就知道我们是怎么招待顾客的了。"

　　分析员："是的。还可以得到许多有用的数据——例如每天所有顾客候餐的总时间，每天每名服务员招待的所有顾客的平均候餐时间，等等。"

　　建模设计师："还有另一种可能。假设在 Customer 类中再增加一个叫做 departureTime 的属性和一个派生属性 mealDuration，它是 departureTime 与 serveTime 之差，这样做如何？"

　　协调员："应该不错。还有其他好的想法吗？"

　　建模设计师："既然我们使用了基于时间的属性，不妨也为 Server、Waiter、Chef 类中也添加一些这样的属性，用来告诉经理每个雇员的工作时间？"

　　餐馆老板："噢……不"，这种监视别人工作表现的做法不适合施加给员工——我也不能这么做。并不是他们工作偷懒（他们不会的），仅仅是他们不愿意有一双眼睛始终盯着他们。如果能让每个人工作心情愉快，那么我们的餐馆就是一家好餐馆，顾客也能体会到。"

　　厨师："我同意。我前面讲过，做菜的时候不能被打扰，该需要多长时间就得需要多长时间。我不希望在我手里拿着一捆菜时，突然听到经理对我说必须在 4.5 分钟之内把这个菜做好。"

　　服务员："我也不想听到顾客在吃完主菜后说我迟迟才将甜食菜单拿来。"

　　建模设计师："好，我收回刚才的建议。既然你们刚才提了这么多合理的反对意见，我就应当删掉 Manager 类中的 'monitor（监视）' 操作。同时，Customer 类也做相应的修改。"（参见图 18.4）。

一点好处

　　建模设计师说过的话表明他总是不断地修改类图。

　　建模设计师、餐馆老板和服务员之间的谈话说明了一个重要结论：让业务领域中的人也参与系统开发是绝对必要的。如果没有餐馆老板和服务员提供的反馈信息，开发组很可能就花费了不必要的时间和金钱去实施一些工作监视方面的需求特征，最后反而会自受其害。这样的想法一提出就遭到餐馆中工作人员的反对，这样可以让开发组重新思考，并最终做出有利于餐馆工作人员的决定。

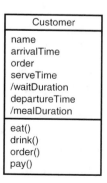

图 18.4　修改后的 Customer 类

　　协调员："根据我所听到的，似乎我们可以将改进分为两方面，一方面是加速信息的传递速度，另一方面是加快某项个人任务的完成速度。开发组的意见认为第二种加快不太受欢迎，而第一种却大有必要。我说的对不对？

（全体同意）

分析员："既然我们已经做了上述决定，下面是不是应该继续讨论系统具体的需求？"

协调员："当然。大家还有其他意见吗？"

服务员："为了传递这些信息，我一晚上要来回走很多路。有的时候我还必须到离工作区很远的厨房去。携带东西和往返的路程非常花费时间，更别说还要穿着皮鞋来回走。"

分析员："看样子我们的系统必须提供一些功能来消除，至少是减轻往返路程和携带物品。这样才能加快信息的流动。"

协调员："往返路程和携带物品？"

分析员："是的。我们的系统必须设法减少服务员的来回走动。很显然他们要到厨房去取回定单并把定单带回到餐桌旁，假设这是他们惟一要到厨房的机会？假设他们必须及时到厨房去拿定单？"

系统工程师："我认为我们要决定某件事情。使用一个局域网来连接服务员和厨房以及服务员与清洁师如何？这样信息的流动速度就可以加快很多。"

分析员："我不想过分地强调对系统的分析，但是局域网要在各个终端之间布线。这样的话，服务员虽然不用直接跑到厨房去，但也还得必须跑到终端面前。似乎有为了技术而使用技术的嫌疑，能带来什么好处呢？"

系统工程师："如果按照你说的方式来建立系统，那么我承认没有带来什么好处。实际情况可能还会更糟糕。但是我的主意不是这样的。"

分析员："那你的主意是什么？赶快说，别让我们等得着急。"

系统工程师："假设每名服务员和清洁师都携带一台终端—— 一台手提式个人计算机。进一步假设我们在这些计算机之间建立一个无线网络。厨房和经理办公室里可以分别放一台桌面电脑终端。另一种可选的方案是让服务员和清洁师使用掌上电脑。但手提式个人计算机一般带有显示器和键盘，这种特征可以为以后的设计增加灵活性。"

分析员："哦……我喜欢你的这种方案。这样的系统可以解决不少问题。例如当一组顾客决定了定单后，服务员可以将用户定单上的菜点输入到手提式个人计算机中，然后传到厨房的桌面电脑。这样可以省去服务员在服务区和厨房之间的往返。"

服务员："我喜欢这种方案。当顾客吃完小菜时，我就可以通过敲击我的手提式电脑上的键盘通知厨房顾客已经吃完小菜了，这样可以省去我亲自到厨房去告诉厨师准备上主菜。"

厨师："这样我在厨房就可以获得服务员传来的信息。事实上，我所有的助手都可以同时收到通知消息，这可以通过把消息显示在几个大屏幕上做到。这样我可以有效地跟踪我的每个助手在做什么菜，并告知他们何时菜应该做好。让每个助手各负其责。"

系统工程师："当完成了定单上的菜点后，你可以通过厨房的桌面电脑向服务员的手提式电脑发送消息，告知服务员。服务员可以不必来回往返，校对某个菜是否已经做好。顺便提一句，我们可以将手提式个人计算机（handheld PC）简称为手提机。"

服务员："太好了。我也可以给清洁师发信号让他过来清理餐桌，不用到处去找他们了。这样可以大大提高工作效率。"

餐馆老板："怎么具体实现这些呢？"

系统工程师："现在暂时可以不必关心这个问题。"

协调员："我们都同意这种方案了吧？我们的系统采用一个无线局域网，服务员和清洁师使用手提式个人计算机，经理办公室和厨房使用桌面电脑。现在只差一件事情了。"

分析员："差什么事情？"

协调员："为这个系统起个很酷的名字。"

厨师："叫'MASTER CHEF'怎么样？"

协调员："这个词代表什么意思？"

厨师："就是'MASTER CHEF（主厨）'的意思。"

分析员：不妨叫 Wireless Interactive Network for Restaurants（餐馆无线交互式网络）？它的简写是 WINER，正好代表胜利者的意思。"

协调员："最后两个字有点多余。"

系统工程师："干脆就来个简洁明快的名字："Wireless Interactive Network——WIN。"

厨师："我喜欢这个名字。"

分析员："我也是。WIN（胜利）这个名字无可挑剔。"

协调员："大家都同意采用 WIN 这个名字了吗？好，我认为我们的会议已经圆满成功。"

18.2　收集系统需求

开发组将会议结果报告给公司的首脑。LaHudra 几乎不能抑制自己开拓了新领域所带来的喜悦心情。Nar 则完全为开发组的创造力所倾倒。Goniff 的眼前甚至已经出现黄金美元的影子。他们要求开发组继续乘胜前进。

既然开发组已经开发出实际系统的一个映像，是不是程序员就可以编码了，系统工程师可以开始部署系统了？绝对不是。开发组必须集中考虑用户的需求，而不能只以技术观点来开发系统。尽管会议中确定了某些方案，但是还必须将 WIN 系统中的概念提交给餐馆中的工作人员和经理，以从这些可能的用户那里获得反馈意见。

GRAPPLE 开发过程的下一个动作要做的就是这件事。在一个联合应用开发会议（Joint Application Development Session，JAD Session）中，开发组收集用户的需求，将需求编制成文档，有了需求文档在手，就可以对项目耗费的时间和金钱做出估算。

联合应用开发会议在一间正式的会议室举行，由一名协调员主持。将它称为"联合"会议是因为会议的成员不仅包括开发组成员，还要包括系统可能的最终用户和领域专家。参加这次会议的开发组成员有两名分析员，兼做会议记录员，还有一名建模设计师，两名程序员和一名系统工程师。可能的用户是 3 名服务员，两名餐馆老板和两名清洁师。

这次会议的目标是产生能反映系统功能的包图，每个包代表系统的一个功能模块，其中包含了详细说明该功能模块的若干个用例。

让我们开始会议。

18.3　需求联合应用开发会议

协调员："首先，感谢各位光临本次会议。这次会议的时间可能很长，但也会很有趣。我们要做的是收集一个被称为 WIN 的系统的需求。"

"WIN 系统中的基本概念很容易理解，它的大致情况是这样的：服务员使用手提式个人计算机与厨师和清洁师通信。清洁师也使用手提式计算机通信。厨房中安装一台桌面电脑和一个或多个显示屏幕。经理办公室中也安装一台桌面电脑。我所说的可以参见图 18.5 所示。"

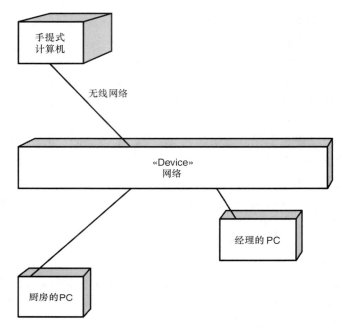

图 18.5　WIN 系统

"我们希望将 WIN 系统安装在 LNG 餐馆中，并期望能够改进现有的业务，提高工作效率。为了达到这一目标，需要各位告诉我们你需要系统为你做什么。换句话说，如果系统已经就位的话，那么你将怎样使用系统？"

"这个问题在本次会议中将会反复被提出。会议结束时，我们将得到每个人都满意的一组系统需求。我们将把它作为程序员构造实际系统所依据的系统蓝图的基础。我希望大家时刻记住：我们需要你们每个人对系统提出各种需求，不论你们的职位是什么。"

分析员 1："我们能不能从系统的功能模块划分开始？"

协调员："理所当然。那么如何开始呢？"

餐馆老板 2："上一次讨论我没参加，但我认为这是一个好主意。我们可以按照餐馆中的空间区域组织系统的功能模块吗？大家知道，服务区需要一组功能，厨房需要另一组功能，候餐区也有一组功能，等等。"

协调员："这么做是一种可能的选择。"

分析员 2："我看了业务过程图后，觉得它已经为我们提供了组织功能模块的方法了。"

程序员 1："怎么组织？"

分析员 2："按照角色。厨师必须做某些事情，服务员也必须做自己的一些事情，等等。"

协调员："听起来很不错，大家同意这种组织方式吗？"

（全体同意）

协调员："好！根据业务过程图和类图，人员角色有 Server、Chef、Busser、Assistant 和 Manager。"

餐馆老板 2："你是不是遗漏了两个？还应该有 Coat-check Clerk 和 Bartender 吧？"

餐馆老板 1："噢，怎么能漏掉它们？"

协调员："我将它们补充进角色列表，还将使用 UML 包图表示法跟踪需求。"（参见图 18.6）。

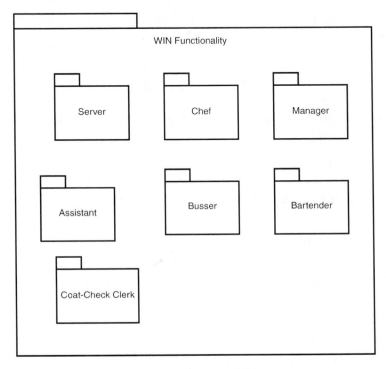

图 18.6　WIN 系统的功能包

建模设计师："我赞成这样做。我会在类图中补充一些信息。CoatCheckClerk 类早已经存在了。我将细化这个类并添加 Bartender（吧台服务员）类。"

餐馆老板 2："我想知道你现在绘制出的这两个类是什么样子，可以让我们看看吗？"

建模设计师："当然，诸位请看。"（参见图 18.7）。

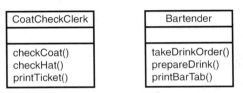

图 18.7　CoatCheckClerk 类和 Bartender 类

餐馆老板 2："有趣。或许我们该暂停讨论，你为我们解释一下这个类的含义。"

协调员："现在已经有了功能包，应该从哪个功能包开始进一步分析？"

服务员 1："从 Server 包开始如何？"

协调员："好。你需要这个包中为你提供哪些功能？各位别忘了，尽管这个包所代表的角色可能与你的职位不一致，但还是请大家从各方面提出你的看法。每个人的建议我们都欢迎。"

服务员 2："我希望能在我的电脑中输入定单信息，并将这些信息传递到厨房。"

协调员："好。还有别的吗？"

服务员 1："我能跟踪定单的状态吗？"

厨师 2："我能在定单完成后通知服务员吗？"

协调员："对，对。你们应该已经注意到了我已经把你们要求的功能写到了椭圆形的图标里。这些图标被称为'用例'。我将重新请你们中的部分人讨论和分析这些用例，但这是下一次会议要做的事。"

18.4　结　　果

联合应用开发会议持续了好几天。当会议结束后，产生了一组需求，这些需求通过用例来表达，若干个相关用例被组织进一个包中。

Server 包中的用例有：

- Take an order
- Transmit the order to the kitchen
- Change an order
- Receive notification from kitchen
- Track order status
- Notify chef about party status
- Total up a check
- Print a check
- Summon an assistant
- Summon a busser
- Take a drink order
- Transmit drink order to lounge
- Receive acknowledgment
- Receive notification from lounge

Chef 包中的用例有：

- Store a recipe
- Retrieve a recipe
- Notify the server
- Receive a request from the server
- Acknowledge server request
- Enter the preparation time
- Assign an order

Busser 包中的用例有：

- Receive a request from the server

- Acknowledge a request
- Signal table serviced

Assistant 包中的用例有：

- Receive a request from the server
- Receive a request from the chef
- Acknowledge a request
- Notify request completed

Bartender 包中的用例有：

- Enter a drink recipe
- Retrieve a drink recipe
- Receive notification from the server
- Receive a request from the server
- Acknowledge a request
- Notify request completed

CoatCheckClerk 包中的用例有：

- Print a coat check
- Print a hat check

图 18.8 用 UML 表示法表示出了这些包和用例。

建模设计师增加了两个类和必要的关联后所得到的类图如图 18.9 所示。

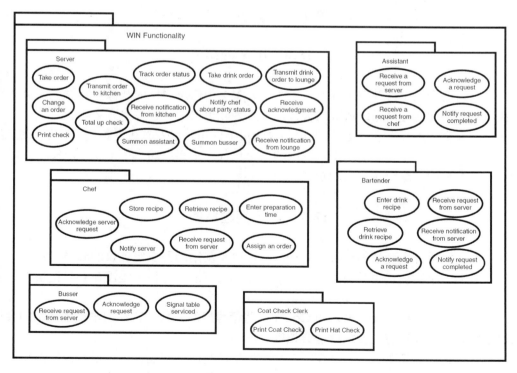

图 18.8　系统的功能包图

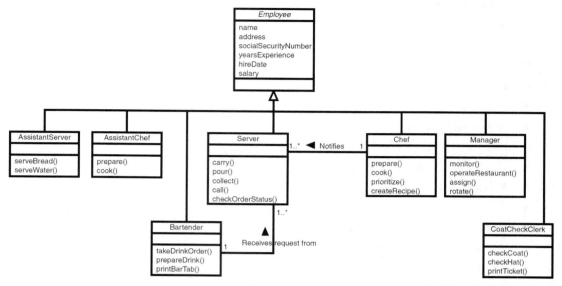

图 18.9　新增加类后的类图

18.5　下一步该做什么

开发组提交给客户的设计文档有很多，包括业务过程图、类图和一组功能包。下面开发组就要编码了吗？还没有，他们还要分析功能包中包含的内容。

18.6　小　　结

在开发组的会议中，开发组开发了一个未来餐馆中信息系统的映像。开发组成员认为能否加快信息的流动速度是系统成败的关键，并且为此提出了一些技术方案。

在一次联合应用开发会议中，开发组与系统可能的用户以及领域专家一同收集系统需求。需求收集的结果是一个包图，这个包图中的每个包代表了系统的一个主要功能模块。每个包中的用例详细说明了这个包代表的功能。

18.7　常见问题解答

问：**联合应用开发会议的成员中有一部分可以是前期的开发组会议的成员吗？**

答：是的。事实上这也是被推荐的。这部分成员可能会记住一些没在会议记录中记录下的关键细节。

问：**我注意到 LaHudra、Nar 和 Goniff 这些领导层的人物没有参加本章中列举的会议。那么这些领导层中有没有人参加这些会议呢？**

答：这些人通常都不参加。然而在某些组织里，高层的管理人员也很积极地参加这些会议中的部分会议。要一名高层决策者完整地参加一个联合应用开发会议是很难的。

问：通常都是如本章所述的那样，按照角色来组织系统的功能模块吗？

答：不总是。只是在餐馆这个特定领域按照角色组织功能模块比较方便。事实上，如果真正仔细思考的话。还可以提出其他可选的组织方式。其他类型的系统可能需要不同的功能划分。例如，一个帮助系统可能需要问题输入、问题解决和结果输出 3 个功能包，每个包中都包含若干个用例。

18.8 小测验和习题

下面的小测验用来测试你在本章学到的有关需求收集方面的知识。答案在附录 A "小测验答案"中。

18.8.1 小测验

1．系统需求如何表达？
2．在进行了领域分析后类的建模就要停止了吗？
3．什么叫 "schlepp 因素"？

18.8.2 习题

继续第 16 章和第 17 章习题中的图书馆信息系统的例子。这个系统中有哪些功能包？每个包中包含哪些用例？

第 19 章 开 发 用 例

在本章中，你将学习如下内容：
- 分析和描述用例；
- 用例的描述格式、前置条件和后置条件；
- 描述用例执行步骤；
- 绘制用例图。

第 18 章 "收集系统需求" 所得到的每个功能包中的用例说明了系统必须要做的事。开发组还必须分析和理解每个用例。开发组正在从理解领域逐步走向对实际系统的理解。用例是两者之间的桥梁。

如果你已经体会到系统开发项目是由用例驱动的，那么你就能更好地理解整个开发过程。

注意联合应用开发会议并没有讨论开发小组如何完成每个用例所涉及的活动。会议的主题仅仅是尽可能列出所有可能的用例。这一章要详细分析上一章所列举出的用例，并开始研究如何将 WIN 系统中的构件具体化。开发过程进行到现在，要开发的具体系统才开始真正成为舞台上的主角。

我们将跟踪开发组的工作，处理上一章列举的部分用例。

19.1 分析和描述用例

为了分析用例，还要再开一次联合应用开发会议。这个会议的议题是导出和分析每个用例。

这里有一句告诫：用例联合应用开发会议可能是最困难的会议，因为它需要与会者（最终系统的可能用户）成为系统分析员。在他们每个人各自的职责范围内，每人都是小的领域专家，必须发挥出他们各自的专长。典型情况是，他们不习惯于或者不善于表达出或分析出他们所了解的业务知识。这可能是因为他们以前从没有参与过系统的开发工作，缺乏经验。或者是他们不能很清楚地表达出到底要让系统为他们做什么事。

为了解决或缓解这个问题，最好在组织联合应用开发会议时一次只请一组用户参加（例如，一组服务员）。这样的话，在服务员分析他们的用例时，其他人不用闲坐着。作为整体领域专家的餐馆老板，也应出席会议，帮助参加会议的一组顾客分析他们的用例。在处理 Customer 包中的用例时，包括多种用户的混合用户组应当一起参加会议。

系统中的用例数目通常很大。为了简化本章的内容，我们只处理 Server 包中的前 8 个用例。学习完这些用例的处理过程后，你将能够处理 Server 包中的其余用例，以及其他包中的用例（参见本章的习题）。

19.2 用 例 分 析

回忆第 7 章 "用例图" 中的部分内容：用例是一组场景的集合，每个场景又由一系列步骤组成。对于每个用例中的每个场景，需要说明的内容有：

- 场景的简单陈述；
- 关于场景的假设条件；
- 用例的发起参与者；
- 场景的前置条件；
- 场景中与系统相关的步骤序列；
- 场景完成后的后置条件；
- 用例的受益参与者。

除了上述内容以外，还包括异常条件或可选的场景流程。此处做了适当的简化。

没有哪种描述用例的方式是绝对"正确的"，上面所列举出的条目在通常情况下能够完整地说明一个用例。

在设计文档中（提交给客户和程序员的用来指导开发的文档），每个用例的描述应当单独占一页。这一页最好包括一张用例图，图中画出这个用例和用例的参与者。

与系统相关的步骤序列在场景中极其重要。它说明了系统的预期工作方式。当联合应用开发会议的参与者告诉分析员这些步骤序列时，也就意味着告诉了分析员系统最终如何工作。当会议结束后，分析员就能得出系统中包括哪些构件。

关于场景的假设也很重要。后面将会看到，根据这些假设清单，就可以列出设计中要注意的事项。

以上说明了系统开发过程是由"用例驱动"的。用例是构造系统的途径。

19.3　Server 包

Server 类似乎要参与许多活动。这不足为奇，因为 Server 类几乎与其他每个类都有关联。

Server 包中的用例有：

- Take an order（输入定单）；
- Transmit the order to the kitchen（将定单发送到厨房）；
- Change an order（修改定单）；
- Track order status（跟踪定单状态）；
- Notify chef about party status（通知厨师客人的用餐状态）；
- Total up a check（结算账单）；
- Print a check（打印账单）；
- Summon an Assistant（召来一名助手）；
- Summon a Busser（召来一名清洁师）；
- Take a drink order（带来饮料定单）；
- Transmit a drink order to lounge（传输饮料订单信息到休息室）；
- Receive acknowledgment（接收对方传来的确认应答）；
- Receive notification from lounge（接收来自休息室的通知）；
- Receive notification from kitchen（接收来自厨房的通知）。

19.3.1　用例 "Take an Order"

让我们从用例 "Take an order" 开始。我们必须根据服务员提供的用例描述、假设条件、前置条件、步骤序列和后置条件来描述用例。功能包和子包早已清楚地指明这个用例的发起参与者（Server）和受益参与者（Customer）。

对这个用例的一句话的叙述可以是 "服务员将顾客的定单信息输入到他的手提式个人计算机中并将定单信息传递到厨房"。假设条件是顾客想就餐，顾客已经阅读了菜单并做出了选择。另一个假设条件是服务员的手提式个人计算机已经出现了 "输入定单" 用户界面。

前置条件是顾客已经就坐并阅读了菜单。后置条件是定单被输入进 WIN 系统中。

用例的步骤序列是：

1. 服务员激活他的手提式个人计算机的 "输入定单" 用户界面。
2. "输入定单" 用户界面出现在显示器屏幕上。
3. 服务员将顾客的菜单选项输入到 WIN 系统中。
4. 系统将定单发送到厨房的桌面电脑。

尽管我们假设 "输入定单" 用户界面的存在，但到目前为止我们根本不知道这个界面看起来是什么样子，也没有说明传送定单的任何技术细节。

这里的基本原则是当我们阐述出系统的设计假设后，就开始考虑系统应当能够做什么，并且要开始绞尽脑汁地思考怎样让系统做它应当做的事。用例的步骤序列迫使我们不得不思考组成系统的构件有哪些。记住，用例分析的目标是描述出用户所看到的系统。

19.3.2　用例 "Transmit the Order to the Kitchen"

准备好进行下一个用例的分析了吗？这个用例至少应被包含在（也就是被使用）两个用例当中——前一个用例和用例 "Change an order"。

用例的叙述是："将输入到手提式个人计算机中的定单通过无线网络传送到厨房的桌面电脑"。假设条件是已经具备了通信手段（通过无线网络）以及具备了 "输入定单" 用户界面。与其他用例的假设条件重复了的假设条件还要叙述出来吗？是的。每个用例在设计文档中都占单独的页，页号可以作为用例的索引。为了清晰起见，即使与其他用例的假设条件相同，每个用例的假设条件都应该完整地叙述出来。

前置条件是定单信息已经录入到手提式个人计算机中。后置条件是定单被正确传递到厨房的桌面电脑。受益参与者是 Customer。

步骤序列如下：

1. 点击 "定单" 用户界面上的 "send to kitchen" 按钮；
2. WIN 系统将定单发送进入无线局域网；
3. 定单到达厨房的桌面电脑。
4. "输入定单" 用户界面出现提示信息，提示定单已经被正确传递到厨房的桌面电脑。

很显然，应该修改 Server 包中的用例图。必须在 "Take an order"、"Change and order" 这两个用例与本用例之间添加<<include>依赖关系。图 19.1 是修改后的 Server 包中的用例图。

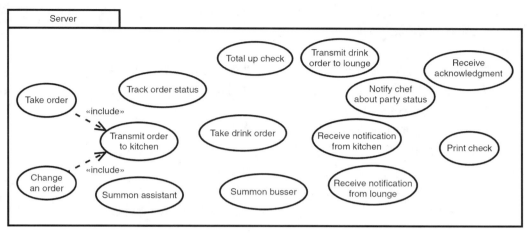

图 19.1　修改后的 Server 包中的用例

19.3.3　用例 "Change an Order"

下面分析用例 "change and order"。它的叙述是：修改一份已经录入到 WIN 系统中的定单。假设条件是定单已经录入并发送了厨房的桌面电脑中，但是顾客又想修改定单。进一步假设：WIN 系统中有一个定单数据库，服务员可以查询该数据库，了解到是谁输入的定单，定单来自哪个餐桌；服务员可以通过自己的手提式个人计算机访问数据库；WIN 系统可以在服务员的手提式个人计算机与厨房的桌面电脑之间双向传输定单；服务员的手提式个人电脑上有"修改定单"用户界面。

前置条件是定单已经被传给厨房的桌面电脑。后置条件是修改后的定单传到厨房的桌面电脑。受益参与者是 Customer。

本用例的步骤序列是：

1. 服务员激活他的手提式个人计算机中的"修改定单"用户界面；
2. 屏幕上出现了这名服务员已经发送了的定单列表；
3. 服务员在定单列表中选择要修改的定单；
4. 服务员录入要修改的定单的修改信息；
5. 系统将修改后的定单发送到厨房的桌面电脑；

步骤 5 包含了前面分析过的用例 "Transmit the order to the kitchen"。

19.3.4　用例 "Track Order Status"

也许你还记得，在最初的关于未来餐馆的讨论中涉及到确定一个顾客的订单何时完成，并从厨房传递出来。本用例描述的就是这项需求。在系统中实施这个用例对方便服务员的工作大有帮助。

用例的叙述是：跟踪已经被输入到 WIN 系统中的定单的状态。假设条件有：定单已经被发送到厨房；顾客想知道他们点的饭菜何时才能做好。此外还有两个与前一个用例的假设条件相同的假设条件。还假设服务员的手提式个人计算机和厨房的桌面电脑中都有跟踪定单状态的用户界面。

前置条件是定单已被发送到厨房。后置条件是定单的状态信息被传送到服务员的手提式计算机中。受益参与者是 Customer。

步骤序列包括：

1．服务员激活他的手提式个人计算机中的"跟踪定单状态"用户界面；
2．屏幕上出现这名服务员已经发送了的定单列表；
3．服务员选择欲跟踪的定单；
4．系统产生一个跟踪消息到厨房的桌面电脑；
5．厨房的桌面电脑收到了这条消息；
6．在厨房的桌面电脑上厨师把要跟踪定单的界面激活；
7．厨师在用户屏幕界面中输入一个时间估计值；
8．系统将厨师输入的时间估计值传给服务员的手提式个人计算机。

19.3.5　用例 "Notify Chef about Party Status"

从这个用例开始，使用更小的子标题来描述用例分析的各个方面，使用黑色圆点来标记子标题下面的子标题——但有两个例外：步骤序列的每一步前仍使用序号；用例叙述不用黑色圆点分隔。

用例叙述

服务员通过无线网络告诉厨师：顾客马上就要吃完小菜。

假设条件

● 服务员呆在顾客所在的服务区；
● 服务员能够端详出顾客的下一步要干什么；
● 系统提供了"顾客状态"用户屏幕界面；
● 系统可以在服务员的手提式个人计算机和厨房的桌面电脑之间双向传递信息。

前置条件

● 顾客几乎就要吃完小菜。

后置条件

● 厨师做主菜的最后工序。

步骤序列

1．服务员激活他的手提式个人计算机上的"顾客状态"用户界面；
2．用户界面上出现了服务员所在的服务区中的餐桌列表；
3．服务员在列表中选择餐桌；
4．服务员发送有关这个餐桌的一条 "almost finished with appetizer" 消息给厨房的桌面电脑；
5．厨房的桌面电脑接收到了这条消息；
6．服务员收到了来自厨房桌面电脑的一个确认应答消息。

最后一步使用了 Server 包中的用例 "Receive acknowledgement"。图 19.2 是说明这个用例及相关用例的用例图（图 19.2 用一种比较传统的方式来表示受益参与者。很多建模者现在都会因为麻烦而不在用例图中画出这个参与者）。

受益参与者

● Customer

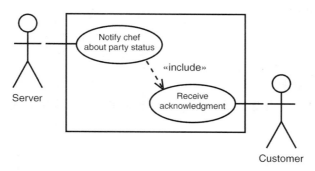

图 19.2   与用例 "Notify Chef about Party Status" 相关的用例图

19.3.6   用例 "Total Up a Check"

这里是一个很重要的用例，如果没有它，餐馆就没法赚钱了。

用例叙述

在定单中添加定单条目。

假设条件

● 系统中有一个能够通过服务员手提式计算机访问的定单数据库；

● 定单中的每个条目都有标价。

前置条件

● 一组顾客就餐完毕。

后置条件

● 计算出账单的总价格。

步骤序列

1．服务员激活有关的用户界面，使一个活动的定单条目列表出现在他的手提式个人计算机的屏幕界面上；

2．服务员选择要结账的菜单；

3．服务员点击屏幕上的一个按钮，计算账单总价格；

4．系统根据每个定单条目的价格计算出账单总价，并显示在屏幕上。

受益参与者

● Customer。

19.3.7   用例 "Print a Check"

尽管这个用例看起来不起眼，但在实际的交易中它是非常重要的一步。

用例描述

打印计算出总价的账单。

假设条件

● 每个服务区都有一台（无线）网络打印机。

前置条件

● 账单总价格已被计算出。

后置条件

● 打印出一份账单。

步骤序列

1．服务员点击一个按钮；

2．网络打印机开始打印；

3．服务员再点击一个按钮将这个账单对应的定单从活动定单列表中删除。

受益参与者

● Customer。

19.3.8　用例 "Summon an Assistant"

这是一个重要的用例，因为助手使得接下来的事情顺利进行。

用例叙述

要求一名助手清理餐桌，迎接下一组顾客的到来。

假设条件

● 系统中允许两名雇员之间进行无线通信；

● 系统提供了用于向一名助手发送消息的用户界面。

前置条件

● 存在一个要被清理的餐桌。

后置条件

● 助手及时赶来，并清理和调整餐桌。

步骤序列

1．服务员激活用来给助手发送消息的用户界面，并给他发消息；

2．服务员接收到来自助手的一个确认应答消息。

要包含用例"Notify chef about party status"，最后一步也要使用"Receive Acknowledgment"用例。

受益参与者

● Assistant。

通过分析这个用例和 Assistant 包中的其他用例，可以发现将 Assistant 类进一步划分为两个类 AssistantServe 和 AssistantChef 是必要的（可使用例的描述更清晰）。那么需不需要这两个类的一个抽象超类 Assistant 呢？也许需要，但这样做很可能不会带来多大益处，反而使问题复杂化。

必须回到领域分析的结果中创建这两个新类。重新调整后的类图，特别是调整了 Employee 类后的类图如图 19.3 所示。

此外，还要修改包图，它要包括 Assistant Server 包和 Assistant Chef 包。

GRAPPLE 开发过程中的各个阶段相互提供反馈信息。学习案例很好地说明了这一点。在用例分析中发现的新东西可以用来帮助改进领域分析的结果。

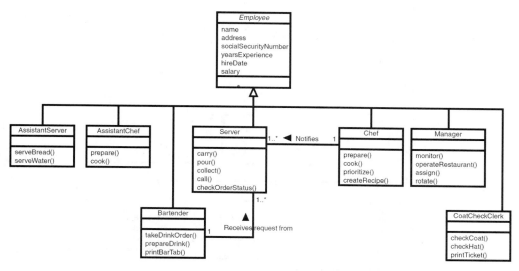

图 19.3 调整后的 Employee 类图

19.3.9 其余的用例

Server 包中其余的用例与分析过的用例的分析过程类似。Server 包中的其余用例的分析将作为本章的习题（参见习题 2）。

19.4 系统中的构件

用例分析的一个重要方面是揭示出组成系统的构件。在本章结束之前，让我们记录一下在前面对 Server 包中的用例进行分析时都提到了系统中的哪些构件。在每个用例的"假设条件"段可以找到这些构件（其余的构件在习题中可以逐渐找到）。

从软件构件来看，显然要包括一组用户界面。WIN 系统需要包括服务员手提式计算机上出现过的"输入定单"、"修改定单"、"跟踪定单状态"、"顾客状态"以及"发送消息给助手"等用户屏幕界面。为了便于组织这些屏幕界面，还可以设计一幅"主屏幕"。WIN 系统还需要厨房的桌面电脑上的用户界面，以帮助厨师察看和跟踪定单状态。通常，这些用户界面都应该显示"主屏幕"，接收用户输入并显示信息。如果餐馆真想取悦顾客，所有的用户界面都应该能够跟踪定单以及某个顾客的状态。这样，任何人只需要访问 WIN，就可以回答顾客的问题，并及时注意到顾客的状态。

另一个明显的软件构件是存储和管理所有定单信息的数据库。数据库的记录要包括餐桌号、定单号、定单录入时间、服务员姓名、定单是否处于活动状态等数据字段。

当然，我们还需要一个定单处理程序，它工作在创建定单的接口后面，把定单发送到指定的地方并在数据库中登记下来。

图 19.4 是对接口、数据库和定单处理程序建模后得到的。图中还示意了一些操作，当我们在下一章中讨论这些构件之间的交互的时候，这些操作就派上用场了。

从硬件构件来看，需要一个无线局域网络、可移动雇员（服务员、助手、清洁师）使用的手提式个人计算机以及经理办公室、厨房和休息室里要安装的桌面电脑。每个服务区还要安装一台网络打印机。也许衣帽保管员还需要配备电脑和打印机。

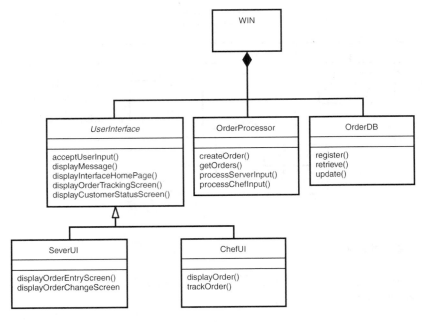

图 19.4　WIN 系统构件的建模

　　定单处理程序和定单数据库必须驻留在计算机上。一种可能的方案是，定单处理程序和数据库存储在一台中央计算机上，而网络上所有其他的机器都能够访问到它们。无线网络则使得手持计算机、台式机和中央计算机之间可以实现无线通信。

　　更复杂的设计文档将在后面的章节逐步形成。下一章将进一步研究用例。

19.5　小　　结

　　只列举出系统中有那些用例是不够的。开发组要理解整个系统就必须分析和理解系统的每个用例的细节。因此本章的主要内容就是介绍复杂用例的分析。

　　用例分析的内容包括叙述出用例，找出用例的前置和后置条件，详细说明用例的步骤序列。用例分析的一个重要方面是能够初步提出组成系统的构件。

19.6　常见问题解答

　　问：在 GRAPPLE 开发过程的初始阶段，我注意到学习案例中没有介绍"识别协作系统"这个动作，为什么？

　　答：前面章节中提到过这个系统的开发组是用白纸起家的，不存在协作系统。以后再为 LNG 餐馆开发新的系统时，WIN 系统可能就是新系统的协作系统。

问：**本章对前几章得出的用例图和类图做了修改，实际的开发过程通常也是这样吗？**

答：是的。随着知识的积累，不可能不对原先的分析结果做修改。原先得到的用例只是建立在当时的知识范围基础上，是当时的一个"快照"。修改后的用例反映了开发组后期的观点。

19.7　小测验和习题

下面的小测验和习题测试你学到的有关用例的知识。参考附录 A "小测验答案"。

19.7.1　小测验

1．一个典型的用例图中有哪些组成部分？
2．一个用例"包含"（或者"使用"）了另一个用例是什么含义？

19.7.2　习题

1．绘制用例"Summon an Assistant"的用例图。
2．分析 Server 包中其余的用例，绘制对应用例图。
3．分析 Chef 包中的用例，绘制对应的用例图。
4．回顾习题 2.3，分析 Bartender、Assistant 和 Busser 等包中的用例，绘制用例图。
5．察看图 19.4。模型还应该包含哪些额外的接口类？它们应该有哪些操作？

第 20 章 交 互

在本章中，你将学习如下内容：

- 列举出系统中的工作部件；
- 分析工作部件之间的交互；
- 修改用例。

上一章介绍的用例的分析离开发出最终的实际 WIN 系统还很远，甚至离开始编码都还有一定的距离。

分析用例有助于澄清系统中的工作部件。尽管我们现在已经对用例了解了很多，但是仍然要进一步建立系统中的工作部件之间的交互和工作部件状态变化（如何变化和何时变化）的模型。有了这些信息后，程序员的工作就变得容易许多。他们就知道如何对类编码以及如何使类相互协作。

20.1 系统中的工作部件

一种开始分析的方式是，首先根据每个功能包中的用例列举出系统所包括的工作部件。尽管我们上一章没有分析每个包中的所有用例，但仍然能列举出用例所提示出的系统工作部件。在一个实际的开发过程中，开发组在进行这项工作之前必须已经分析了所有的用例。

20.1.1 Server 包

在上一章中我们通过分析 Server 包中的前 9 个用例列举出了系统的一些软件部件。在手提式个人计算机上，WIN 系统需要"输入定单（order entry）"、"修改定单（change order）"、"跟踪定单状态（order-status tracking）"、"顾客状态（customer status）"和"消息发送（message sending）"等屏幕界面。一个主屏幕界面也是必需的。我们的分析还说明厨房的桌面电脑需要一个"跟踪定单（order-tracking）"屏幕界面。除此之外，WIN 系统还需要一个数据库来保存定单信息。

另外，上一章我们没分析的用例也能提示出系统的构件。为了回忆起上一章的有关内容，这里重新列举出上一章的一些没有分析到的用例：

- Summon a busser（召唤一名清洁师）；
- Take a drink order（下一份饮料定单）；
- Transmit drink order to lounge（将饮料定单传递到休息室）；
- Receive acknowledgment（接收确认应答消息）；
- Receive notification from lounge（接收来自休息室的通知）；
- Receive notification from kitchen（接收来自厨房的通知）。

上面这些用例提示出一些很明显的系统构件。第 1 个用例需要一个让服务员给清洁师发消息的屏幕界面。第 2 个用例说明需要输入饮料定单的屏幕界面（类似于就餐定单的屏幕界面）。这些用户界面还必须能够接收确认应答消息（例如，一名清洁师收到了服务员发出的召唤请求）和接收休息室发来的已经为顾客准备好饮料的消息。

对于 Server 包，它所要求的主要系统构件无非是一些与定单录入和消息收发等有关的用户屏幕界面。

20.1.2 Chef 包

Chef 包中的用例包括：

- Store a recipe（记录一个菜谱）；
- Retrieve a recipe（取得一个菜谱）；
- Notify the server（通知服务员）；
- Receive a request from the server（接收来自服务员的请求）；
- Acknowledge server request（确认服务员的请求）；
- Enter the preparation time（输入准备的时间估计值）；
- Assign an order（指派一个定单）。

这些用例指示出了系统的哪些构件呢？同样可以用很直接的方式列举出构件来。

20.1.3 Busser 包

Busser 包中的用例包括：

- Receive a request from the server（收到来自服务员的请求）；
- Acknowledge a request（对已收到的请求确认）；
- Signal table serviced（通知所服务的餐桌）。

20.1.4 Assistant Server 包

回顾上一章的内容，在上一章决定将 Assistant 包分解为 Assistant Server 和 Assistant Chef 包。Assistant Server 包中的用例有：

- Receive a request from the server（接收来自服务员的请求）；
- Acknowledge a request（对已收到的请求确认）；
- Notify request completed（通知对方已完成所请求的任务）。

20.1.5 Assistant Chef 包

Assistant Chef 包中的用例包括：

- Receive a request from the chef（接收来自厨师的请求）；
- Acknowledge a request（对已收到的请求确认）；
- Notify request completed（通知对方已完成所请求的任务）。

有人可能认为给一个 Assistant Chet 单独配备一台计算机没必要，因为他要与一名厨师密切合作。如果厨房面积很大的话，在他们之间建立电子通信联系是有必要的。

20.1.6　Bartender Chef 包

Bartender 包中的用例有：
- Enter a recipe（录入一个菜谱）；
- Retrieve a drink recipe（取得一个饮料谱）；
- Receive notification from the server（接收来自服务员的通知消息）；
- Receive a request from the server（接收来自服务员的请求消息）；
- Acknowledge a request（对已收到的请求确认）；
- Notify request completed（通知对方已经完成所请求的任务）。

这些用例与 Chef 包中的用例类似，这些用例所需要的软件构件也与 Chef 包的构件类似。所需要的硬件构件同样类似：在吧台后面安装一台桌面电脑比采用手提式电脑要更合理些。

需要饮料数据库和相应的用户界面屏幕来访问数据库中的饮料信息。吧台服务员使用的用户界面必须要显示出来自服务员的通知消息（顾客的餐桌已经准备好的消息）以及来自服务员的请求饮料消息。吧台服务员同样要能够发送对上述两个消息的确认应答消息。

20.1.7　Coat-Check Clerk 包

这个包中的用例包括：
- Print a coat check（打印存衣票）；
- Print a hat check（打印存帽票）。

衣帽保管员的手提式电脑中的软件构件应当包括打印票据的用户屏幕界面。打印出的票据应当包括每个条目名称和条目的描述，而且系统还应当具有一个所保管物品信息的数据库。

20.2　系统中的交互

下面要说明系统中的构件如何交互以实现用例所代表的功能（回顾以前章节曾提到过的：每个用例的背后都隐藏一张顺序图）。下面我们对 Server 包中的用例之间的交互建立模型。用例数目太大，这里我们没办法看到全部。但实际的开发项目对每个用例都要做这件事。

20.2.1　用例"Take an Order"

先从用例"Take an order"开始，根据第 19 章"开发用例"，这个用例的步骤序列为：

1. 服务员激活他的手提式个人计算机的"输入定单"用户界面；
2. "输入定单"用户界面出现在显示器屏幕上；
3. 服务员将顾客的菜单选项录入到 WIN 系统中；
4. 系统将定单发送到厨房的桌面电脑。

根据上一章开发出的用例模型，这个用例包含了"Transmit the order to the kitchen"，此用例的步骤序列为：

1. 点击"定单"用户界面上的"send to kitchen"按钮；
2. WIN 系统将定单发送到无线局域网；
3. 定单到达厨房的桌面电脑；
4. "输入定单"用户界面出现提示信息，提示定单已经被正确传递到厨房的桌面电脑。

一张顺序图将会精确地表示出用例中的交互（协作图也起同样的作用，习题 1 就是绘制协作图）。为了绘制顺序图我们必须要考虑几方面的问题。

首先，当服务员接到了顾客的定单，实际上，服务员要创建某种事物——一份定单！它是 WIN 系统中的一个对象（同样也是在前面的领域分析中识别出的 Order 类的一个实例，参见第 17 章"领域分析"）。厨师将使用这份定单作为行动的依据。服务员还要计算定单中的账目总额。顾客根据总额支付账单。因此这个新创建的定单对象是系统中的重要事物。

其次，如果察看用例"Change an order"和"Track order status"（后面将做这件事），你将看到这两个用例要引用一张定单列表。必须要有一个定单数据库来存放定单列表——在第 19 章的末尾曾提到过这个数据库。定单中的信息如何输入到数据库中？这件事必须在用例中完成。

还要考虑其他方面。在被包含的用例中，"kitchen"这个词的词义比较含糊。因为我们现在要对软件构件建立模型，所以必须在此将它的词义澄清。用我们的常识知识设想一下，就可得出：定单必须要出现在厨师电脑的屏幕界面上。至于是怎么出现的，现在还不是我们要关心的问题。

在考虑到这些方面之后，用例"Take an order"的步骤序列就可以修改成下面的序列：

1. 服务员激活他的手提式个人计算机的"输入定单"用户界面；
2. "输入定单"用户界面出现在显示器屏幕上；
3. 服务员将顾客的菜单选项录入到定单输入界面中；
4. 定单处理程序创建一个定单对象；
5. 定单处理程序将定单传送到厨师的界面；
6. 定单处理程序将定单输入到定单数据库中；
7. 定单处理程序告知服务员，定单已经被传送到厨房并且已经在定单数据库中登记过了。

对于能够表达这个用例的顺序图，我们需要在第 19 章最后所得到的类模型上来创建。该模型中的类的操作是我们可以纳入到顺序图中的一组消息。

图 20.1 说明了用来理解上述用例的顺序图。为了让你回忆起前面有关顺序图的知识，下面再介绍一下顺序图中的主要概念。图的顶部列出的对象图标代表了用例中的构件。Order 对象是在用例执行期间被创建的，因此它的图标的位置比其他对象的位置低，并且指向它的消息上带有构造型«create»。每个对象向下引出的虚线是该对象的"生命线"，从上到下代表时间的流逝。在生命线上的小矩形框代表该对象的"激活"。每个激活代表了

对象正在执行某个动作的持续时间。从一条生命线到另外一条生命线的箭头表示从一个对象到另一个对象的一条消息。箭头的类型代表着消息的类型。Order 对象在这个用例进行过程中创建。因此，它在图中的位置比其他的对象要低，并且指向它的消息都具有«create»构造型。

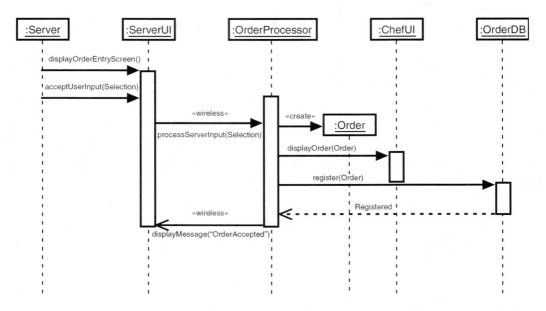

图 20.1　用例"Take an order"的顺序图

20.2.2　用例"Change an Order"

下面让我们分析下一个用例。根据上一章，用例"Change an order"的步骤序列为：

1. 服务员激活他的手提式个人计算机中的"修改定单"用户界面；
2. 屏幕上出现了这名服务员已经发送了的定单的列表；
3. 服务员在定单列表中选择要修改的定单；
4. 服务员重新录入要修改的定单的修改信息；
5. 定单处理程序将修改后的定单发送到厨房的桌面电脑。

同样，绘制该用例的顺序图可以帮助我们细化和修改用例。在步骤 4 之后，毫无疑问我们想要系统创建一份修改后的定单。在步骤 5 之后，系统应该将修改后的定单信息保存到数据库中。

因此，新的用例步骤序列应当是：

1. 服务员激活他的手提式个人计算机中的"修改定单"用户界面；
2. 屏幕上出现了这名服务员已经发送了的定单的列表；
3. 服务员在定单列表中选择要修改的定单；
4. 服务员重新录入要修改的定单的修改信息；
5. 定单处理程序将修改后的定单发送到厨房的桌面电脑；
6. 定单处理程序输入新的定单到定单数据库中。

图 20.2 是这个用例对应的顺序图。

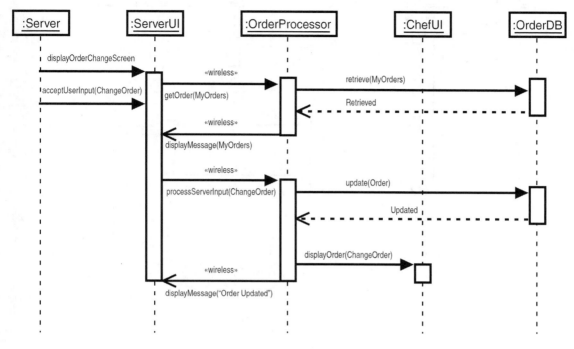

图 20.2　用例"Change an order"的顺序图

20.2.3　用例"Track Order Status"

最后再看看用例"Track order status"。我们在第 19 章就了解到，这个用例包含下列步骤：

1．服务员激活他手提式个人计算机中的"跟踪定单状态"用户界面；
2．屏幕上出现这名服务员已经发送了的定单列表；
3．服务员在列表中选择要跟踪的定单；
4．系统传递一个跟踪消息到厨房的桌面电脑；
5．桌面电脑收到了这条消息；
6．厨师在厨房的桌面电脑上激活"跟踪定单状态"用户界面；
7．厨师在该界面中输入一个时间估计值；
8．系统将厨师输入的时间估计值传给服务员的手提式个人计算机。

当你看完这些步骤，你可能会确定传送到厨房桌面电脑（也就是厨师的用户界面）的信息，将会显示到定单跟踪界面上，其中高亮显示出所需的定单。这就使得步骤 6 变得不再需要，同时，我们还要将"系统"（原始用例中的术语）替换为"定单处理程序"。

最后，你可能需要找几个厨师交谈，询问他们如何估计步骤 7 中所需的时间。也许，你可以开发一个软件包来帮助他们完成这一步。

图 20.3 说明了这个用例。

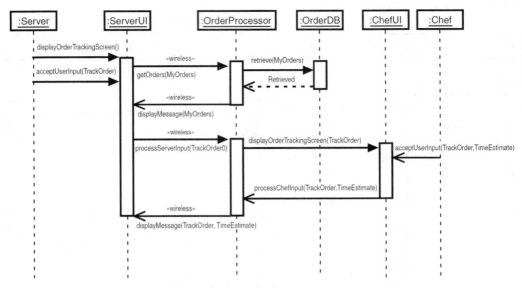

图 20.3　用例"Track an order"的顺序图

20.3　结　　论

看到目前为止开发组所取得的成果，LaHudra、Nar 和 Goniff 心中大喜。

"这可能改变整个餐饮业的性质"，Nar 说。

"我同意我们现在正在做很有意义的事，但是你所说的整个餐饮业的性质是什么意思？"LaHudra 问道。

"是啊，你刚才说的是什么意思？"Goniff 也问。

"好，想想看，服务员的全部工作都要发生变化，厨师也是如此。服务员将不用和以前一样跑来跑去。服务员可以提供有关顾客的信息，因为他们一般总是在顾客所在服务区内活动，只在必须的时候才去厨房和吧台。通过他的手提式个人计算机，服务员还可以监视定单上的菜点的准备过程和服务区的经理。他们比传统意义上的侍者能做更多的事。事实上，他们可以坐在他的服务区内的椅子上工作，因为'工作'并不需要多少走动。"

"那厨师呢？"

"厨师也带有更强的管理能力。他们将使用计算机给助手分配定单，协调厨房内的工作。这对于大的餐馆或大的厨房很重要，因为现在信息的流动是通过网络而不是靠人力。"

"噢……这听起来太好了"，LaHudra 道。"很显然，当你传递信息越多时，越可以减少人员的走动，确实很好。"

"当然很好"，Goniff 道，他现在已经开始筹划以后的业务怎么扩展了。

20.4　小　　结

进行了用例分析之后，开发组的注意力就转移到用例所指出的系统构件上了。有哪些构件？这些构件之间如何交互？本章以开发 WIN 系统为例回答了这些问题。

构件交互的目标是为程序员提供信息——他们编码所需要的一些信息。构件交互分析的结果应该能使程序员更容易地编制实现构件和构件之间通信的代码。

在建立了构件之间的交互模型后，系统离实现又近了一步。在建立了交互模型后，会发现根据这些交互模型，应当对先前用例分析的结果做适当的修改。

20.5 常见问题解答

问：在本书中曾数次讲到对用例修改。在实际的项目中，修改用例经常发生吗？

答： 修改用例几乎绝对是必然的。本章给出的例子是做了精心设计的。实际的项目开发很可能在处理第一个用例时就想到要在系统中使用定单数据库而不是像本章中那样在后面才发现。这个例子的主要目的是为了说明随着认识的深入，所建立的模型也要相应地演化。

问：为什么在第一个用例的分析中一开始没能发现所有涉及到的系统构件？

答： 因为最初的用例分析是在联合应用开发会议中由系统的用户提出来的，而不是由系统开发人员提出的，不难发现，这一章对用例的修改都是与实际系统相关的，而不是与业务相关的。与系统的潜在用户交流获得用例的分析结果，在后面再进行这种修改也是很常见的。

问：我察看顺序图的时候，发现表示消息的箭头各不相同，为什么会这样？

答： 实心的箭头表示一个对象对另一个对象的调用，而调用者等待接收者做某件事情。两条线的箭头代表发送者把控制传送给接收者的消息，发送者不必等待。

问：还是在顺序图中，那些代表激活的矩形有时候长有时候短，为什么？

答： 这些矩形表示对象在执行其某个操作，通常都是对一条来自其他对象的消息做出响应。矩形的长度大致反映了这个操作所需时间的长短。这张图里最长的矩形表示的是 Server UI。Server 向 Server UI 发送一条消息，请求显示一个特定的屏幕界面。矩形的长度反映出这个界面保留的时间长短。

问：还有一个有关顺序图的问题。我注意到在前两张图中，OrderDB 出现在最右边，而在第 3 张图中，它的位置却不同。这可以吗？

答： 是的。记住，最顶层的对象的左右位置无关紧要。实际上，所有的图都由最左端的 Server 对象的消息来启动。但是，Server 并不一定非要在那个位置来启动顺序图的消息。这只是一种很好的形式，但却不是必须的要求。

20.6 小测验和习题

下面这些问题可以让你发挥你的思考，对系统中的构件建立模型。在回答了这些问题之后，别忘了和附录 A "小测验答案"对照，来核对答案。顺便提一句，你需要使用本章中已经分析出的系统构件来做习题，绘制其他用例的顺序图和协作图。

20.6.1 小测验

1. 在顺序图中如何表示新对象的创建？
2. 在顺序图中如何表示时间的流逝？

3．什么叫"生命线"？

4．在一个顺序图中，如何显示出"激活"，激活代表了什么？

20.6.2　习题

1．开发一个与用例"Take an order"的顺序图等价的协作图。

2．为用例"Take a drink order"创建一个顺序图。

3．在 Chef 包中至少选出一个用例，开发这个用例的顺序图。使用本章中的构件列表。另外还要添加其他一些必要的构件吗？

4．Coat-Check Clerk 包中的用例看上去很简单。你能为每个用例加上一两个步骤来修饰它吗？是不是还能发现一些系统中的构件？为每个用例绘制一张顺序图。

5．看一下 3 张顺序图。你能从两张图之间找到重复的内容么？如果有，请用第 9 章中介绍的技术在两张图之间复用重复的信息。

第 21 章　设计外观、感觉和部署

在本章中，你将学习如下内容：
- GUI 设计的一般原则；
- GUI JAD session；
- 从用例到用户界面；
- 用于 GUI 设计的 UML 图；
- 描绘出系统的部署。

你已经学习到了许多用例驱动的分析技术。本章将学习系统设计中两个重要内容。这两方面内容都可以追溯到用例，并且都是最终产品的重要组成部分。**图形用户界面（GUI）**决定了系统可使用性的好坏。**部署**就是要实现预先计划好的系统物理体系结构。

21.1　GUI 设计的一般原则

用户界面设计同样要讲究艺术性和科学性，它要利用图形艺术家的见解和人性因素的研究者的发现，并要考虑到系统用户的直观感觉。现在已经有了许多的 WIMP（窗口、图标、菜单、点击设备）风格的用户界面的设计经验，并且总结出了一套一般的设计原则。下面就是其中的一些主要设计原则：

1. 理解用户要做什么。典型的用户界面设计都要进行**任务分析**（task analysis）来理解用户任务的性质。前面介绍过的用例分析大致相当于任务分析。
2. 让用户在与系统的交互过程中有掌握控制权的感觉。无论何时用户发起的交互都应该可以被取消。
3. 要提供给多种方式来完成每个与界面相关的动作（例如关闭一个窗口或者文件）并且能够友好地容忍用户操作中的错误。
4. 由于受习惯影响，我们的眼睛通常对屏幕的左上角最敏感。可以将最重要的信息放在屏幕左上角。
5. 充分利用空间关系。屏幕上的图形构件之间的距离不要太远，必要的时候可以用一个框将它们包围起来。
6. 重视可读性和可理解性（文字是我们赖以生存的东西）。系统应使用主动语气与用户交流。
7. 即使能够在屏幕上添加很多种颜色，也要限制颜色的数量。颜色的使用要慎重。太多的色彩会分散用户对手头任务的注意力。另外，一个好的做法是让用户选择和修改颜色。
8. 如果想用颜色来表达某种含义，别忘了对用户来说，要理解某种颜色的含义不是很容易的一件事。还要记住，有一些用户（大约 10% 左右）对一些颜色容易搞混淆，分辨颜色有一定困难。

9. 和使用颜色的限制一样，字体也不能滥用。要避免使用斜体或者过于华丽的字体。例如 "Haettenschweiler" 是一个好听不好用的字体名。

10. 尽量保持界面构件（例如按钮和列表框）的尺寸相同。如果使用了大小不一的类似构件、太多的颜色和字体，这种设计被 GUI 设计专家称为 "小丑-喘气" 式设计。

11. 构件和数据域应当左对齐——按照左边界将这些构件对齐。这样在用户浏览屏幕时可以减少眼球的移动范围。

12. 当用户阅读和处理信息并单击按钮时，按钮应该放在信息框的右边并排成一列，或者放在信息框的右下方的一行中。这样的布局符合我们从左到右的阅读习惯。如果其中有一个按钮是默认按钮，应该加亮显示它，并将它设置在第一个按钮的位置。

并不是只有上述的 12 个设计原则，但是这些设计原则是 GUI 设计的基本思想。GUI 设计的难题是在一种不复杂的、容易理解的和直观的可视化环境中向用户传达正确信息。图 21.1 说明了遵循上述设计原则发生的情况。图 21.2 说明了不遵循上述设计原则发生的情况。

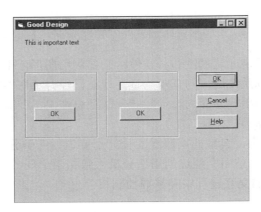

图 21.1　使用 GUI 设计原则的例子

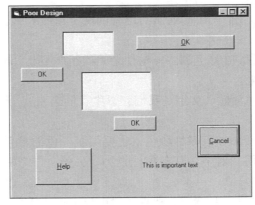

图 21.2　不使用 GUI 设计原则的情况

如果要设计网页，可以访问 www.useit.com，获得许多用户界面设计方面的知识。

21.2　用于 GUI 设计的 JAD Session

　　尽管这部分内容并不直接与 UML 相关，讨论潜在的用户如何决定系统的 GUI 仍然是个好的做法。这就需要再召开联合应用开发会议（JAD session）。

　　为了召开会议，应当召集到可能的系统用户。对 WIN 系统来说，要召集到服务员、厨师、服务员助理、厨师助理、清洁师和取衣员。参加会议的开发组成员要包括程序员、系统分析员、建模者和协调者。会议的目标是理解用户的需求并实现一个基于用户理解的用户界面——它是一个用户将系统平稳地集成到业务过程的接口。传统的开发方式（从一开始就编码，想通过编码过程来直接与用户交互，修改业务过程来适应用户的需要）应当被彻底摒弃。

　　为了保持会议的高效率进行，根据用户的角色成组地约见他们。要根据在会议中处理的用例的数量计划好每次会议的时间。这只是粗略的指导原则，因为用例之中有一些可能非常复杂，耗时是不相同的。另外，不要忘了在 GUI 设计的过程中可能会发现新的用例。

　　用户在会议中有两方面任务，第一，要在会议中导出用户界面屏幕。第二，他们在会上做出是否认可开发组开发的用户界面原型的决定。

　　用户如何导出屏幕界面呢？首先由会议协调者提出一个用例，用户就从这个用例开始，讨论如何借助要开发的系统实现这个用例。当他们的讨论深入到具体的屏幕界面的层次时，用户就开始使用一些实体模型来说明这些界面。协调者提供一张很大的绘图纸，用来代表屏幕，然后在这张纸上绘制出 GUI 构件（例如下拉式菜单、按钮、组合框、列表框等）。用户的任务就是要讨论出屏幕中应当有哪些 GUI 构件，以及这些 GUI 构件的位置。

　　当用户就屏幕上构件的种类和数目达成一致后，开发组成员就根据用户的决定开发出界面原型。开发界面原型的时候要遵循上一节提到的 GUI 设计原则。开发出原型后，开发组要将原型提交给用户，征求用户的意见，做出必要的修改。

　　所有上面介绍的内容的实质，就是尽量由用户来推动开发过程。按照这种方式开发出的系统可以在实际的日常业务中发挥最大的作用。

21.3　从用例到用户界面

　　用例描述了系统的用法。因此用户界面必须能够起到实施用例的作用。

　　用例的顺序图只是用例的一个角度的视图。如果我们能够将顺序图"旋转"成三维的，使顺序图最左边面向读者，从这个角度观察，就得到了用户界面（如图 21.3 所示）。

　　让我们考察 Server 包中的用例，并看看这些用例如何映射到 WIN 用户界面。下面将这些用例重新列出：

- Take an order
- Transmit the order to the kitchen
- Change an order
- Track order status
- Notify chef about party status

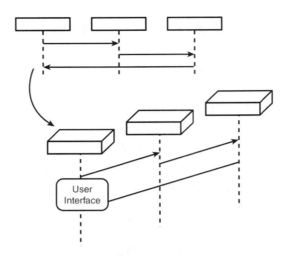

图 21.3　将顺序图旋转以使用户界面面向读者

- Total up a check
- Brint a check
- Summon an assistant
- Summon a busser
- Take a drink order
- Transmit drink order to lounge
- Receive acknowledgment
- Receive notification from lounge
- Receive notification from kitchen

Server 包的接口必须考虑到所有这些用例。

　　一种方式是将这些用例划分为不同的组。对于上述用例来说，3 个组就足够了。一组处理定单（"Take an order"、"Change an order"、"Track order status"、"Take a drink order"）。另一组处理账单（"Total up a check"、"Print check"）。第三组针对发送和接收消息（"Notify chef about party status"、"Summon an assistant"、"Summon a busser"、"Transmit drink order to lounge"、"Receive acknowledgment"、"Receive notification from lounge"）。

　　应当从一个主屏幕开始，然后开始讨论各个用例组所对应的屏幕。应当可以从一组用例的界面导航到另一组用例。在一组中的用例所对应的界面之间应当能相互导航。图 21.4 是最开始的主屏幕。这个屏幕用于手提电脑，因此它的尺寸要进行必要的压缩。

　　我们的 JAD session 将达成这样一个约定：一组内的导航按钮放在屏幕右边，组间的导航按钮放在屏幕底部。图 21.5 显示了 Server 包接口中的第一屏，也就是显示与定单有关的用例的一屏。

　　这个屏幕以 Take Order 模式打开。屏幕中白色框是可滚动的显示菜单的区域，服务员可以在这个区域中查看顾客所选择的菜肴品种（当我们讨论界面时，所谈论的是餐馆这个领域中的事物，要格外小心"菜单"这个词的使用）。点击"OK"按钮就生成定单并且将定单发送到厨房的 PC 机中。点击屏幕右部的按钮就可以导航到其他窗口。

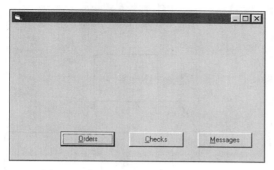

图 21.4　Sever 包中用例的最初的主屏幕

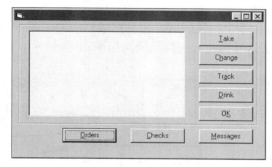

图 21.5　与定单有关的用例的屏幕界面

点击底下的一排按钮可以引发单独的一组功能。例如，"Message"按钮，可以产生如图 21.6 所示的屏幕。另外，用户界面不一定要完全可视，界面可以包含一个语音信号通知服务员一个消息的到来。用户可以点击"Read"按钮读取消息的信息。

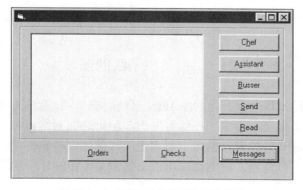

图 21.6　与消息有关的用例的屏幕界面

21.4　用于 GUI 设计的 UML 图

UML 并没有给出具体的有关如何进行 GUI 设计的建议。但是在前面曾经提到过：回顾第 8 章"状态图"，曾经提到过一个有关 GUI 状态转换的例子。尽管这个例子探讨的内容比目前所讲的更为深入，但是它说明状态图是描述用户界面的有用工具。可以使用状态图来描述用户界面的切换流程。图 21.7 显示了 Server 的界面中的高层屏幕之间如何相互联系。

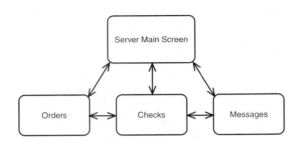

图 21.7　Server 的界面中高层屏幕的切换流程

由于一个特定的屏幕由多个构件组成，带有组成结构的类图很适合用来对屏幕建模。图 21.8 是一个和图 21.5 所示的屏幕相对应的组成结构图。

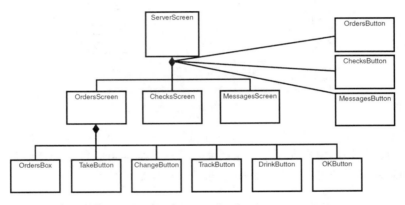

图 21.8　对应于图 21.5 的界面构件类的组成关系图

21.5　描绘出系统的部署

在 GRAPPLE 开发过程的分析段产生 WIN 系统的概念后，系统工程师就要开始考虑系统的物理体系结构是什么样子。系统工程师将考虑各种可选的网络拓扑结构以及如何用无线方式实现这些结构。他还要考虑网络的每个节点中应该部署哪些软件构件，这个设计段不必等到分析段完全结束就可以开始。它的动作可以与其他 GRAPPLE 中的段中的动作并行进行，例如可以和 GUI 设计并行进行。

关键的一点是项目经理要跟踪所有段中的所有动作。

21.5.1　网络

有几种不同类型的网络结构（参见第 13 章中的有关内容），系统工程师面临多种选择。选择的依据是能够采用无线结构平稳地连接系统中的手提式计算机。

为了理解系统工程师所采取的决策，让我们先来看看无线局域网（Wireless LAN，

WLAN）。通常一个被称为访问点（access point）的无线收发装置坐落在某个固定位置，并和无线设备通信。访问点可以和一个局域网（通常的范围在一个花园左右大小的有线局域网）连接起来。访问点越多，无线局域网的范围就越大，访问它的用户也就越多。

系统工程师必须决定在餐馆中要布置多少个访问点，无线网络采用什么类型和布局，手提式电脑中内置了无线局域网功能还是需要安装什么类型的 PC 卡支持无线网络等等。

为了以后讨论的方便，让我们假设系统工程师选择了细缆以太网（参见第 13 章）。

21.5.2　节点和系统部署图

在前面早已提到过系统中的一些节点。服务员、服务员助理、清洁师将使用手提式计算机。让我们假设系统工程师选择了需要 PC 卡的手提式电脑。

厨房、存衣间和休息间中将使用桌面电脑。每台桌面电脑都连接一台打印机，此外，每个服务区都有一台连着打印机的桌面电脑，以便服务员打印和获取账单而不用跑很远（这台桌面电脑可以描述为服务员的打印服务器）。

为了说明系统的部署，系统工程师绘制和提交的部署图如图 21.9 所示。这个图最终将被删除掉，但是用来开头不错。

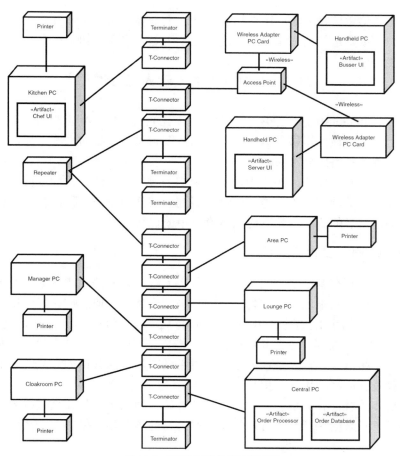

图 21.9　WIN 系统的原始部署图

21.6　下　一　步

开发组已经经历了从用例到用户界面再到 WLAN 的系统部署，下一步干什么呢？

首先，系统分析员要整理模型。他们要查阅模型字典，消除模型中的二义性。他们要确保在所有图中使用的术语的前后一致，例如"菜单"和"服务员"之类的有二义性的术语不能在图中出现。当 GRAPPLE 开发过程的所有必要的分析和设计段都完成后，开发组要将分析和设计的结果编制成设计文档，并提交一份文档的副本给客户和程序员。

下面程序员将设计转变为程序代码（编码部分已经超出了本书的范围）。编制出的代码要经过测试，然后根据测试结果修改代码——这个过程反复进行直到全部代码都通过测试为止。用例分析是进行测试的基础。

接着是文档编制人员开始编制系统的文档，并且他们还要编制用户培训材料。好的文档编制过程应该向一个好的系统开发过程一样（要仔细规划、分析和测试），并且在开发过程中尽早开始。

进行扎实的分析和设计并且得到了内容丰富、组织良好的文档，系统部署就可以平稳地进行。

核心思想是要将主要精力集中于分析和设计之上，以尽量减少开发者在系统的实施中所遇到的问题，并且项目最终的成果是产生能够完全满足客户需要的系统。

21.7　听听项目的发起人怎么说

LaHudra、Nar 和 Goniff 为所采用的开发过程无比兴奋。开发组让他们在整个过程中都待在自己的岗位上，并给他们提供了基于 UML 的蓝图来表明项目的进度。他们也为系统工程师选择可移动设备的策略感到高兴。

整个开发工作激发了他们的想象力，驱使他们去寻找利用新技术的手段——不仅用在餐馆领域之内也用在餐馆领域之外。他们已经意识到大部分的业务过程都包括信息的流动。越是利用技术来加速信息的流动，就越能获得竞争中的优势。

21.7.1　扩展销售区的地理范围

3 个企业家意识到在餐馆之外的领域可以复用无线局域网的解决方案，用于大范围区域中的商业组织。复用不是很困难，因为整个项目中的完整建模信息被完好无损地保存下来。

这个思想可以被用在大型日用商品百货商店，这个商店可用来满足自己动手做（do-it-self）类型的用户需要。这个商店柜台前的售货员可以使用一个手提式电脑，通过一个无线局域网获得商品信息。一个这样的系统可以帮助售货员回答诸如商品的存放地点、商品是否在仓库里以及该商品的用法等信息。

这对售货员和顾客都有吸引力。顾客总是能够确信他从售货员那里获得的是最新的和最准确的商品信息。新来的售货员经过培训可以很容易地学会如何使用这个系统，并且很快就可以开始工作。

LaHudra、Nar 和 Goniff 不久又要涉猎改善家居生活这个领域了。

> **题外话**
>
> 　　尽管 LaHudra、Nar 和 Goniff 是这个领域突出的开拓者，但是在移动设备和无线局域网的应用领域中并不只有他们。
>
> 　　例如，一种移动式电脑已经开始应用到餐馆领域中了。有一个饭店已经使用了这种电脑来实现数字化酒水单。该电脑被无线连接到一个关于酒水的信息库。如果下一次你听到斟酒员将一种酒描述成"有点烈性，带有有趣的、轻快的酒花"，那么他可能要通过一个笔记本电脑和一个无线局域网来完成这个工作。
>
> 　　当然，饭馆和咖啡屋中的"Internet 服务区"也很受欢迎。带上你的无线膝上电脑，在这里小憩，并通过饭馆的无线局域网阅读 E-mail，这是多么惬意的事情。
>
> 　　那么，服务员如何使用手持无限设备向厨房发送定单呢？在我为本书第一版而构思整个这个例子的时候，我觉得我们会在某一天看到这种未来的餐馆。显然，这个"某一天"就是现在。在以色列，一家叫做 Zozobra 的餐馆里，服务员已经不再使用铅笔和小纸板，取而代之的是无线手持电脑。据说，服务员和顾客都对此感到欣欣鼓舞。

21.7.2　扩展餐馆的地理范围

　　这种移动式销售商店对 LaHudra、Nar 和 Goniff 来说还不够，他们想要利用技术来彻底革新餐馆的业务。他们认为可以在全世界主要城市都开设基于 WIN 的餐馆。技术可以加快业务运行速度并可以方便顾客的就餐。

　　Goniff 一直致力于寻找赚钱的新途径，他已经对这个问题思考了一段时间（至少在第 20 章结束前都在思考）。

　　他对他的伙伴说："Fellas，如果我们能在世界主要城市中都开设我们的餐馆，就可以更进一步利用技术使信息在全世界范围传递"。

　　"为什么呢？"，Nar 问道，他的理解总是比别人慢。

　　"想一想，如果我们的餐馆是跨国的，我们就可以使用 Web，并且……"

　　"等等"，LaHudra 说，"我们不早就可以上网了吗，每天我们不是都在 www.lahudranargoniff.com 这个网站上点击吗？"

　　"让我说完，LaHudra，我们可以使用 Web 来让人们进入全世界开设的这些餐馆，还可以使用 Web 来给他们提供一份免费的三明治。"

　　"什么？？？"Nar 和 LaHudra 异口同声，难以置信地问。

　　"按照我下面说的来做，可以在我们的 Web 站点上专门设计一个餐饮部的主页。如果有人点击这个页面，输入了自己的姓名和一些其他信息，并选择了他想要的三明治。并且如果我们的数据库信息显示这个顾客以前没有做过这件事情的话，他就可以转到另一个页面打印出一张三明治的赠券。顾客可以凭这张赠券到我们开设的最近的餐馆领取三明治，品尝它，享受它，并有可能成为我们餐馆的回头客。"

　　"好主意，但是 Web 无处不在，而我们的餐馆却不是，如果有人住的离我们的餐馆比较远但仍想通过 Web 品尝我们的三明治怎么办？"Nar 问。

　　"等等，让我想想"，LaHudra 说，"他们可以使用信用卡在通过我们的站点支付一笔象征性的送货费，然后最近的餐馆可以立刻给他送上一份装在冷藏容器中的三明治。冷藏容器的价格微不足道。顾客收到三明治后可以将它放到微波炉里加热后品尝。按照这样的方式，顾客可以体验一次"LaHudra-Nar-Goniff 式的经历"。如果这个顾客刚好游经某个城市发现了我们的餐馆后，他很可能就到我们的餐馆里就餐了。"

"顺便问一下，打印赠券之前顾客输入的其他信息怎么利用？"Nar 问。

"我在你之前就想好了"，Goniff 回答道，"我们可以根据顾客输入的信息给顾客发送电子邮件来为我们的餐馆促销和做广告，可以根据人数统计来确定——如果某个顾客同意给他们发电子邮件我们就给他发这样的邮件。"

"那开发组在哪？我们现在就得去找。"

21.8　小　　结

当项目进行到 GRAPPLE 开发过程的设计段，要集中考虑的两项是用户界面和系统部署，这两个问题都是由用例驱动的，并且都很重要。

用户界面设计要符合审美观点和科学规律。通过设计 WIMP 风格的界面长期积累的经验，已经得出了许多用户界面的设计原则。本章介绍了其中的一些设计原则。当开发组设计图形用户界面时要记住这些原则。

用例驱动了用户界面的设计。系统必须要能让用户完成每个用例，用户界面就是通向用例的大门。

开发组的系统工程师要负责描绘出系统的物理体系结构，这项工作可以与许多项目中的其他工作并行开展。系统的体系结构是由用例驱动的，因为系统的使用方式最终决定了系统的物理特性和系统构件的布局。系统工程师所提供的 UML 部署图要描绘出系统中的节点、运行在节点上的软件构件以及节点之间的连接。尽管按照 GRAPPLE 开发过程系统部署是出现在开发过程的后期，但是没有理由不在一开始就考虑系统的部署。正如本章所指出的，需求可以引发许多开发过程中的基本问题。

在建立了系统的模型之后，建模信息可以在许多其他的新环境中重新使用。模型可以在许多其他的领域中得到运用。

21.9　常见问题解答

问：在用户开发出纸面上的用户界面原型后，难道开发组还非要不辞辛苦地开发出计算机上的屏幕界面提供给用户认可吗？毕竟已经有了纸面上的屏幕界面，并且界面中的构件在屏幕中的位置已经确定了。用户仅仅等到开发出可工作的系统后再认可用户界面，这样做不可以吗？

答：绝对应该给用户提供真实的屏幕界面——"真实"的含义是它必须出现在计算机屏幕上。首先，用户很可能在真实的用户界面上看到纸面上没有的东西。另一个原因（与前一个原因有关）是纸面上的界面构件的位置只能大致反映屏幕中真实的构件所处的位置（只是相对于代表屏幕的图纸来说是正确的）。纸面上的构件之间的空间关系相对于真实的屏幕界面可能有所失真。真正开发出屏幕上的界面后很可能与纸上的有所不同。另外屏幕快照是设计文档中非常有价值的部分。

问：本章列举的 GUI 设计原则中的一条是要给用户提供多种方式来完成与用户界面相关的操作。我知道这和 UML 不直接有关，但是为什么这个问题还是很重要？

答：这条原则之所以重要是因为不能预测用户执行操作时环境。有时候用户主要使用键盘，这时候组合键要比鼠标更适合于用户。有时候用户使用鼠标完成操作，鼠标就更适合于用户。完成同一任务的这两种操作方式系统都应该提供，这样可以使用户更容易地与系统交互。

问：问一个与 UML 不直接相关的问题，为什么要使用"主动语态"设计原则？

答：研究表明，人在听对方陈述的主动语态语句时要比听被动语态感到更舒服。此外，采用主动语态所需要的字数更少，可以比被动语态节省宝贵的屏幕空间。用户（以及出版者和编辑）更喜欢接受"Click the next button to continue"这样的指令，而不太喜欢"The Next button should be clicked by you in order for the process to be continued"这样的指令。

问：我想提一些额外的问题，在哪里可以找到更多的无线局域网的相关内容呢？

答：要找无线局域网的相关内容，可以访问 www.wlana.org，这是无线局域网协会（WLANA）的站点。WLANA 是营销 WLAN 构件的公司组成的协会。

21.10　小测验和习题

下面的问题是为了测试所学的设计系统外观、感觉和系统物理体系结构的部署有关的知识。仔细解答，然后参考附录 A "小测验答案"。

21.10.1　小测验

1．什么是任务分析？
2．前面已经做过的哪种分析大致等价于任务分析？
3．什么是"小丑—喘气"式设计？
4．给出 3 个原因，说明 GUI 中要对颜色的使用施加限制。

21.10.2　习题

1．使用 UML 状态图对厨师的用户界面建模。
2．使用笔和纸设计厨师用户界面中至少一个屏幕。先从用例的分组开始，然后遵照 JAD session 中的有关约定。如果你使用过 Visual Basic 或者其他类似的可视化开发工具，最好只用它们来做这个练习，根据纸面界面开发出用户界面原型。
3．尝试扮演系统工程师的角色，研究和选择使用手提式电脑的无线局域网系统的部署方案（不选择本章中所选择的 PC 卡和访问点的方案而选用其他的）。
4．假设开发组决定使用掌上电脑而不使用手提式电脑。继续尝试扮演系统工程师的角色，列出所有这种选择的利弊。研究用掌上电脑或者便携式个人计算机实施无线局域网的方案，相应地修改图 21.9。

第22章　理解设计模式

在本章中，你将学习如下内容：
- 如何参数化一个类；
- 设计模式背后的思想；
- 运用设计模式；
- 使用自己的设计模式；
- 设计模式的优点。

我们已经学习了 UML 的基础知识，并且学习了如何在项目开发环境中使用 UML。现在，我们来了解一下 UML 对设计模式这一有用的思想的支持，并以此结束本部分的内容。

前面的第21章已经涉及了各种不同的主题。从类图到顺序图，从状态图到 JAD session，目标是要让你学会如何在真实世界中经常遇到的各种情形中运用 UML。

现在让我们转移一下视线。本章将研究 UML 在另一个日益普及的领域中的应用。在这个应用领域中，UML 通过对设计模式的表达，捕获了在实际项目和场合中反复被使用的一些问题解决方案的精髓。

22.1　参　数　化

在第2章"理解面向对象"中，曾经讲过类是创建对象的模板。并提到过可以用自动饼干机来比喻类，它可以制造出一块块饼干对象。对象是类的一个实例。

为了进一步恢复你的记忆，我们仍然回到那个洗衣机的例子中去。详细指明洗衣机（washing machine）类（使用正确的表示法应该叫 WashingMachine 类）具有 bandName（品牌）、modelName（型号）、serialNumber（序列号）和 capacity（容量）等属性，以及 acceptClothes（）（添加衣物）、acceptDetergent（）（添加洗涤剂）以及 turnOn（）（取出衣物）操作后，就有了创建洗衣机对象的模板。每次要创建一个洗衣机对象，都要给这些属性指定具体的值。

UML 可以让你更进一步。它提供了一种类似于创建新对象的创建类的机制，可以为某类的一个属性子集指定值从而生成一个具体的类，而不是类的对象。这种类被称为**参数化类**（parameterized class）。它的 UML 表示法如图 22.1 所示。类矩形框右上角挂着一个小的虚线框，框中是为了生成具体类所需要指定值的参数。为了记录的方便，这些参数被称为**无界参数**（unbound parameter）。当为这些参数指定值时，就说这些参数被**绑定**到这些值上。右上角虚线框中的"T"是一个分类，它说明这个类是创建其他类的模板。

图 22.1　带参数的类的 UML 图标

这里有一个例子。假设将 LivingThing（生物）设置为参数化类。它的无界参数可以是 genus（种）和 species（属），它还具有生物通常都具有的属性如 name、height、weight 等，如图 22.2 所示。

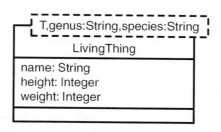

图 22.2　LivingThing 类是一个参数化类

如果将 genus 绑定到"homo（人类）"，species 绑定到"sapiens（人）"，那么就生成了一个叫做"Human（人）"的类。类的名字被绑定到 T。图 22.3 说明了绑定关系的一种表示法。这种风格的表示法被称为**显式绑定**（explicit binding），因为它明确地显示出了生成的类和参数化类之间的依赖关系，并提供了生成的类的名字。

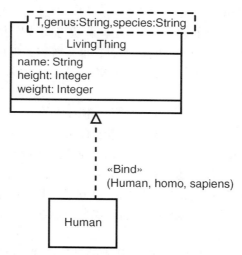

图 22.3　参数化类 LivingThing 的显式绑定

Human 和 LivingThing 之间的连接使用的是我们在前面见过的用来表示接口的实现关系的箭头。还记得接口拥有一些简单的操作，接口和类之间的连接实现了这些操作。多少有些相似，Human 实现了 LivingThing 的一些规范。注意，我说的是"多少"。为了表现出这种关系的特殊性，我们使用了«Bind»并用括号把绑定参数括起来。

另一种风格的表示法叫**隐式绑定**（implicit binding）。不显示出依赖关系，绑定参数出现在产生的类名后面，并用尖角括号括起来，如图 22.4 所示。

不论采用哪种表示法，都可以为 name、height、和 weight 等属性指定值来创建 Human 类的对象。

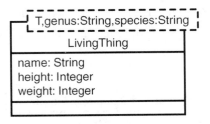

图 22.4　带参数的类 LivingThing 隐式绑定的表示法

22.2　设　计　模　式

可以将参数化的思想进一步扩展。任何 UML 分类都可以带参数（即参数化）。实际上一组互相协作的分类都可以被参数化，这就引出了一个令人感兴趣的研究领域。

面向对象技术在近几十年得到的日益广泛的应用，对经常重复出现的类似问题，运用面向对象技术已经总结出许多健全的解决方案。这些解决方案被称为**设计模式**（design pattern）。由于设计模式是面向对象技术领域的产物，因而它也具有容易形成概念、容易被表示成图以及容易被复用的特点。因为我们现在使用的是 UML，它是一种通用的面向对象建模语言，因此也可以用来解释和描述设计模式。

不出所料，使设计模式日益流行起来的第一本著作的名称就叫做 *Design Pattern*（由 Addison-Wesley 出版社 1995 年出版）。该书的作者有 4 个人（Erich Gamma、Richard Helm、Ralph Johnson 和 John Vlissides），因为此书的缘故，他们以"Gang of four（四人组）"而著称。

设计模式实际上是一个设计问题的解决方案（一个模式）。它是在项目遇到具体的设计问题后被提出的，并且开发组发现所提出的问题解决方案在其他的语境中也同样适用。每个设计模式描述了一组相互通信的对象或者类。这组对象可以在具体的语境中用来解决一个设计问题。

在他们的书中，四人组分类整理了 23 个基本的设计模式。根据每个模式的用途，这些设计模式被分为 3 类：（1）**创建型**模式（creational pattern）处理新对象的创建过程，（2）**结构型**模式（structural pattern）处理对象和类的组成，（3）**行为**模式（behavioral pattern）详细说明对象或类之间如何交互以及如何分配职责给对象或类。他们还进一步根据某个模式是应用于对象还是类对模式进行了分类，这种分类标准被称为范围（scope），大部分模式的范围都处于对象层次。

每个设计模式都有 4 个基本组成元素：（1）为了便于用文字描述而对模式所起的名称（name），（2）该模式所能解决的问题（problem），（3）说明如何解决问题以及模式中的对象或类之间如何协作的解决方案（solution），（4）运用模式所产生的后果（consequence）。

现在我们就要讨论前面提到过的这个"令人感兴趣的研究方向"：可以用 UML 模型中的

一个参数化的协作来表示一个设计模式。由于设计模式是一种通用的问题解决方案，因此参数化的协作也起一个通用的名称。给模式指定对应特定领域的名称可以使该模式应用于一个具体的模型。参数化的协作可以帮助你在模式的语境中可视化地表达出具体问题领域的解决方案。

22.3　职责链模式

下面就让我们来考察一个设计模式，你将会理解前面对设计模式所做的介绍。

职责链（Chain of Responsibility）是一种可应用于许多具体领域的行为模式。这个模式处理一组对象和一个请求之间的关系。当一个请求可以被多个对象处理时就可以运用这个模式。链中的第一个对象获得请求，解决它或者把请求传到链中的下一个对象，直到有一个对象可以解决请求，这个传递才会停止。最初发出请求的对象并不知道它所发出的请求是被哪个对象处理的。最终处理请求的对象被称为**隐含接收者**（implicit receiver）。

餐馆就是按照这种模式组织的，汽车代理商购买汽车也是按照这种方式。在一个餐馆中，顾客通常并不直接向某个厨师发送请求并且顾客通常也不熟悉厨师。相反，顾客首先发给服务员一份定单，服务员将定单交给厨师，这个厨师可能履行定单上所提出的要求或者将定单转发给助理厨师（LaHudra、Nar 和 Goniff 的餐馆里采用的就是这种工作方式）。在汽车代理商购买汽车时，购买者要向好几个金融机构提交贷款请求直到某个机构决定提供贷款。

现在已经在几个具体的语境中看到了职责链模式的应用。接着就可以抽象地理解它了。这个模式中的参与者包括一个 Client（客户）类、一个抽象的 Handler（处理者）类以及几个抽象 Handler 类的具体子类。请求由客户对象发起。如果一个具体的处理者对象能够处理这个请求，那么就处理它。如果该处理者对象不能处理这个请求，则将这个请求转发给职责链上的下一个具体的处理者对象。图 22.5 说明了这种模式的结构。

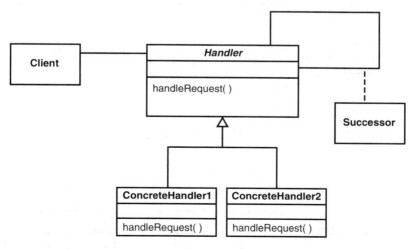

图 22.5　职责链模式的结构

这个模式背后隐藏的思想是使一个对象不必知道哪个对象满足了它发出的请求。在为对象分配职责时，这个模式给设计增加了灵活性。这个模式的缺点是它没有保证一定有某个对象处理请求。例如，一辆提出贷款申请的汽车可能不会得到任何一家金融机构提供的贷款。

　　注意图中抽象 Handler 类的自身关联。四人组这样设计的目的是要表明具体的 Handler 类实施了抽象的 Handler 类（在这种语境中，一个对象能够根据自身信息找它的后继对象）。而我倾向于将这种实施关系用如图 22.5 中的一个关联类来表示，这样的设计允许对后继者类增加属性。

22.3.1　职责链模式：餐馆领域

　　在餐馆领域中，抽象的处理者类是 Employee（雇员）类，具体的处理者类包括 Server（服务员）类、Chef（厨师）类和 assistantChef（助理厨师）类。客户类是 Customer（顾客）类，由他发起一个请求，例如签一份定单，并且他并不知道谁将最终处理他的定单请求。

　　将图 22.5 中的类名替换为具体领域中的类名，就得到了图 22.6。

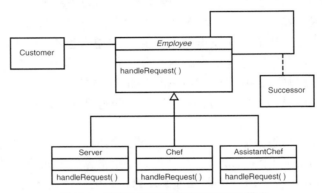

图 22.6　特定于餐馆领域的职责链设计模式

　　图 22.6 虽然很有用，但是它并没有说明特定领域的类名如何对应到模式中的类名。要显示出这种语境，可使用如图 22.7 所示的参数化协作表示法。

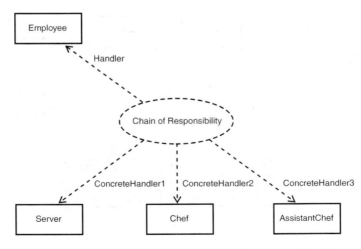

图 22.7　用参数化协作来表示特定于餐馆领域的职责链设计模式

在图 22.7 中，引出虚线的椭圆代表了设计模式中的协作，椭圆中的名字就是模式的名称。模式外围的矩形框代表了协作的参与者对象。带箭头的依赖关系线表示合作要依赖于参与协作的对象。依赖关系线上的标签说明被依赖的、参与协作的对象在模式中所担当的角色。协作的参数化是通过在模式中使用特定领域的类名来表达的。

22.3.2　职责链模式：Web 浏览器事件模型

在开发交互式 Web 页面（Web page）时，设计者必须要考虑浏览器刚刚被打开时的事件模型。对于 Internet Explorer（IE），可以编写 JavaScript 或者 VBScript 代码来响应诸如鼠标点击这样的事件。这段代码被称为一个"事件处理器（event handler）"，它说明了如果有用户鼠标点击事件发生后，Web 页面如何做出响应。

在一个 HTML 文档（document）中，一个页面被分为一些被称作 DIV 的区域，每个 DIV 还被进一步分为几个表单（form）。可以将一个按钮（button）放置在一个表单中。这听起来不是有点像组成关系吗？确实是这样。上面划分的每个元素都是 HTML 文档的构件，某些构件还可以成为其他构件的构件。Gamma、Helm、Johnson 和 Vlissides 整理的模式中也包括组成模式（Composite pattern），并说明了组成模式通常要和职责链模式共同使用。构件-组成关系实施了职责链中前驱与后继之间的链接。前面讲解职责链模式的类结构图时，曾经在括号内说过在某些语境中，对象自己知道如何寻找该对象的后继对象。这里的语境就是前面说的语境之一。

当在一个 DIV 中的某个表单中安放一个按钮，并且 DIV 所在的 HTML 文档被用 IE 打开时，按下按钮就触发了按钮点击事件，这个事件消息先被发送给表单对象，接着被发送给表单对象所在的 DIV 对象，最后被发送给 DIV 所在的文档对象。这些可能接收消息的每个文档元素对象都有自己的事件处理器来响应按钮点击事件。

如果一个 HTML 文档中的脚本程序动态地指明了哪个元素对象的事件处理器被触发执行，那么这段脚本程序就被称为是职责链设计模式的一个实例。图 22.8 显示了事件模型中的类图，图 22.9 用参数化协作表示应用于 IE 事件模型的设计模式。这种模式叫做事件转发（event bubbling）。

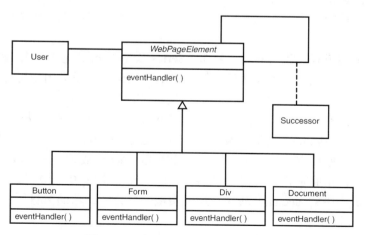

图 22.8　IE 打开 Web 页时的职责链模式

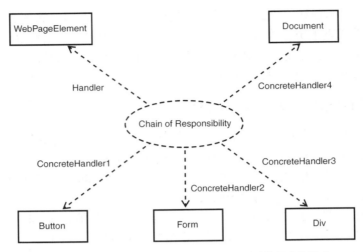

图 22.9　用参数化协作表示的 IE 打开 Web 页时的职责链模式

　　Netscape 公司的网络浏览器 Navigator 也有一个事件模型。它的事件模型正好和 IE 的事件模型相反，叫做事件捕获（event capturing）。在 Navigator 中，最高层的元素（文档）首先获得事件消息并将它向链上的后继者传递，直到到达最初发起这个事件的元素。那么如何修改图 22.8 表示 Navigator 的事件模型呢（本章后面的习题提到的正是这个问题）？

22.4　我们自己的设计模式

　　四人组因为研究并分类整理了他们的设计模式而著称，但是这不意味着他们的模式是唯一可能的模式。相反他们的意图是鼓励人们去彻底地发现和使用模式。

　　为了简要说明这些模式是如何得来的，让我们回顾第 11 章"活动图"。在那一章介绍了一个计算 Fibonacci 数的例子，那一章还有一个计算三角数的习题。

　　这两个问题的解决方案有什么共同特征呢？为了解决每个问题都要设置一个初始值或者一组中间值，还要按照一定的规则来累加中间值，最后整个算法以得到数列中的第 n 个数而终止。

　　我们可以把上述模式称为"数列计算器（Series Calculator）"模式。尽管可以只使用一个对象就可以实施这种模式，为了说明设计模式中的一些概念让我们用一组对象之间的协作来实施这个模式。

　　数列计算器模式有 3 个参与者类，分别是 InitialValue（初始值）类、AccumulationRule（累加规则）类和 FinalValue（终值）类。图 22.10 是这个模式的类图。开始值用属性 first 来表示。如果第 2 个开始值有必要的话，例如在计算 Fibonacci 数时，它用 second 属性来表示。有时，例如在计算阶乘时，这个模式需要一个 zeroth（第 0 项）。累加规则的算法由 AccumulationRule 类中的 accumulate（）操作实现。要计算的项的数目用 AccumulationRule 类中的属性 nth 表示。

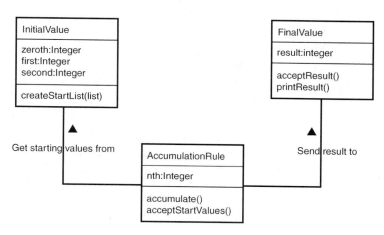

图 22.10　数列计算器模式的类结构

　　在对象之间的协作中，InitialValue 创建了一组开始值，AccumulatoinRule 对象从 InitialValue 对象处接收开始值，计算所需要次数的累加和，FinalValue 接收结果并打印输出。图 22.11 说明了这个交互过程。

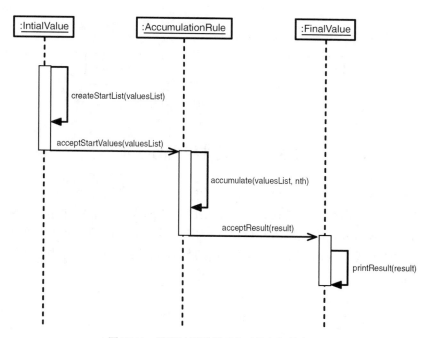

图 22.11　数列计算器模式中对象之间的交互

　　为了将这个设计模式运用到计算三角数中去，我们将模式中的类用计算三角数这个特定问题中的名称来命名，并用参数化协作表示用于计算三角数的设计模式，见图 22.12（这种协作，显然避免了第 11 章练习 3 中提到的"琐碎"的解决方案）。

　　另外再把计算阶乘的参数协作也用图 22.13 表示出来。

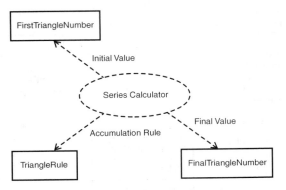

图 22.12　计算三角数的参数化协作

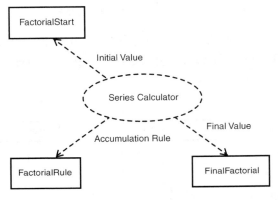

图 22.13　计算阶乘的参数化协作

22.5　使用设计模式的好处

设计模式在许多不同的方面都很有用途。首先，它可以增进复用。如果将一个健全的设计用设计模式来表达，那么这些模式就很容易在日后被你或他人重新使用。另外，设计模式可以提供清晰、简洁的方式用来思考和讨论如何用一组相互协作的类或者对象解决问题。这增加了我们用这种模式作为构件设计的可能性。最后，如果在设计过程中运用了模式，会使文档的编制更容易。

22.6　小　　结

参数化的类（带参数的类）具有无界参数。用值对这些参数绑定可以创建新类。UML中的任何分类都可以被参数化或带参数。一个参数化的协作可以用来表示设计模式——在许多领域中都适用的解决方案。

"职责链"是设计模式中的一种。在这个模式中，对象发送的请求被沿着由对象组成的职责链逐个向后传递，直至遇到一个能处理该请求的对象为止。这个模式是来自一本最著名的介绍设计模式的著作——*Design Patterns*。

我们自己的设计模式用来处理第 11 章中的活动图所代表的问题。可以创建一个用来计算一个数列中第 n 个数的数列计算器设计模式。这个模式的参与者有 InitialValue（初始值）、AccumulationRule（累加规则）以及 FinalValue（终值）等类。

使用设计模式具有很多优点。可以让设计者容易地复用已经被证明过的问题解方案，在设计中引入好的设计思想，并可以使文档的编制更加简化和清晰。

22.7 常见问题解答

问："发现"新的设计模式难度有多大？

答：这不是难不难的问题——设计模式更多地是源于经验的总结。在分析员和设计者的职业生涯中，他们可能会发现一些有规律的事物。在发现了这些规律后，就该考虑如何表示出这些规律。研究表明，某个特定领域的专家在处理他们所遇到的问题时总是用他们最常使用的设计模式。这种模式是使用起来很顺畅，容易实现的基础。

问：模式仅仅被用于系统的设计吗？

答：不。模式在开发过程中到处都可以使用，在任何领域中也都可以运用它。建筑设计师能够清晰地识别出在建筑设计时重复出现的设计风格，四人组是受到建筑设计师的启发而研究和整理出他们的模式的。

22.8 小测验和习题

本章的小测验和习题考察的是 UML 中的一些高级特征。请查阅附录 A "小测验答案"来寻找小测验的答案。

22.8.1 小测验

1. 如何表示一个参数化的类？
2. 什么是"绑定"？有哪两种类型的绑定？
3. 什么是"设计模式"？
4. 什么是"职责链"设计模式？

22.8.2 习题

修改图 22.8，显示出 Navigator 的事件模型。本章的前面曾提到过，在 Navigator 中，事件消息首先是被文档层的对象接收然后向它的元素对象传递，直到遇到最初发起这个事件消息的元素对象。最初发起事件消息的对象可能处于 HTML 文档中比较深的嵌套层次。

第三部分 高级应用

第 23 章 嵌入式系统建模

在本章中，你将学习如下内容：

- 嵌入式系统中的基本概念；
- 用 UML 对嵌入式系统建模。

第 22 章曾提到，本章将会介绍 UML 在另一个热点领域中的应用。这一次要看到的计算机系统不是放在办公室中的普通电脑，也不是掌上或者膝上电脑。相反，它们是隐藏在诸如飞机、火车和汽车等机器内部的嵌入式系统。

23.1 回到餐馆

LaHudra 和他的有闯劲的同伴 Nar 和 Goniff 经营了一个很红火的餐馆。这家餐馆的服务很好，做的饭菜也非常可口，吸引了数英里外的人们来到这里愉快地品尝这里的美味佳肴。

但是有两个缺陷影响了这里的优美情调。他们读完月销售报告后，发现有一个不吉祥的征兆。"看看这里"，Nar 说，将手中的打印结果交给了 Goniff 和 LaHudra。"我们赚了很多钱，但是应该能够赚的更多才对。服务员似乎比正常情况摔掉了更多的盘子。"

"是的，我也注意到了这点"，Goniff 说，"每次他们摔破一个乘满食物的盘子，厨师就得重新做，并且，我们必须要多花一份钱。"

"如果我们的服务员带上防滑手套怎么样？"LaHdra 问。

"可能会有点用"，Goniff 回答说，"几个碟子在这，几个碟子在那里，过不了多久我们又将讨论钱的问题了。但是服务员还有其他问题令人头疼。"

"什么问题"，Nar 问。

LaHuda 说，"这些报告表明，他们的病假时间太多了。结果让我们掌握了一项技术，获得这个技术对我们的餐馆是很好的事情。它能在我们人手短缺的时候帮助我们——我们总能够用不够的人手来完成通常要更多的人才能完成的事情。现在应该找出是哪个地方出了毛病"。

23.2 发明之母

三个老板召集在前两个月病假最多的服务员谈话，结果有一个惊人的发现：被打破的碟子数和病假的时间有密切关系。由于服务员长时间要提着手提式计算机，使得他们的手腕变得越来越虚弱，就像松散的焊接会使船漏水一样，他们的手腕经常疼痛，导致无法正常工作。

"我们能不能想办法帮助他们？"Nar 同情地问。

"帮助了他们同时也是帮助我们自己"，Goniff 说。

"也许有什么方法可以加强他们的握力和腕力？"LaHudra 说。

"那么我们能做些什么呢？"Goniff 问道，"给每个人买一个握力锻炼器？"

"我们应该做最坏的打算"，LaHudra 说。"但是我确实不知道小小的握力锻炼器到底有多大效果。但不管怎样它或多或少地能起到锻炼握力的作用。"

"不管怎样这仍是个好主意"，Nar 说。"也许我们只需要比商店里能买得到的握力锻炼器再好一些的就够了。"

"真的吗？那我们怎么得到更好的握力锻炼器呢？"LaHudra 问。

Nar 说道，"据我所知，大部分人都认为最好的和最有效的锻炼方式是在肌肉发挥力量时产生尽可能大的反作用力。如果我们能够制造出一个能够在锻炼者前臂肌肉尽力时产生尽可能大的反抗力的握力锻炼器，我敢打赌，我们的服务员就能比使用普通的握力器花费少一半的时间达到同样的效果。"

"那么我们怎么得到这样的握力器呢？"LaHudra 迫不及待地问。

"用和我们经营餐馆的同样办法得到它，使用技术"，Nar 回答。

"等一等"，LaHudra 说，"我们已经在餐馆里能使用计算机的地方都使用了，你的意思是不是在告诉我们要在握力器里加一台计算机？"

"为什么不？"Nar 回答。

"确实是这样"，Goniff 插嘴说，"我同意你们的意见，如果制造出这样的握力器，我们还可以在市场上出售它。我已经给它起了一个完美的名字，叫 LNG GetAGrip（锻炼一下握力）怎么样？"

"我想我会喜欢上它的"，LaHdra 小心谨慎地说。

"我早已经喜欢上它了"，Nar 充满幻想地说，"GetAGrip 的开发组在哪里？"

23.3　研制 GetAGrip

WIN 开发组重新集合起来，他们的新任务是将一个叫做 GetAGip 的"智能式"手腕/前臂锻炼设备从设想变为现实，这种设备能够在锻炼者往复用力时提供可变的反作用力。肌肉越用力，那么挤压 GetAGrip 就越费力。

在实施过程中，开发组对如何测量肌肉紧张程度做了研究。他们学到有一种来自肌肉活动纤维的电子信号，这种信号叫 EMG，它是残疾人操纵电子设备时使用的仪器的基础。

使用 EMG 信号工作

这不是一次科幻旅行。在 90 年代初期，神经科学家 David Warner 在 Loma Linda 大学医学中心将一些电极安置在一个男孩的面部，并将这些电极与一台计算机连接。这个男孩由于一场车祸，颈部以下全身瘫痪。该装置能够通过控制某些面部肌肉的收缩指挥一些计算机屏幕上的对象移动。

要想进一步了解这个激动人心的领域，可以阅读 Hugh S. Lusted 和 R. Benjamin Knapp 的文章 Controlling Computers with Neural Signals，Scientific American，1996 年第 10 期。

还是在我编写这本书最初的版本的时候，Lusted 继续致力创建 SGS Interactive，这是一家研究通过生物传感器和计算机交互的公司。它们的一种产品是可以戴在胳膊上的传感器，连接到计算机以后，你就可以通过网络和另一个以同样方式佩戴传感器的对手掰腕子。详细内容请查看 www.sgspartners.com。

开发组得出结论：可以在人的前臂上安放一些小的、价格不太贵的电极，这些电极再将捕获到的 EMG 传送到一台计算机。可以使用这些信号来计算如何调节握力锻炼器的反作用力。这就要用到实时数据采集和分析技术，因为反作用力的调整必须在肌肉收缩后越快计算出来越好。

一种可能的设计方案是将表面电极放在前臂上，再将它连接到一台桌面计算机，让这台桌面计算机分析收集到的 EMG 信号，对握力器的反作用力做出必要的调节。这种方法的优点是可以在桌面计算机的显示器上显示出各种数据，并可以打印出一些有用的中间过程信息，分析各种数据变化的走向。但是它的缺点是锻炼者必须要和一台计算机连在一起才能锻炼。

另一种方案是将计算机芯片直接嵌入握力器中，这样锻炼者就可以带着这个握力锻炼器到处走动而不影响锻炼效果。图 23.1 是这种设计方案的示意图。在每次往复用力的时候，锻炼者都要握住压条，并使它尽量向底座方向移动。

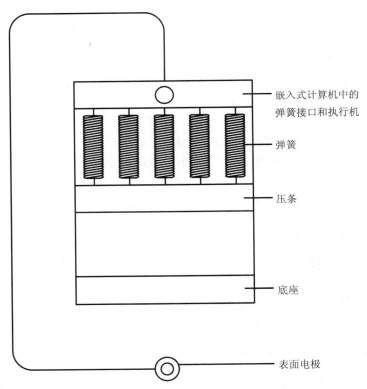

图 23.1　GetAGrip 的嵌入式版本

嵌入式设计方案的好处是锻炼者可以在任何地方使用这种握力锻炼器（除非握力锻炼器中的电池没电了）。缺点是无法得到桌面电脑可以存储和显示的信息。

JAD session 讨论的结果表明，所有的人都更喜欢第二种设计方案，这就将我们带入了神奇的嵌入式系统世界。

23.4　什么是嵌入式系统

现在，你已经知道到处都有计算机的存在。但是你可能不知道的是，"到处"所代表的版图有多大。你所看到的周围的计算机只是冰山的一角。还有许多计算机隐藏在不容易看到的表层下。它们嵌入在各种电器、汽车、飞机、工厂中的机器、生物医学设备及其他更多的设备中。即使是我们经常使用的打印机中，也带有计算能力很强的微处理器。

所有这些肉眼不容易看到的计算机都是**嵌入式系统**的例子。只要有"智能式"设备的地方，就有嵌入式系统。

嵌入式系统通常不带有与我们直接进行交互的键盘和显示器等设备。相反它通常只是一个安放在某台设备（例如家用电器）中的芯片，并且这台设备看上去一点也不像我们通常见到的计算机。嵌入式系统决定了它所控制的设备所能做的事情。

在使用这种类型的系统时，丝毫也没有使用一台常见计算机的感觉，只是和一台普通的设备打交道。例如，在使用电烤箱烤一块面包时，你根本不必关心其中的嵌入式计算机芯片如何分配热量——只想着你的面包能被烤熟就可以了。

当在桌面计算机上完成了所需要的工作后，可以关闭这台计算机的电源。嵌入式系统可不具备这种奢侈的功能。一旦嵌入式系统就位后，它就得日复一日甚至年复一年地连续工作。

如果在使用字处理软件或者电子表格软件时系统发生了点故障，那么很可能引起桌面系统的崩溃，只需要重新启动计算机就可以恢复工作。但如果嵌入式系统中的软件失效了的话，结果可能是灾难性的。

因此一个嵌入式系统并不做通常意义上的计算。它是用来帮助其他类型的设备完成自己的工作。其他类型的设备是与用户和外界环境交互的设备。

你可能已经想到，为嵌入式系统编程不是一件简单的事。程序员需要了解许多有关系统方面的知识——它发出什么信号，它具有什么样的时间参数等。

23.5　嵌入式系统中的基本概念

下面让我们看看嵌入式系统和它所能做的事。下面的每个小节介绍的都是嵌入式系统中重要的概念。

23.5.1　时间

如果你回顾到目前为止对嵌入式系统的讨论，会看到时间约束是嵌入式系统中很重要的概念。事实上，时间约束是嵌入式系统分类的基础，嵌入式系统按照时间约束被分为：**软**（soft）系统或者**硬**（hard）系统。

软系统只是力求尽快地工作而不需要在一个指定的时间界限内完成。而硬系统也要尽可能快地工作，除此之外，它还要在一个严格的时间界限内完成任务。

23.5.2　线程

在嵌入式系统中，**线程**（thread，也叫做任务，task）是一个简单的程序。它是应用程序的一部分，并在应用程序中完成一些有意义的工作。它要尽力去获得 CPU 的使用权。**多任务处理**（multitasking）是在有多个线程要执行的情况下，对 CPU 执行各个线程的时间进行调度，并在线程之间切换对 CPU 的占有。

每个线程都有一个号码，代表了该线程在应用程序中的优先级。并且一个线程通常有 6 个状态：

- **休眠**（dormant）——线程驻留在内存中，但是操作系统不能使用它。
- **就绪**（ready）——线程具备了运行的条件，但是有一个更高优先级线程正在运行，因此它暂时不能运行。
- **延迟**（delayed）——线程将自身挂起一段指定的时间。
- **等待事件**（waiting for an event）——必须在某一事件发生后该线程才能运行。
- **运行**（running）——线程正在占用 CUP。
- **中断**（interrupted）——CPU 正在处理中断。

图 23.2 是说明这些状态和状态之间转移的 UML 状态图。注意，图中没有起始状态和终止状态。这说明线程从一个状态转移到另一个状态的过程是一个无限循环过程。

你可能会问什么是"中断"，请继续阅读，寻找答案。

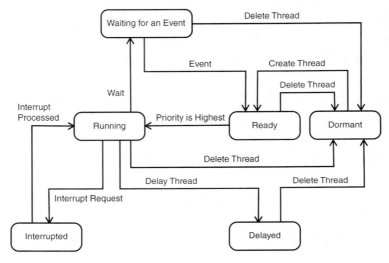

图 23.2　嵌入式系统中线程的状态图

23.5.3　中断

中断（interrupt）是嵌入式系统中的一个重要概念。它是通知 CPU 某个异步事件发生的一种基于硬件的机制。如果某个事件的发生时间是不可预测的（也就是无法"同步"），那么这个事件就是异步的。例如，在 GetAGrip 中，EMG 信号就是异步发生的。

当 CPU 识别出某个中断，它就将当前的环境保存起来然后调用一个 ISR（中断服务例程，Interrupt Service Routine）来处理引起中断的事件。当 ISR 完成中断事件的处理后，CPU 会将周围环境恢复到刚好发生中断时的状态。

在中断处理完成后，CPU 如何恢复到刚好发生中断的状态取决于操作系统的类型，后面将对此介绍。

系统具有中断能力是很重要的,因为它能使 CUP 脱离正在运行的线程而转去处理突然发生的事件。中断对于一个实时系统来说更加重要,因为实时系统必须要能够及时地响应外界环境中发生的事件。

时间约束是如此重要,嵌入式系统必须要考虑到中断和它的处理过程所要花费的时间,即使这个时间非常短暂。从 CPU 被通知一个中断到它开始保存周围的环境(也就是中断上下文,context)需要消耗一定的时间,这段时间叫做**中断延迟时间**(interrupt latency)。**中断响应时间**(interrupt response)是从中断请求到达 CPU 到 CPU 启动 ISR 所需要的时间。当 ISR 运行结束时,CPU 重新回到刚刚发生中断时的状态(恢复上下文)所需要的时间叫做**中断恢复时间**(interrupt recovery)。

有一种特殊类型的中断:**时钟周期**(clock tick)中断。时钟周期中断是系统的一种"心脏",它每隔一个固定的时间间隔发生一次(典型的时钟周期中断每隔 10～200μs 发生一次)。时钟周期决定了一个嵌入式系统的时间约束。例如,处于延迟状态的一个线程要在指定数量的时钟周期内保持延迟状态。

23.5.4　操作系统

实时操作系统(real-time operating system,RTOS)在线程和中断之间担当交通警察的角色,协调两个线程之间及一个线程和一个中断之间的通信。内核(kernel)是实时操作系统的一部分,它管理 CPU 花费在每个线程上的时间。内核也决定下一个要运行的是哪个线程。前面已经提到过,每个线程都要指定一个优先级号码。

内核可以以**抢占式的**(pre-emptive)或者**非抢占式的**(non-pre-emptive)方式调度 CPU,这取决于它如何处理中断。在非抢占式的内核中,当一个 ISR 运行完成后,CPU 重新回到中断请求刚好到达时那个先前运行的线程。非抢占式内核处理的任务被称为**协同多任务**(cooperative multitasking)。图 23.2 适用于一个非抢占式内核。

另一方面,在一个抢占式内核中,当 ISR 运行完成后,正处于就绪状态的线程的优先级决定了 CPU 接下来将处理哪一个线程。如果有一个处于就绪状态的线程的优先级比被中断了的线程优先级高,那么 CPU 就转去运行这个高优先级的线程,而不是回到中断刚好到达时正在运行的线程。因此,高优先级的任务抢占了 CPU。图 23.3 修改了图 23.2 中的两个状态之间的转移,为的是对抢占式内核建模。

图 23.3　修改了图 23.2 中两个状态之间的转移后,反映出抢占式内核中的线程状态转移

使用顺序图对两种类型的内核建模是很有用的。图 23.4 示意了这些图中相互作用的实例所属的类。

图 23.5 对非抢占式内核建模,图 23.6 对抢占式内核建模。在图 23.5 中,我使用了 UML 2.0 中的一个新的和时间相关的建模元素,这就是**持续时间约束**(duration constraint);目的是为了表示我们在前面"中断"小节中提到的术语。花括号内的 d 代表着持续时间(duration)。

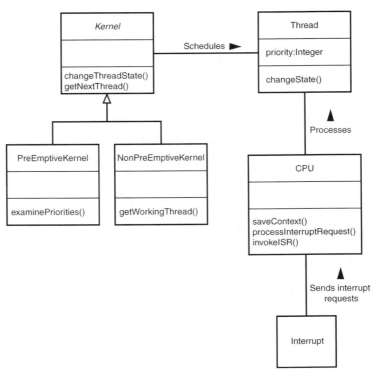

图 23.4　在顺序图中，这些类的实例相互作用

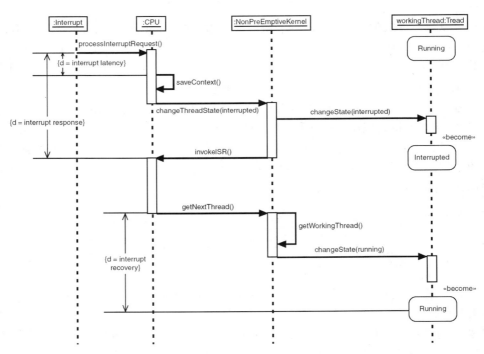

图 23.5　非抢占式内核的顺序图

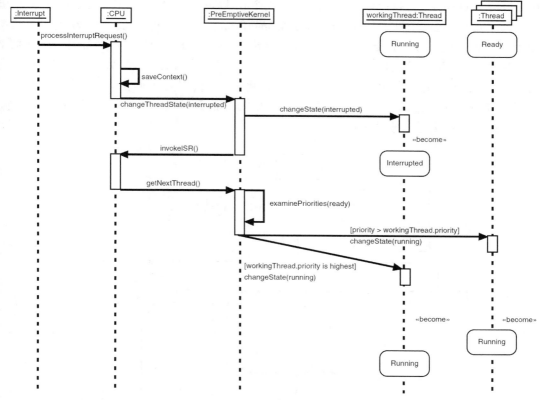

图 23.6　抢占式内核的顺序图

　　两幅图都是混合图，因为我在线程对象的生命线上强加了很多状态图标。这些图标表示图 23.2 中的状态。注意，每条生命线上的«become»表示从一个状态到下一个状态的转变。

　　尽管已经介绍了许多嵌入式系统的背景知识和基本概念，但要记住的是我们只是匆匆浏览了嵌入式系统的皮毛而已。

23.6　对 GetAGrip 系统建模

　　现在重新考虑手头上的任务，即开始 GetAGrip 系统的建模。尽管并不是所有的嵌入式系统都是面向对象的，但仍然可以使用面向对象方法对系统和系统同外界的交互建模。

　　根据以上对嵌入式系统的讨论，显然我们在建模时必须考虑到时间、事件、状态变化和交互序列。

23.6.1　类

　　和任何类型的系统一样，建模首先从系统中的类开始。为了理解类的结构，应该对 GetAGrip 和它的工作过程做一个总体陈述。这个总体陈述可以从领域分析获得。

　　总体陈述如下：GetAGrip 包含一个表面电极（surface electrode）、一个 CPU、一个内核、一个执行机构（actuator，它执行 CPU 发出的调节指令），以及一个由 5 个弹簧（spring）组成的弹簧组。执行机构通过一个机械接口（mechanical interface）同弹簧相连。表面电极从用户肌肉接收异步的 EMG 信号（EMG Signal）并将这个信号传给 CPU。每个 EMG 信号都产生一个中断请求，CPU 都要执行对应的 ISR。然后 CPU 分析信号。当分析完成后，CPU 发送一个信号给执行机构以调节弹簧的应力。执行机构通过操纵它与弹簧之间的机械接口执行 CPU 的调节命令。

图 23.7 说明了前面这段总结对应的类结构。CPU 不断地接收和分析信号，发出调节指令，它还要负责对系统进行一般性维护。

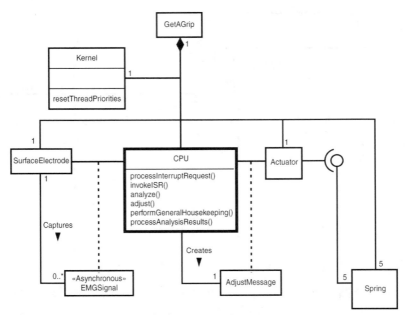

图 23.7　GetAGrip 系统的类结构

注意我们使用关联类来对 EMGSignal 和 AdjustMessage 建模。这使得我们能够把注意力集中到这些类的属性上，并在我们的建模活动中使用这些属性。例如，系统所关心的事包括信号到达的时间和信号的强度。因此到达时间（arrivalTime）和强度（amplitude）是 EMGSignal 类应该包括的两个显而易见的属性。此外，EMGSignal 肯定还应具有我们在此没有讨论到的一些复杂的特性（complexCharacteristics）。

对 AdjustMessage 类，调节消息的生成时间（generationTime）和调节量（adjustmentAmount）应该是它的合理属性。

图 23.8 说明了这两个类的属性。

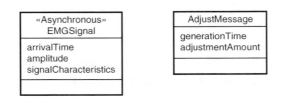

图 23.8　EMGSignal 和 AdjustMessage 类更进一步的细节

23.6.2　用例

通过召开前面介绍过的 JAD session（这个会议制定的一个决策是研制嵌入式系统而不是前面提到的一个桌面系统）将会产生 GetAGrip 系统的一些用例，如图 23.9 所示。

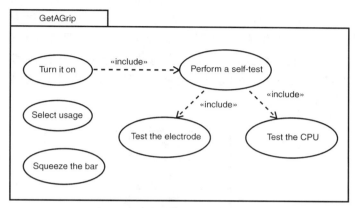

图 23.9　GetAGrip 系统的用例

这些用例决定了系统所应具有的能力。用例"Turn it on（启动）"包含了"Perform a self-test（自检）"，在 Turn（转动）中包含"Test the electrode（检测电击）"和"Test the CPU（检测CPU）"两个用例。

用例"Select usage（选择运行方式）"的功能是设置 GetAGrip 系统不同的运行方式——这些方式可能是 Nar 先生做梦也想不到的。例如，JAD session 的与会者可能想设置"负的"运行方式——当锻炼者挤压锻炼器时，系统只产生很小的反作用力，而松开时却产生最大的反作用力。

这意味着必须要在 AdjustMessage 类中增加一个属性来反映系统的运行方式。我们把这个属性叫做运行算法（usageAlgorithm），并提供给它增加反作用力（increasingTension）和负运行（negative）的两个可能的值。图 23.10 说明了修改后的 AdjustMessage 类。

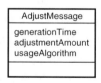

图 23.10　修改后的 AdjustMessage 类

23.6.3　交互

让我们将注意力转到用例"Squeeze the bar（挤压锻炼器）"，并假设锻炼者选择了发明者们最初设想的工作方式——当肌肉活动增加力量时锻炼器也增加反作用力。在这部分模型中，还必须要考虑到时间约束和状态变化。假设一个时钟周期是 20 微秒，并且 CPU 从收到信号到发出调节指令所需要的时间不超过 10 个时钟周期的时间。

　　进一步假设：RTOS（实时操作系统）的内核为抢占式内核。这就引出了几个必须采取的设计决策：首先，为了反映内核的操作，必须要把 CPU 类的 analyze（）（分析）、adjust（）（调节）和 generalHousekeeping（）（一般性维护）操作当成线程来对待，并要给它们指定优先级。

　　为了在模型中反映出这些设计决策，必须用类来代表这些操作——这种方式与对待操作的一般方式不同。这里使用了一个高级 UML 概念的例子，这个概念叫**对象化**（reification）——将通常不代表类或者对象的事物作为类（或者对象）来处理。这样做可以使模型的内容更丰富，因为被对象化的类可以和其他的类发生关联，可以拥有自己的属性，并且它成了可以被操纵和存储的结构。在这个例子中，对象化允许我们将优先级作为属性并且在交互图中使用线程。

　　图 23.11 显示了 GetAGrip 系统中线程类的结构。在这个模型中，线程知道如何改变自己的状态以及降低自己的优先级。

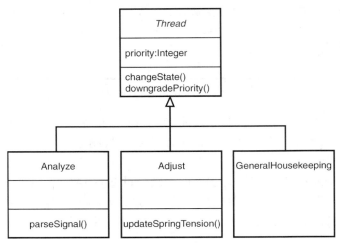

图 23.11　GetAGrip 系统中线程类的结构

　　那么怎么设定线程的优先级呢？当一个中断请求到达时，CPU 必须停止正在做的事情，保存上下文，并转去执行一个 ISR。CPU 的 porcessISR（）（执行 ISR）操作捕获了 EMGSignal 的强度和其他复杂的信号特性，并将它们保存在内存中以备 analyze（）（分析）操作使用它们。因此，analyze（）操作应该具有最高优先级。adjust（）（调节）操作的优先级次之。generalHousekeeping（）（一般性维护）操作优先级最低。

　　下面是在抢占式内核中各个对象之间交互的例子。如果 CPU 正在执行一般性维护操作时一个信号到达了，那么这个信号会使 CPU 中断正在处理的事情。CPU 接着转去执行 processISR（）操作并从信号中抽取出合适的参数值。那么下面发生了什么呢？当执行完 processISR（）操作后再重新执行一般性维护操作是低效率的做法。相反，CPU 不是返回到一般性维护操作去执行，而是执行优先级最高的操作，先是执行 analyze（）操作，然后执行 adjust（）操作。一般地，每个线程在完成自己的操作之后都会降低自己的优先级，而且，当调节结束后，内核会重置所有的优先级。

　　图 23.12 是用例"Squeeze the bar"的顺序图。我们又一次使用了持续时间约束。第一个约束显示了时钟周期的长度。第二个约束给出了从接收到信号到 CPU 被告知 Adjust 线程已经完成自己的工作的时间上限（用时钟周期表示）。

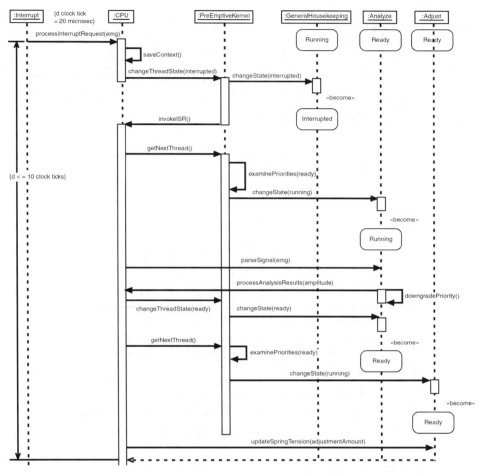

图 23.12 用例 "Squeeze the bar" 的顺序图

这张图所表示的顺序，到调整信息被 Adjust 线程处理完就结束了。在本章结束的时候，习题 4 给你一个机会继续添加这张图的内容。

从这一点来讲，用计时图来表示这个例子更合适。图 23.13 按照图 23.12 中给出的持续时间约束，给出了 Adjust 线程状态变化的时间过程。在绘制这张图的时候，我假设图 23.12 表示一个比例尺，也就是说，第二个持续时间约束所描述的距离为 10 个时钟周期。

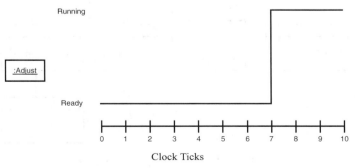

图 23.13 描述 Adjust 线程状态变化时间过程的计时图

23.6.4　整体状态变化

除了在交互过程中每个对象的状态变化，还可以检查系统级的状态变化。总体上讲，GetAGrip 系统或者处于 Working（工作）状态或者处于 Waiting（等待）状态（例如在两次挤压之间）。它还可以处于 Off（停机）状态。正如你所设想的一样，Working 状态是一个组成状态。图 23.14 描述了系统状态变化的细节。

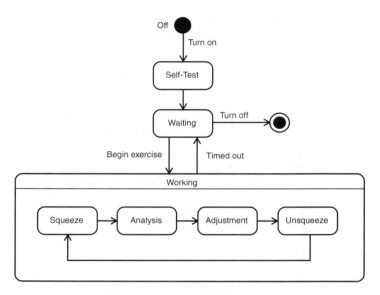

图 23.14　GetAGrip 系统的状态变化

23.6.5　整体部署

GetAGrip 系统被实施之后是什么样子呢？图 23.15 所示的系统部署图显示出了组成系统的部件，其中包括一个为系统供电的电池组。

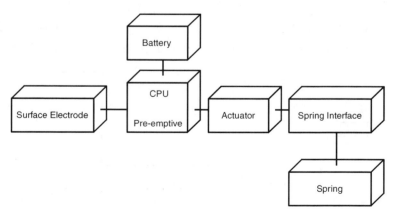

图 23.15　GetAGrip 系统的部署图

23.7　锻　炼　肌　肉

当 3 个老板得到 GetAGrip 系统的 UML 模型图后，他们的话匣子就又打开了。

"这个想法还可以进一步发展"，Goniff 说道。

"怎么发展呢？"Nar 问。

"想想吧，人体上共有多少块肌肉？我们可以制造出锻炼大部分肌肉的智能式锻炼器"。

"真的吗？"Nar 感兴趣地问。

Goniff 说，"当然"，"如果我们让电极-CPU-弹簧这个概念再前进一两步，那么我们就可以开发出一个智能式、便携式的锻炼器，人们外出旅行时都可以带着它。它不会太重，因为提供反作用力的轻型弹簧和提供'智能'的 CPU 都不重。我们可以把它叫做'GetABuild（锻炼一下身体）'"。

"是的"，Nar　说，"或者我们可以沿着另一条思路，为身体的每个部分都单独做一个锻炼器"。

"肯定没问题，其中的一个叫'GetAChest（锻炼一下胸部）'"。

"或者还有'GetAnArm（锻炼一下手臂）'"。

"或者'GetALeg（锻炼一下腿）'"。

"GetALegUP（锻炼一下大腿）也不错！"

这时，LaHudra 一个字也说不出来。

他对他的两个伙伴说道，"我已经给你们两个制造出一种了"。

"叫什么"，两人异口同声地问。

LaHudra 回答道，"Get a life（锻炼一下生命）"。

23.8　小　　　结

嵌入式系统是嵌入在其他类型的设备中的计算机系统，例如家用电器。对嵌入式系统编程需要了解大量有关系统所在设备的特性方面的知识。嵌入式系统可能是软系统，意思是它不必满足时间界限的约束；也可能是硬系统，它要满足时间界限的约束。

时间、线程（组成一个应用程序的更简单的程序片段）和中断机制（让 CPU 知道某个事件发生的硬件设备）是嵌入式系统中的重要概念。一种特殊的中断叫时钟周期中断，它每隔一个固定的时间间隔发生一次，并且充当了系统"心脏"的角色。

实时操作系统（RTOS）负责协调线程和中断之间的通信。内核是 RTOS 中的一部分，它负责管理 CPU 花在每个线程上的时间。内核的调度程序决定下一个要执行的是哪个线程。内核可以是抢占式的（在中断服务例程执行完后，高优先级的线程抢在被中断的低优先级线程之前占用了 CPU）或者是非抢占式的（当中断服务例程执行完后，被中断的线程恢复执行）。

本章运用了上述概念对一个可以根据肌肉用力程度来改变反作用力的"智能式"锻炼器建立了模型。

23.9   常见问题解答

问：你提到了"智能式"系统。那么有些嵌入式系统包括了人工智能吗？

答：绝对包括。这种嵌入式系统涉及人工智能的一个分支。这个分支领域被叫做"模糊逻辑"，它是许多嵌入式系统的核心。

问：对某些类型的嵌入式系统，是不是还有比书中介绍的 RTOS 更合适的 RTOS？

答：是的。这种类型的 RTOS 在本书中没有介绍，它叫"超循环（superloop）"，是最简单的 RTOS。它通常嵌入在诸如玩具这样的高容量的设备中。如果是硬系统的话，那么一般采用抢占式内核。

23.10   小测验和习题

我在这里嵌入了一些用来测试对新学知识掌握程度的问题，并且我还在附录 A "小测验答案"中嵌入了问题的答案。

23.10.1   小测验

1．什么是嵌入式系统？
2．什么是异步事件？
3．对于嵌入式系统，什么叫"硬"系统？什么叫"软"系统？
4．在一个"抢占式"内核中会发生什么？

23.10.2   习题

1．设想一个电烤箱中的嵌入式系统。假设电烤箱中有一个用来测量面包被烤的有多黑的传感器。还假设你可以通过电烤箱来设置面包被烤得有多黑。绘制该嵌入式系统的类图。图中要包括传感器、CPU 以及加热元件等类（别忘了还有面包块）。
2．为电烤箱中的嵌入式系统绘制顺序图。并说明为什么选择抢占式或非抢占式内核。只考虑系统的框架的情况下，再绘制该系统的部署图。
3．绘制出和图 23.12 相应的协作图。
4．进一步细化图 23.12，表示出 Adjust 线程完成后进入 Ready 状态，General Housekeeping 线程完成后进入 Running State 状态并且优先级被重置。
5．完成习题 4 后，绘制一张计时图来描述 Analyze 线程的状态变化。请根据图 23.12 的持续时间约束来绘制此图。假设图 23.12 中的垂直距离在你的图中用比例尺表示。

第24章 描绘 UML 的未来

在本章中，你将学习如下内容：
- 业务领域的扩展；
- 从业务领域的扩展吸取的经验；
- GUI 建模；
- 专家系统建模。

这是本书的最后一章。前面部分的学习内容虽然繁杂，但这些内容可以让你对 UML 有比较深刻的理解。本书的最后两章介绍的是 UML 在一些热点领域中的应用。本章将对 UML 当前的扩展做一个概要介绍，并看一看 UML 在其他一些领域中的应用。

我们曾在第 14 章 "理解包和 UML 语言基础" 中讨论过 UML 的扩展和 profiles。本章的目标是让你开始思考如何把 UML 运用到你自己的领域中去。和任何一种语言一样，UML 的发展也取决于建模者如何使用它和扩展它。

24.1 在业务领域的扩展

一个流行的扩展是为业务建模设计的一组构造型。这些构造型提取出了业务中的主要信息。可以使用 UML 图符来表示这些信息，既可以用前面已经介绍过的 UML 标准中预定义的图符也可以使用 3 个好朋友使用的专门的图符。这些图符的基本目的就是对业务领域中的事物建模，而不是对软件构造中的事物建立模型。

在一个业务中，很明显存在一类对象，即**工作者**（worker）。在这种扩展的 UML 语境中，工作者在业务内活动，和其他工作者交互并且参与用例的执行。工作者或者是**内部工作者**（internal worker）或者是**案例工作者**（case worker）。内部工作者与业务内的其他工作者交互，案例工作者与业务之外的参与者交互。**实体**（entity）不发起任何交互，但是却参与发起用例。工作者可以与实体交互。

图 24.1 显示了这些构造型的通常表示法以及专用图标。这个例子来自餐馆领域。

UML 业务扩展包括两个关联构造型——**通信**（communicates）和**订阅**（subscribes）。第一个构造型用于说明对象之间的交互。第二个描述源（也被称为订阅者，subscriber）和目标（被称为发行者，publisher）之间的一个关联。源指明了一组事件，当这些事件中的一个在目标中发生时，源就接收到一个通知。

实体可以结合成工作单元（work unit），它是一组面向任务的对象。工作单元、类以及它们之间的关联构成了**组织单元**（organization unit）。一个组织单元（也可能还包含了其他的组织单元）对应于业务中一个实际组织单元。

要获得有关业务建模和业务过程建模方面的 UML 其他扩展，可以参阅 Hans-Erick Erikssion 和 Magnus Penker 合著的 *Business Modeling with UML*（John Wiley & Sons 出版社，2000 年）。

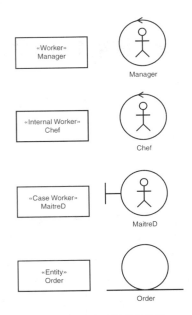

图 24.1　业务建模的构造型

24.2　从业务领域的扩展得到的经验

业务领域中的 UML 扩展为我们提供了一些宝贵的经验。第一，只需稍微发挥想象力就可以设计出能够捕获业务领域某方面特征的简单图标和表示法。建立这种扩展的原则是"简单"。第二，新设计出的表达方式应该能够帮助我们思考业务领域中的问题和设计解决方案。

下面我们要将 UML 应用到另外两个重要的建模领域——图形用户界面和专家系统。同时我们还要考虑到上面总结的经验。

24.3　图形用户界面

下面要介绍的是当代软件包的一个重要标志——图形用户界面（GUI）。GRAPPLE 和其他开发过程及方法学都将 JAD session 用于应用程序的 GUI 的开发。

在一个设计文档中，通常都要包括一些屏幕快照，用来向客户和开发人员说明图形用户界面。出于几个原因，除了设计文档外，还需要专门的图用来对 GUI 建模。

24.3.1　连接到用例

主要的一个原因与用例有关。和大部分系统开发中的其他工作一样，GUI 的设计是用例驱动的。实际上，GUI 直接与用例相连，最终的用户是通过图形用户界面中的窗口发起和终止用例的，只用一些屏幕的快照很难反映出屏幕界面和用例之间的关系。

另一个原因是我们想要记录下 GUI 设计的演化过程。在 GRAPPLE 中，GUI 的开发是从参加 JAD session 的终端用户操纵一些代表屏幕界面和图形构件的器具开始的。如果有一种图能够捕获这些器具被操纵的结果——建模者可以很容易地根据 JAD session 的成员对设计的修改而修改模型。

当 JAD session 的成员对屏幕上的图构件布局时，显示出屏幕界面和用例之间连接关系的图能够帮助他们记住每幅屏幕用来干什么。显示出与用例的连接还将有助于确保所有的用例在最终的设计中得到实施。

24.3.2　GUI 建模

典型的 UML 模型通常都将特定应用程序的窗口作为许多控件类的组成类，如图 24.2 所示。

还可以使用属性来指明每个控件所处空间位置——用像素数代表的水平和垂直位置。另外还可以再为这些控件类增加两个分别代表构件尺寸的属性（高度和宽度）。如果可视化表达出它们后，这些参数就很容易被理解。我们可以指定用一个包来代表窗口，对象在包中的尺寸和位置反映实际屏幕上控件对象的位置和尺寸。图 24.3 是这个包的示意图。

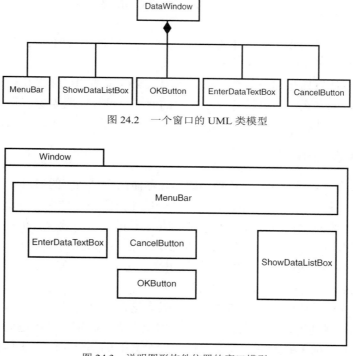

图 24.2　一个窗口的 UML 类模型

图 24.3　说明图形构件位置的窗口模型

图 24.4 是一个增加了到用例的连接的混合图。

这种类型的建模并不排斥显示屏幕快照。相反，屏幕快照是非常有用的补充。

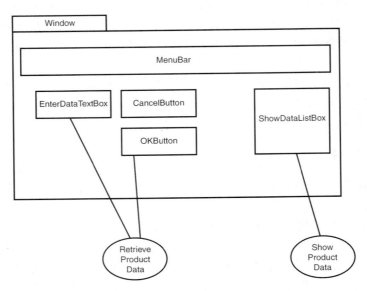

图 24.4　说明图形构件如何与用例相连的窗口模型

24.4　专 家 系 统

专家系统在 20 世纪 80 年代迅速流行起来。当它第一次出现时，人们还怀有好奇的心情。今天专家系统已经成了主流计算的一部分。

专家系统的设计目标是捕获某个具体领域中人类专家的知识和专长。它将专长知识存储在计算机程序中。专家系统可以解答反复提出的问题，这样人类专家就可以不必反复回答这些问题，或者专家系统将专长知识存储起来以便人类专家不在时可以利用这些知识。

24.4.1　专家系统的构件

专长知识以"条件-结果（if-then）"规则的形式存储在专家系统的**知识库（knowledge base）**中。每条规则的"条件"部分（if-part）描述了一些专家所在领域中可能出现的真实条件。每条规则的"结果"部分（then-part）指明了在满足条件的情况下要执行的动作过程。如何将专长知识存放到知识库中去呢？**知识工程师（knowledge engineer）**要和专家进行多次会谈，记录会谈结果，并将这些结果用软件的形式表示出来。这个会谈类似于领域分析中的会谈，尽管知识工程师在会谈中的话题比前者要广泛得多。

知识库不是专家系统中惟一的构件。如果只有这么一个构件的话，那么一个专家系统将仅仅是一堆 if-then 规则的杂乱列表。还要有使知识库运转起来回答问题的机制，这个机制被称为**推理引擎（inference engine）**。专家系统另一个必要的部分是一个**工作区域（work area）**，它存放了系统要解决的问题的条件，创建问题的一条记录并显示解决方案。当然还要有用于输入问题条件的用户界面作为专家系统的另一个构件。条件的输入可以借助于检查单（checklist）、问题-多选-答案（question-and multiple-choice-answer）以及更尖端的自然语言理解系统。图 24.5 显示了一个专家系统的 UML 类图。

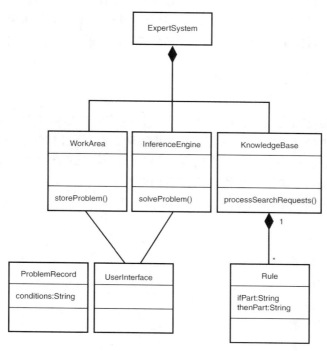

图 24.5　一个专家系统的 UML 类图

要与专家系统交互，用户从用户界面输入待解决问题的条件，这些条件被系统保存在工作区域中。推理引擎使用这些条件来搜索知识库，以找到问题的答案。图 24.6 是说明该过程的顺序图。

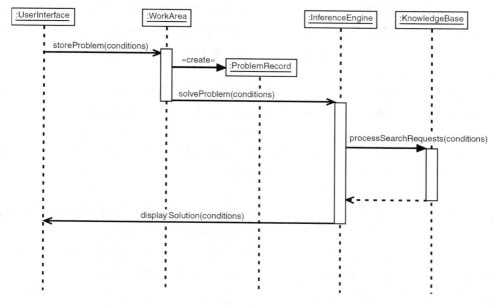

图 24.6　与一个专家系统交互的过程

如果将专家系统和一个人做类比，就容易理解专家系统的工作过程：工作区域大致相当于人脑中的短期记忆区，知识库相当于长期记忆区，推理引擎类似于人脑对问题的处理过程。当你"搅尽脑汁"想找出解决一个棘手问题的答案时，你的工作过程类似于一个专家系统的工作过程。

24.4.2　举例

推理引擎通常要搜索它的知识库（"相当于上面提到的绞尽脑汁"），这种搜索可以采用一种或两种方式，其中最好的方式用下面的例子来说明。假设我们有一个具有管道修理专长的专家系统。如果要解决你的水龙头漏水问题，那么你在使用这个专家系统时要把漏水情况的细节输入到系统中。剩下的事就由推理引擎自动处理了。

在这个知识库中的两条规则可能如下所示：

规则 1：

如果你有个水龙头漏水，

并且漏水处位于把手，

那么拧紧外围螺栓。

规则 2：

如果外围螺栓被拧紧，

并且仍然漏水，

那么更换新的外围螺栓。

不需要了解管道维修领域的细节，就完全可以说这两条规则是相关规则——注意规则 1 中的结果部分和规则 2 的条件部分吻合。这种吻合是搜索知识库的基础（知识库中可能具有很多很多条规则）。推理引擎从一个可能的解答开始，例如从规则 2 中的"换新的外围螺栓"开始，然后沿着规则回溯，查看是否具体的问题需要这个解答。

那么推理引擎怎样回溯工作？它首先看包含答案的规则的条件部分，然后试图寻找一个与这个条件吻合的结果部分所在的规则。在我们的两条规则的例子里，这很容易——规则 1 具有一个匹配的结果部分。在工业强度的应用中，回溯就不那么容易了，因为知识库可能存储了成百甚至上千条规则。

推理引擎找到一条规则后，它要检查这条规则，看看它的条件部分是否与问题的条件匹配。如果匹配，推理引擎就继续向同一方向搜索——找到一个匹配的条件部分，检查这个条件，又找到另一个匹配的条件部分，等等。当推理引擎搜索完了所有的规则后，它要向用户询问更多的信息。这个过程的基本思想是如果推理路径是成功的（也就是说找到了与问题的条件匹配的条件），专家系统就将路径上最初的答案提供给用户，如果不成功，那么再检查其他路径。

这种尝试一个答案并寻找与问题的条件匹配的相关条件的技术叫做**向后匹配**（backward chaining）——"向后"是因为它从结果部分开始然后检查条件部分。

另一种技术从条件部分开始匹配其他规则的结果部分，这叫**向前匹配**（forward chaining）。下面是它的工作过程。首先用户要输入问题的条件。系统的推理引擎搜索一条规则，使这条规则的条件部分与问题的条件部分匹配。在我们的例子里，假设规则 1 的条件部分与问题的条件部分匹配。推理引擎检查规则 1 的结果部分然后寻找一个条件部分与规则 1 的结果部分匹配的规则。在我们的只有两条规则的例子中，这个过程很简单。当系统检查完所有的规则后，它将最后一条规则的结果部分作为问题的答案。"向前匹配"中的"向前"是指从条件部分向结果部分运动的这种方式。

如果我们要对图 24.5 所示的专家系统建立模型，那么引进一个构造型来指明推理引擎的匹配方向就很有必要。在 ExpertSystem（专家系统）这个组成类中，可以加上«forward chaining»或«backward chaining»构造型。

链式匹配

两种方向的链式匹配都是前面介绍过的职责链（Chain of Responsibility）设计模式的例子。在两种方式下，系统都要搜索一条规则的后继规则。

职责链有时会因未搜索到一个后继者而终止，与此类似，一个专家系统并不是总能给出某个问题的答案。

24.4.3　知识库建模

UML 能为知识库建模带来什么呢？为什么我们需要对知识库建模呢？专家系统的开发中一个棘手的问题是缺乏健全的标准用于知识库中规则的可视化表示。在知识规则的可视化标准和文档化标准方面基于 UML 的表示法还有很长一段路要走。仅仅将知识以某种软件的形式表达出来并存放在知识库中是不够的——知识规则还必须全部被写成标准化的文档。

另一个问题是在开发专家系统时很少进行用例分析。用例分析的成果是得到 UML 用例图，它能帮助确定在专家系统的实施中采用哪种推理引擎最好。部署图也是运用 UML 进行专家系统开发所能得到的成果。尽管早期的专家系统曾经一度只是单机系统，但现在典型的专家系统都安装在协同计算环境中，并与其他的系统交互。部署图可以用于说明专家系统驻留在哪些硬件设备上以及它如何依赖于（或者控制）其他信息技术领域。用例图中的参与者可以是其他系统，部署图和用例图可以一同使用，用来在协同的环境中提供系统的视图。

让我们将注意力集中于知识库。如何用 UML 表示法的精神来表达知识库呢？当然，一种可能的方法是将每条规则表示为一个对象。对象中有一个条件部分的属性，一个结果部分的属性，还可以增加其他必要的属性。图 24.7 是这种表示法的示意图。

尽管这是一种不错的可行做法（确实有许多开发者这样做），但我认为规则本身的重要性远大于它的表示法的重要性——不仅仅是因为规则是专家系统中知识库的基础。在组织和机构中日益被重视的知识管理需要一种一致方式来表示规则。

那么这种独特的表示是什么样子呢？首先，我们希望确保能够表达出一条规则的条件部分以及结果部分。为了让这种表示更有用，我们还希望能够可视化地表示出规则之间的关系。

这种表示也会引起不方便之处。工业强度的知识库中含有比前面举过的两条规则的例子多得多的信息和规则，并且规则还可以派生出新规则。必须在规则的派生和简化之间做出权衡。

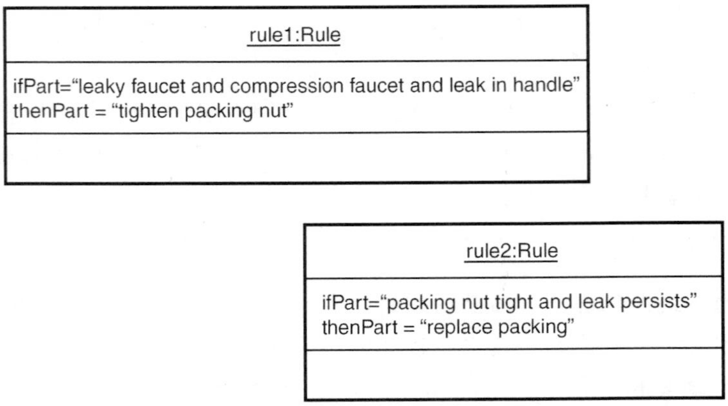

rule1:Rule
ifPart="leaky faucet and compression faucet and leak in handle"
thenPart = "tighten packing nut"
rule2:Rule
ifPart="packing nut tight and leak persists"
thenPart = "replace packing"

图 24.7　将规则表示为对象

让我们首先设计表示一条规则的简单图标。它是一个矩形框，用一条中心垂直线分隔开。左半部分代表了规则的条件部分，右半部分代表了规则的结果部分。在每半部分中，写上规则含义的说明。图 24.8 是这种表示法的示意图，图中使用了管道维修中的两条规则为例子。

Leaky compression
Leak in handle
Tighten
packing nut
Packing nut tight
Leak persists
Change
packing

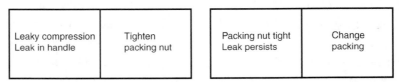

图 24.8　管道维修领域中两条规则的可视化表示

下面要在每条规则中加上一些标识信息。在每个规则的顶部加一个框，框里写上该规则的标识号码。这样做有 3 个好处：（1）可以唯一地标识出每条规则。（2）可以方便地在规则目录中查找规则和对规则的详细描述和解释。（3）如果一条规则属于一个规则组（例如，在管道维修领域中，"泄露（faucet)" 就可以作为一个规则组），可以把这个规则组作为包来处理。那么包中的信息就可以按照 UML 通常的表示法来表示——在标识符名前面加上包名，中间用双冒号隔开，如图 24.9 所示。

两条规则之间的关系可以用连接一条规则的条件部分和另一条规则的结果部分的关系线表示。图 24.10 示意了连接关系的表示。

Faucets :: rule1:Rule
Leaky compression
Leak in handle
Tighten
packing nut
Faucets :: rule2:Rule
Packing nut tight
Leak persists
Change
packing

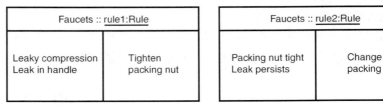

图 24.9　在每条规则中增加标识符

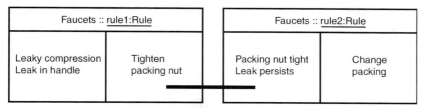

图 24.10　连接一条规则的结果部分和另一条规则的条件部分

和两条规则时的情形不同，在一个真正的专家系统中一条规则通常与许多条规则相关。如果相关的规则不在附近（不在一张图中或者一份文档中），那么绘制规则之间的连线也很不方便，应该具有解决这种问题的表示方法。

可以在图标下面再加方框来解决这个问题。可以在下面增加小方框，并在其中写上其他规则的标识符，如图 24.11 所示。左下角小框中的规则是与本规则的条件部分相连的规则，右下角是与本规则结果部分相连的规则。

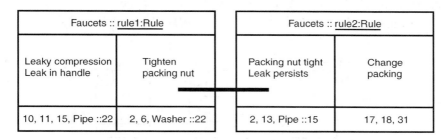

图 24.11　用底部的小方框说明与本条规则相关的规则

和类图的表示法类似，上面介绍的图符都可以根据实际的目的进行适当的省略。基本思想是能够简明地表示出规则的内容和规则之间的连接，从而清楚地反映出知识库的性质。

专家系统的模型比 GUI 模型更"新奇"，因为它提出了新的 UML "视图元素"（规则的图标）。另一方面，GUI 的模型是只使用了当前 UML 元素的混合图。

24.5　Web 应用

自从本书第一版后，许多分析员都对一些重要的领域建立了自己的 UML 表示法扩展。在本节中，将考察 Web 应用系统开发中的 UML 表示法。

简单地说，一个基于 Web 的系统允许一个终端用户使用一个浏览器（客户端计算机上运行的一种软件）访问和观察驻留在某台主机上的文档。Web 应用（Web application）在基于 Web 的系统的基础上增加了业务功能，例如具有使用一个购物车选择商品或者使用信用卡完成支付等的功能。

UML 的 Web 应用扩展（Web Application Extension，WAE）是 Rational 公司的 Jim Conallen 智慧的产物。WAE 包括许多图形构造型、新增加的带构造型的关联、属性以及使用这些模型元素建立模型所要遵循的一些"格式良好"的规则。

每个元素都可以附加零个到多个标签值。回顾第 14 章的内容，可以知道标签值是一个标签字符串，后面跟一个等号和一个值，整个标签值要用大括号括起来。它的目的是为一个模型元素提供重要的附加信息。例如，在 WAE 中，一个 Web 页的标签值说明了在 Web 服务器上的 Web 页的路径。

下面进入正题，图 24.12 是一个 Web 页的 WAE 图标。

图 24.12　一个 Web 页的 WAE 图标

注意，这个图标和 UML 的注释图标很相似。折叠的一角是为了强调这是一个"页面"。记住，一个概念上的 Web 页面是一个具有属性和操作的类，一个具体的 Web 页面则是一个对象（参考本章习题 1）。

图 24.13 示意了可以出现在 Web 应用中的 3 种类型的页面的 WAE 图标：服务页（server page）、JavaServer 页（JSP 页）及 ASP 网页（Active Server Page）。图 24.14 是另外 3 种页面：客户页（client page），帧集（frameset）和服务端小程序（servlet）。

图 24.13　服务页、JSP 页及 ASP 网页的 WAE 图标

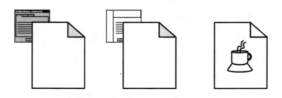

图 24.14　客户页、帧集和服务端小程序的 WAE 图标

WAE 中还包括除了页面外其他结构的表示法。例如，当你在 Web 上冲浪时经常会看到一些允许你输入一些信息的页面中的构件（检查框、单选按钮、复合框等），一个特定的页面中这些构件的集合叫做一个**表单（form）**，图 24.15 是表单的 WAE 图标。

图 24.15　表单的 WAE 图标

WAE 中的表示法远比本节中介绍的丰富。要想获得进一步的细节，可参看 Conallen 的 *Building Web Applications with UML Second Edition*（Addison-Wesley，2000）。要下载 WAE 图标并在 Rational Rose 或 Visio 这样的 UML 建模工具中使用它，请访问 www.wae-uml.org。

24.6 就写到这里吧

现在已经到达本书的末尾了。你已经收集了许多的 UML 的使用技巧了，可能准备开始在你自己的领域中运用它了。你将发现，随着你的经验的积累，使用 UML 的技巧也同样会增加。甚至你还能提出一些修改或者扩充 UML 的建议。如果你这样做了，实际上也就履行了 UML 用户的职责。

在 20 世纪初叶，著名的机械学家 Alfred North Whitehead 指出了符号和使用符号的重要性。他说，一个符号代表了一个思想的表达：符号的重要性就体现在它能够简洁明快地说明一个思想如何与其他一堆复杂的思想结合到一起。

到了 21 世纪，Whitehead 的结论仍然鸣响在系统开发领域。仔细设计的符号可以展示出我们要建造的系统之后的思考过程和复杂性，并帮助我们确保实现了的系统的效率。

24.7 小 结

随着建模者根据自己的需要扩展和修改 UML，UML 的未来就逐渐被描绘出来。在本章中，我们首先看了看业务建模中的扩展，并提出了 UML 在其他一些领域的应用的建议。我们还考察了 Web 应用扩展（WAE），它是为了用于对 Web 应用建模而对 UML 所做的扩展。

在吸取了业务建模中的经验后，我们还研究了 GUI 和专家系统的建模。对于 GUI 建模，我们建立了一张混合图来说明屏幕构件的空间关系以及它们与用例的连接。这种表示法的优点是可以展示出 GUI 的成型和演化过程，并且将用例和 GUI 联系起来。

在专家系统中条件-结果（if-then）规则是用来建立知识库的砖块，知识库是包含了某一领域的人类专家所具有的知识的构件。我们建议模型必须可视化地表达出规则和规则之间的关系。在这种表示法中，采用一个被分成好几个小框的大矩形框，一个小框中包含规则标识符，另一个总结了规则的条件部分，还有一个总结了规则的结果部分，其余的两个用来说明与本规则相关的规则。距离接近的规则之间直接用连接两个规则的有关部分的连线连起来。

WAE 包括了一组构造型图标，带构造型的关联、属性和用来建立 Web 应用的规则。许多图标被设计用于说明某种类型的 Web 页面。

24.8 常见问题解答

问：尽管从原则上看对专家系统建立模型不是很困难的一件事，但看来如果要真正编程实现专家系统非常困难吗？

答：如果从头开始编写程序可能确实很难。幸运的是，大部分编程工作已经有人做好，并将这些程序放置在一个叫做专家系统外壳（expert system shell）的软件包中。其中所有的构件都是现成的，你只需要在其中增加知识就可以。尽管如此，从一个人类专家那里获取知识往往也不是一件容易的事情。

问：专家系统外壳的开发供应商没有提供用来表示规则的表示法吗？

答：不是，提供了表示法，但这也是问题所在。因为没有一种表示法是被大家公认为标准的。对于标准化问题，有一句话说得好（我记得应该是计算机科学家 Edsger Dijikstra 说的）："促成标准化最重要的原因是尽可能多的人采纳它"。

24.9　小测验和习题

下面的问题可用来测试运用 UML 对 GUI 和专家系统建模的有关知识。答案列在附录 A "小测验答案"中。

24.9.1　小测验

1．本章介绍的 GUI 建模有哪些优点？
2．专家系统包含哪些构件？
3．专家系统模型图中反映了专家系统的哪些特征？

24.9.2　习题

1．访问 Sams 出版社的主页（www.samspublishing.com），然后使用 WAE 的 Web 页面图标对这个页面建模。接着再使用除 WAE 以外的图标——也就是标准 UML 图标对该页面建模。
2．假设一个家用电器制造商要开发一个基于 Web 的专家系统，用来为用户提供电器故障的解决方案信息。当电器出现故障时，电器的用户可以访问这个网站，输入故障的症状，并接受专家系统的建议。对该系统进行用例分析，并使用本章介绍的专家系统和 WAE 中的有关知识建立一个该 Web 站点的初步模型。

第四部分　附　　录

附录 A　小测验答案

第 1 章

1. 在系统模型中为什么要使用多种 UML 图？

   任何系统都有多种风险承担人。每种 UML 图都提供了用于和一种或者几种风险承担人对话的视图。

2. 哪种 UML 图给出了系统的静态视图？

   下列 UML 图给出了系统的静态视图：类、对象、构件和部署。

3. 哪种 UML 图给出了系统的动态视图（也就是说，描述系统随时间所经历的变化）？

   下列 UML 图给出了系统的动态视图：用例、状态、顺序、活动和协作。

4. 图 1.5 中是何种对象？

   图 1.5 中的对象是匿名对象。

第 2 章

1. 什么是对象？

   对象是一个类的实例。

2. 对象之间如何协同工作？

   对象通过相互发送消息协同工作。

3. 多重性说明了什么？

   多重性说明了一个类的多少个对象能够与另一个类的单个对象发生关联。

4. 两个对象之间能够以多种方式关联吗？

   是的。例如两个人之间既可以形成朋友关联也可以形成同事关联。

5. 什么是继承？

   继承是两个类之间的一种关系。其中一个类具有另一个类的所有属性和操作，同时它也具有了自己的属性和操作。提供属性和操作的类是超类。具有超类所有属性和操作并拥有自己的属性和操作的类是子类。

6. 什么是封装？

   封装的意思是当一个对象执行自己的操作时，它隐藏了如何去做的信息。也就是说对象并没有让你看到它是如何去执行操作的。

第 3 章

1. 如何用 UML 表示类？

   用一个矩形框来表示一个类。类名位于矩形框的中央，接近框的顶部。
2. 类图标中可以指明哪些信息？

   可以指明类的属性、操作和职责。
3. 什么是约束？

   约束是类图应该遵循的一个或者一组规则，它用一个花括号括起来的文本表示。
4. 为什么要对类图标附加注释？

   可以为类图标记增加注释，提供一些在属性、操作或职责中没有指明的信息。例如，可以用它来指明一个包含更多信息的文档。

第 4 章

1. 多重性怎么表示？

   在关联线的一端，标明来自这一端的类的对象的个数，它和另一端的类的一个对象相关联。
2. 如何发现类之间的继承关系？

   在初始模型的类列表中，找出两个或者多个具有相同属性和操作的类。其中的一个类可能就是其他类的父类，或者可以为这些类新建一个父类。
3. 什么是抽象类？

   抽象类用做继承层次中的基类，但是它不产生实例对象。
4. 限定符有哪些作用？

   限定符的作用是将一对多关联化减为一对一关联。

第 5 章

1. 聚集和组成之间有什么区别？

   组成和聚集都是整体类和部分类之间的整体-部分关联。在聚集中，部分可能属于多个整体。在组成中，部分只能属于一个整体。
2. 什么叫做实现？实现和继承有何相似之处？两者又有何不同之处？

   实现是类和它的接口之间的关系。可以说成是类实现了它的接口。实现和继承的类似之处在于类可以使用它的接口中的操作也可以从父类中继承操作。两者的不同之处是类不能使用它的接口中的属性但可以继承父类的属性。
3. 如何对通过一个接口的交互建模。

   我们把通过接口的交互建模为一种依赖关系。
4. 写出 3 种可见性层次的名称，并描述每一种的含义。

如果一个类的属性或操作具有公有可见性，在另一个类中可以使用这个类的属性或操作。如果一个类的属性或操作具有受保护的可见性，那么这个类的子类（或者其他的子孙）可以使用这个类中的属性或操作。如果一个类的属性或操作具有私有可见性，那么只有拥有它的属性和操作的类才能使用它们。接口中的操作都具有公有可见性。

第 6 章

1. 发起一个用例的外部实体叫做什么？

   发起用例的外部实体叫做参与者。

2. 包含用例是什么含义？

   "包含一个用例"的含义是一个用例中某个场景中的一些步骤和另一个用例中某个场景中的一些步骤是相同的。所以可以不列出用例的所有场景，而只是指明它所包含的用例就可以了。

3. 扩展用例是什么含义？

   "扩展"一个用例是指在这个用例中增加步骤。这样可以产生一个新的用例。

4. 用例和场景是同一概念吗？

   不是。用例是一组场景的集合。

第 7 章

1. 举出可视化表达用例的两个优点。

   有了可视化表示的用例，就可以（1）将这种图形化的表示给用户，可从用户那里得到更多的相关信息。（2）可以将这些图与其他类型的图结合起来。

2. 说明如何可视化描述本章中学到的用例之间的两种关系：泛化和分组。举出需要对用例分组的两种情况。

   在泛化关系中，一个用例继承了另一个用例的含义和行为。分组是将一组用例组织成为一个包。

3. 类和用例之间有什么类似之处？有哪些差异？

   相同点：两者都是结构元素。两者都有继承关系。不同点：类由属性和操作组成。用例由场景组成，每个场景又由一个步骤序列组成。类提供了系统的部分静态视图，而用例提供了系统动态的行为视图。类描述的是系统的内部构成，而用例说明的是从外部看到的系统。

4. 你如何对包含和扩展建模？

   可以用依赖箭头表示包含和扩展。包含用带有关键字«include»的箭头，而扩展用带有关键字«extend»的箭头。

第 8 章

1. 状态图在哪些重要方面与类图、对象图或者用例图有所不同？

   状态图只是对一个对象的状态建模。类图、对象图或者用例图对一个系统或者至少是一部分建模。

2. 给出下列术语的定义：转移、事件和动作。

   转移是从一个状态变化到另一个状态。事件是引起一个转移的某件事情的发生。动作是一个可执行的计算，它能引起一个状态变化。

3. 什么是无触发器转移？

   无触发器转移是由于状态内的活动发生而引起的，不是因为对一个事件的响应而引起的。

4. 顺序子状态和并发子状态有什么区别？

   子状态是状态内的状态。顺序子状态一个接一个地顺序出现。而并发子状态同时出现。

第 9 章

1. 给出同步消息和异步消息的定义。

   当对象发送了一个同步消息后，它要一直等待，直到收到应答信息才能继续执行操作。如果对象发送的是异步消息，则立刻就可以继续执行操作，不必等待应答信息。

2. 在 UML 2.0 中，什么是交互片断？

   交互片断就是顺序图的一部分。

3. 在 UML 2.0 中，par 表示什么意思？

   par 操作符表示组合片断并列工作而不会互相交互。

4. 被创建的新的对象在顺序图中如何表示？

   新创建的对象用一个放置在生命线上的某个位置的对象矩形框表示（也就是沿着对象生命线向下的某个位置）。垂直方向上的位置代表了这个对象被创建的时刻。使用构造型 «Create» 来说明这个消息为对象创建消息，消息箭头指向新创建的对象。

第 10 章

1. 在协作图中如何表示一个消息？

   消息用连接两个对象之间的关联线附近的箭头表示。箭头指向接收消息的对象。

2. 在协作图中如何表示出消息的时间顺序？

   通过在消息箭头上附加一个号码。这个号码代表了该消息的顺序号。

3. 在协作图中如何表示出状态变化？

   一种方法是在对象中用属性来反应状态，当对象处于某种状态时，它有一个相应的属性值。把这个对象和它的拷贝连接起来。在对象拷贝中，显示了新状态的属性值。在连线上，放置一个标签为构造型«becomes»的消息。消息从初始状态到新状态。

还有另一种方法是：在一个对象矩形框中，在对象名旁的花括号中指明它的状态。增加一个拷贝对象，显示状态的改变。用带空心三角形箭头的虚线连接这两个对象，箭头指向改变后的状态。箭头用构造型«becomes»标识。

4. 两种图"语义等价"是什么含义？

两种类型的图表达的是相同的信息，并且可以从一种图转换到另一种图。

第 11 章

1. 判定点有哪两种表示法？

一种方法是使用一个菱形图标，再从它引出条件分支。另一种方法是直接从活动图标中引出条件分支。无论使用哪种方法，都要使用方括号括起来的条件表达式来说明引起该分支所需成立的条件。

2. 什么是泳道？

在活动图中，一个特定的角色所能参与的活动被分隔成段，每个段被称为泳道。

3. 信号发送和接收如何表示？

用一个凸角矩形表示信号发送，凹角矩形表示信号接收。

4. 什么是动作？

动作是活动的构件。

5. 什么是对象节点？

对象节点就是活动输入或输出的一条消息。在 UML2.0 中，活动图常用活动序列来表示对象流。

6. 什么是钉？

钉就是针对动作的对象节点。

第 12 章

1. 构件和工件之间的区别是什么？

构件是物理单元，是系统的可替代部分，它们定义了系统的功能。工件是系统使用或产生的信息。

2. 表示构件和它的接口之间的关系，有哪两种方法？

可以用矩形表示接口（类似类的图标），与构件的连接用一条指向接口的带有空心三角形箭头的虚线表示。另一种表示法是用一个小圆圈来代表接口，用实线把它和构件连接起来。

3. 什么是提供的接口？什么是所需的接口？

提供的接口就是一个构件为了其他构件能够使用它的服务而提供的接口。当另一个构件使用这些服务时，它通过所需的接口。这样同一个接口，由一个构件提供，为另一个构件所需。

第 13 章

1. 部署图中节点如何表示？
   在部署图中节点用一个立方体矩形表示。
2. 节点中可以出现哪些信息？
   节点中可以出现的信息包括节点名、节点所属的包名，部署在节点上的构件名。
3. 令牌环网如何工作？
   令牌环网中的每台计算机都连接到多点访问单元（MSAU），多个 MSAU 之间连接成环形结构。MSAU 发送一个被称为令牌的信号，它沿着环在计算机之间传递。持有令牌的计算机才能发送信息。

第 14 章

1. 什么是元模型？
   元模型就是定义扩展语言的模型。UML 就是元模型的一个很好的例子。
2. 什么是分类？
   任何定义了结构和行为的 UML 元素都是分类。
3. 为什么 UML 的扩展机制很重要？
   当对真实世界建模时，就会遇到比教科书和参考书中介绍的系统更丰富、更复杂的系统。如果能够扩展 UML，那么就能够反映出真实世界中这些系统的性质。
4. UML 提供了哪些扩展机制？
   UML 的扩展机制包括构造型、约束和标签值。

第 15 章

1. 通常客户最关心的是什么？
   通常客户最关心的有：开发组理解了所要解决的问题吗？开发组的成员理解了客户对如何解决问题的看法了吗？能从开发组那里得到什么工作产品？项目经理如何向客户做报告？开发组的工作进度如何？
2. 开发过程方法学有什么含义？
   开发过程方法学研究在系统开发中所要经历的步骤的结构和性质。
3. 什么是"瀑布"开发过程方法？它有哪些缺点？
   在"瀑布"开发方法中，分析、设计、编码和部署阶段是一个接一个顺序进行的。一个主要的缺点是开发过程被分割开来，阻止了团队成员一起工作，共享信息。另一个缺点是它不利于在项目开发过程中对问题的逐步理解。它还将主要的开发工作量分配给了编码，浪费了分析和设计阶段的宝贵时间。

4. GRAPPLE 中包含哪些段?

GRAPPLE 中包括需求收集、分析、设计、开发和部署段。

5. 什么是 JAD session?

JAD session(联合应用开发会议,Joint Application Development session)会集了客户所在组织的决策制定者,系统可能的最终用户以及开发组的成员。某些 JAD session 只包括开发组成员和用户。

第 16 章

1. 哪种 UML 图适合对业务过程建模?

UML 活动图可以对业务过程建模。

2. 如何修改这种图来显示出不同的角色所做的事?

可以使用活动图来建立一个泳道图。每个角色写在一个"泳道"的顶部。

3. 什么叫"业务逻辑"?

业务逻辑是在特定的情况下企业的业务所要遵循的一组规则。

第 17 章

1. 如何利用与专家会谈时得到的名词词汇?

名词有可能成为类名或属性名。

2. 如何利用动词和动词短语?

动词和动词短语有可能成为操作名或者关联名。

3. 什么是"三元"关联?

涉及三个类的关联叫做三元关联。

4. 如何对三元关联建模?

三元关联的三个类都连接到一个菱形图标,在靠近菱形图标的地方写上关联的名字。在三元关联中,多重性说明任意两个类可以有多少对象与一个固定数量的第三个类的对象发生关联。

第 18 章

1. 系统需求如何表达?

可以使用 UML 包图和用例图表达系统需求。

2. 在进行了领域分析后类的建模就要停止了吗?

在领域分析之后,还要继续进行类的建模。

3. 什么叫"schlepp 因素"?

这个名字只是我突然冒出来的想法,它应用于书中提到的餐馆中的服务员。我仅仅是想知道是否引起了读者的注意。

第 19 章

1. 一个典型的用例图中有哪些组成部分？

   典型的用例图通常包括发起参与者、用例以及受益参与者。许多建模者把受益参与者排除在外，但你应该在设计文档中包括参与者。
2. 一个用例"包含"（或者"使用"）了另一个用例是什么含义？

   "包含"一个用例是指一个用例中包括了另一个用例中的步骤。

第 20 章

1. 在顺序图中如何表示新对象的创建？

   新创建的对象放置在其他对象的下方。为对象创建消息加上构造型«create»可使表达更清晰。
2. 在顺序图中如何表示时间的流逝？

   在顺序图中自顶向下代表时间的流逝。
3. 什么叫"生命线"？

   生命线是从对象引出的向下方的垂直虚线。它代表了对象的生存时间。
4. 在一个顺序图中，如何显示出"激活"，激活代表了什么？

   激活用对象生命线上的窄矩形框表示。它代表了对象执行一个动作的时间段。

第 21 章

1. 什么是任务分析？

   任务分析是 GUI 设计师为了理解用户对与 GUI 相关联的应用系统进行的分析。
2. 前面已经做过的哪种分析大致等价于任务分析？

   用例分析大致等价于任务分析。
3. 什么是"小丑—喘气"式设计？

   "小丑—喘气"式设计是指包括了过多的颜色、构件尺寸和字体的 GUI 设计。
4. 给出 3 个原因，说明 GUI 中要对颜色的使用施加限制。

   限制 GUI 中颜色的使用的 3 个原因：
   - 颜色代表的含义对用户来说可能没有对设计者那么明显。
   - 太多的颜色会分散用户对目前任务的注意力。
   - 用户群体中可能有部分人分辨颜色有困难。

第 22 章

1. 如何表示一个参数化的类？
   参数化的类图标是在标准的类图标的右上角带一个小方框。小方框由虚线组成。
2. 什么是"绑定"？有哪两种类型的绑定？
   "绑定"指从值到参数的连接。两中类型的绑定分别是"显式绑定"和"隐式绑定"。
3. 什么是"设计模式"？
   设计模式是被证明了的设计问题的解决方案。它可在多种情况下使用，在 UML 中可以用参数化的协作表示设计模式。
4. 什么是"职责链"设计模式？
   在"职责链"设计模式中，一个客户对象发起一个请求，并将这个请求传递到由对象组成的链上的第一个对象。如果第一个对象不能处理这个请求，那么再将这个请求转发到第二个对象。如果第二个对象仍然不能处理这个请求，它就接着向链上的下一个对象转发，直到遇到能够处理这个请求的对象并且该请求得到处理或者引发异常为止。

第 23 章

1. 什么是嵌入式系统？
   嵌入式系统是嵌入在一台硬件设备中的计算机系统，例如家用电器。
2. 什么是异步事件？
   如果不能预测事件发生的时间，那么这个事件就是异步的。
3. 对于嵌入式系统，什么叫"硬"系统？什么叫"软"系统？
   硬系统要满足时间界限，软系统不需要满足时间界限。
4. 在一个"抢占式"内核中会发生什么？
   在一个抢占式内核中，当一个 ISR 执行完毕后，如果此时有一个处于就绪状态的更高优先级的线程，CPU 并不回到被中断的线程，而是执行这个高优先级线程。

第 24 章

1. 本章介绍的 GUI 建模有哪些优点？
   本章介绍的 GUI 模型能够捕获 GUI 演进的整个过程，并始终注意了与每个屏幕界面联系的用例。
2. 专家系统包含哪些构件？
   专家系统的构件有：知识库、工作区和推理引擎。
3. 专家系统模型图中反映了专家系统的哪些特征？
   本章介绍的专家系统显示出了规则的构成、相关的规则以及规则之间的关系。

附录 B UML 建模工具

你在读这本书和做书中练习的过程中，可能使用笔和纸来绘制模型图。如果因为项目的需要在企业中绘制模型图，这种做法立刻就会遇到障碍。除了要画出很难画的线、圆、椭圆和矩形，移动这些图元和对模型图中的图元布局会异常困难。

幸运的是，技术在这时又出手相救了。现在可以用许多建模工具用来绘制 UML 模型图。

B.1 建模工具的特点

UML 建模工具的一个基本特征就是充当 UML 元素的调色板。你可以从这个调色板选择元素，把它们拖拽到绘图区来创建图形。一旦你向绘图区中添加了元素，就可以使用"橡皮筋"把两个元素连接起来，而当你在绘图区拖动这些元素的时候，它们之间的连接也会相应地做出调整。

另一个重要的特征就是使用对话框来编辑绘图元素。如果你希望修改图形中的一个元素，你可以通过某种方式访问该元素的对话框并在它的域中输入信息。有了这些对话框，你在使用建模工具的时候就会发现模型不再只是图形，图形的背后还有很多包含在对话框中的模型的信息。

另一个实用的功能是建模工具使你能够以各种方式灵活地对屏幕信息格式化。

也许，UML 建模工具最重要的功能就是我所说的充当"字典"。字典是你所创建的所有的元素及其属性的记录的集合。除了跟踪你所创建的模型的行踪，字典还使你能够在其他图中复用这些元素，因而它显得更加重要。总之，如果你在一个图中创建了一个类，你可以从字典中选取它并把它拖拽到另外一个图中，这样就可以在另一个图中再次使用它。

最后，一些高端的（也可以说"昂贵的"）建模工具能够根据你的模型生成代码。

在我编写这本书的前几个版本的时候，只有少数的 UML 建模工具能够生成代码，我在我的书中介绍了其中的 3 种。

从本书的第一版开始，建模工具的数量开始显著增长。

随便举两个例子，Borland 公司最新推出的 Together，以及 Gentleware 的产品 Poseidon。

我的意图明确，并非要对建模工具这个领域作一次调查，我只是告诉你使用建模工具的过程和感觉。我们将使用一种叫做 Microsoft Visio 专业版的建模工具来展示建模的一个完整的过程。如果你对 Visio 很熟悉，那么，对你学习这部分内容很有帮助。如果不熟，那也没关系。

B.2 通过 Visio 专业版使用 UML

作为知名的绘图工具，Visio 专业版在添加了众多 UML 相关的功能后，成为一种功能强大的建模工具。UML 只是 Visio 众多功能中的一种。

我们将展示创建一个类图、一个对象图和一个顺序图的完整过程。在这个过程中，我将指明 Visio 这种工具的特点。

为了让你清楚我们的学习进程，首先，我将向你展示我们将要创建的图形。这个图来自于我们的太阳系的最初的模型。由于我们关注的焦点是建模工具而不是 UML，所以我对图进行了简化。

由于我们的太阳系是行星系统的一个实例，我们首先从图 B.1 所示的行星系统的类模型开始。

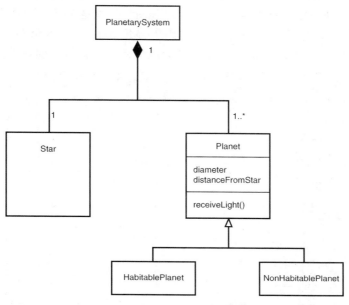

图 B.1　一个行星系统的类模型

图 B.2 是一个地球（Earth）和太阳（Sun）的对象图。如果你感兴趣，可以在其中加入其他的行星。

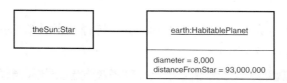

图 B.2　Earth 和 Sun 的对象模型

图 B.3 的顺序图显示从太阳到地球只有一条消息（已经事先声明要简化图形）。

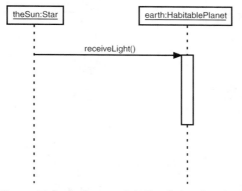

图 B.3　示意 Sun 和 Earth 之间的一个交互的顺序图

B.2.1　开始

图 B.4 示意了 Visio 准备好 UML 建模绘图的状态。最大的白色区域就是绘图区。左上方的"Model Explorer"就是 Visio 的字典。左下方的"Shapes"就是 Visio 的 UML 元素调板，它由很多的标签页组成。每个标签页提供了一个特定的 UML 图标。当 Visio 打开并准备开始 UML 绘图的时候，"UML Static Structure"标签页就会激活，我们就可以创建类图和对象图了。

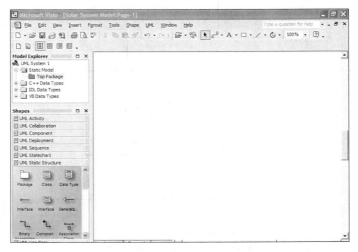

图 B.4　Visio 准备好 UML 建模绘图的状态

我假设你已经拥有 Visio 专业版软件，这样我们才可以继续学习。

B.2.2　类图

绘制类图的第一步是从"UML Static Structure"选择一个类图标并把它拖放到绘图区中，操作完成后，绘图区如图 B.5 所示。

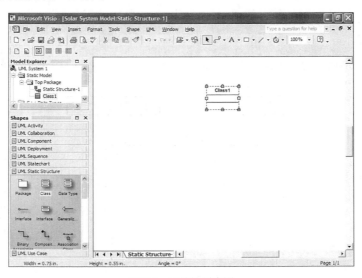

图 B.5　开始绘制类图

接下来，选中绘图区中的类图标，输入"PlanetarySystem"重新命名这个类，如图 B.6 所示。

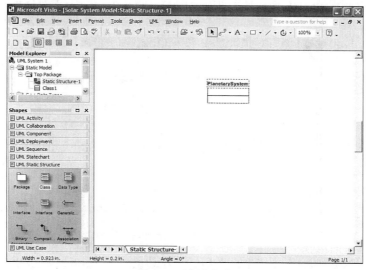

图 B.6　重新命名类

"Model Explorer"中反映出了增加的新类，如图 B.7 所示。

图 B.7　"Model Explorer"中的 PlanetarySystem 类

现在，你可以添加 Planet 类，如图 B.8 所示。

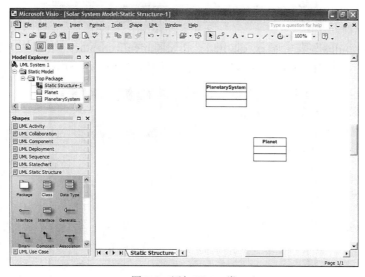

图 B.8　添加 Planet 类

对于这个 Planet 类，我们可以根据图 B.1 为它添加两个属性和一个操作，并把它设置为一个抽象类。只需要在 Planet 类上双击打开"UML Class Properties"对话框，如图 B.9 所示。

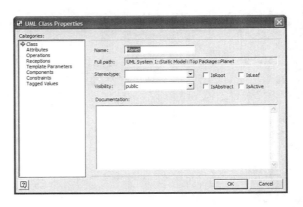

图 B.9　　"UML Class Properties"对话框

首先，选中"IsAbstract"复选框，然后，从左边的"Categories"区域选择"Attributes"，在右边的对话框中打开"Attributes"表，如图 B.10 所示。

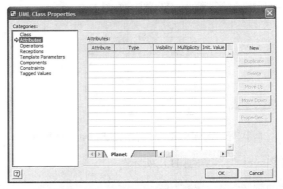

图 B.10　Planet 类的"Attributes"表

在这张"Attributes"表中输入 diameter 和 distanceFromStar。然后从"Categories"区域选择"Operations"，打开"Operations"表，在其中输入"receiveLight"，如图 B.11 所示。

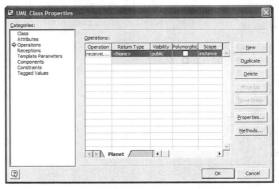

图 B.11　Planet 类的 Operations 表

单击"OK"按钮，赋予抽象类 Planet 相应的属性和操作，如图 B.12 所示。

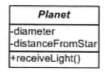

图 B.12　抽象类 Planet 的属性和操作

注意，每个属性左边的减号和每个操作左边的加号，它们表示可见性。为了使图显得比较简单，我们可以在图中去掉它们。只需要在 Planet 类上点击鼠标右键，打开一个如图 B.13 所示的弹出式菜单。

图 B.13　在建模元素上单击鼠标右键打开弹出式菜单

选择"Shape Display Options"选项，打开"UML Shape Display Options"对话框，如图 B.14 所示。

图 B.14　"UML Shape Display Options"对话框

去掉"Visibility"复选框，并单击"OK"按钮，Planet 类变得如图 B.15 所示。仔细观察图 B.14，你会发现最底端的两个复选框是选中的，这意味着，你在该对话框中的选项确定了图中该类型的任意后续元素的外观。

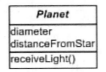

图 B.15　不具可见性的 Planet 类

注意，Planet 类的属性及操作现在已经位于"Model Explorer"中（如图 B.16 所示）。

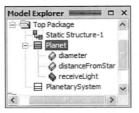

图 B.16　"Model Explorer"记录下 Planet 类的属性和操作

接下来要做的事情就是把其他的类拖拽到大图中，完成这些操作后得到的图如图 B.17 所示。

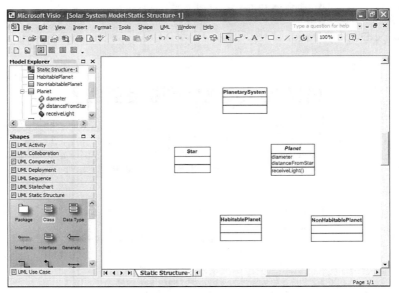

图 B.17　模型中的所有的类

当然，工作还没有完。我们还需要添加组成关系和继承关系。首先是组成关系，从"Shapes"中把"Composition"拖拽到绘图区，实心菱形一端连接到 PlanetarySystem，另一端（尾端）

连接到 Star，完成后得到的图如图 B.18 所示。

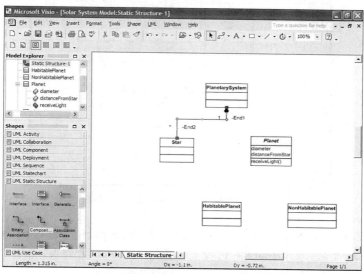

图 B.18　先表示组成关系

在图中，我们可以看到组成关系的每一段都有多重关系、可见性和缺省名。为了在图中去掉缺省名和可见性（-End1 和-End2），在组成关系上单击鼠标右键并在弹出菜单中选择"Shape Display Options"选项。这次，在"UML Shape Display Options"对话框中（如图 B.19 所示），去掉 First End Name、Second End Name 和 End Visibilities 选项。

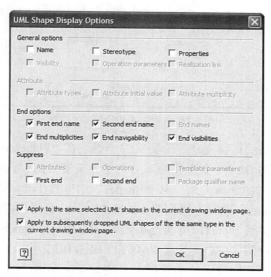

图 B.19　组合符号的"UML Shape Display Options"对话框

现在我们来关注一下 Star 类的多重关系。双击组成关系图标，打开"UML Association Properties"对话框，如图 B.20 所示。

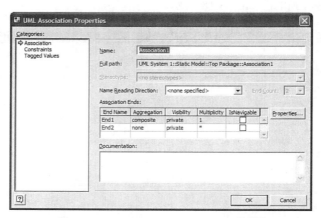

图 B.20　　UML Association Properties 对话框

在表格"Association Ends"中，选择 End2 一行 Multiplicity 一列的单元格。单击这个单元格中的下拉列表框，显示出 End2 的可能的多重性关系的一个列表。选择"1"并单击"OK"按钮，我们将在图中得到所选多重性的表示，如图 B.21 所示。

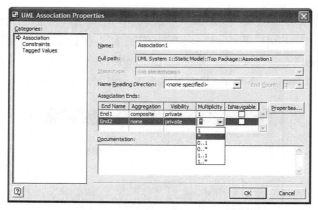

图 B.21　　可能的多重性关系的列表

拖拽另一个组成关系图标，先把菱形箭头的一端连在"PlanetarySystem"，然后再把尾端连接到 Planet 类，得到图 B.22。多重性关系的类型为缺省（用*号表示）。

最后，我们向图中添加继承关系。从"Shapes"中拖拽一个"Generalization"符号，把三角形的一端连接到 Planet，尾端连接到 HabitablePlanet。重复拖拽一个"Generalization"符号，把三角形的一端连接到 Planet，尾端连接到 NonHabitablePlanet。

完成这些操作后，绘图区中就是完整的类图（如图 B.23 所示）。

我在前面提到过，当我们使用一个建模工具的时候，有用的信息不光包含在图中，也包含在图后面的对话框中。现在，我们来举个例子。如果在 HabitablePlanet 上双击，就会打开"UML Class Properties"对话框。在"Categories"单击"Attributes"打开"Attributes"表，如图 B.24 所示。

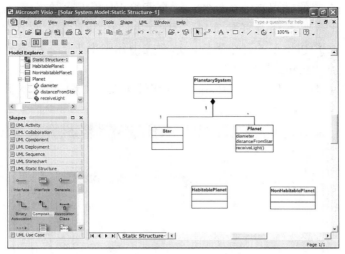

图 B.22　完成了组成关系的表示

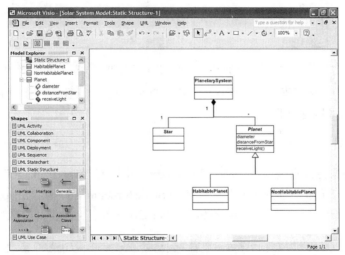

图 B.23　完整的类图

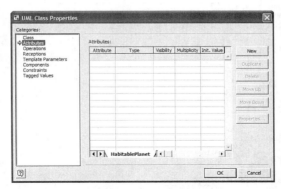

图 B.24　HabitablePlanet 类的"Attributes"表

在"Attributes"表的底端有一个标签。这个标签表明我们正在查看 HabitablePlanet 的属性。这个标签页里当然不会有任何东西，因为我们还没有指定这个类的属性。但是，HabitablePlanet 继承了 Planet 的几个属性，这在表中体现出来了。标签是可以滚动的，如果你滚动它，就会看到"Planet"的标签。

在这个标签上单击，可以打开"Planet"的属性页面，如图 B.25 所示。

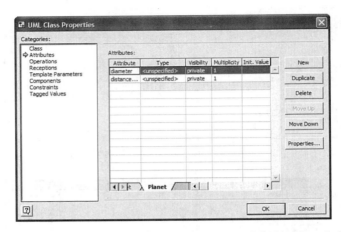

图 B.25　在 HabitablePlanet 的对话框中打开 Planet 类的"Attributes"表

因此，由于图中有了继承关系图标，子类的对话框中，显示出了它所继承的类的属性（Visio 对于操作也可以这样做）。

B.2.3　对象图

要开始绘制对象图，只需要在"Model Explorer"中标有"Top Package"的文件夹符号上单击鼠标右键，从弹出菜单中选择并打开一个新的 Static Structure 图。从"Shapes"的"UML Static Structure"中选择一个对象图标拖拽到绘图区。图 B.26 展示了上述步骤完成后的绘图区状态。

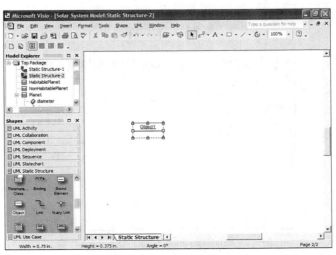

图 B.26　添加一个新的对象图标后的绘图区

在对象图标上双击打开"UML Object Properties"对话框（如图 B.27 所示）。

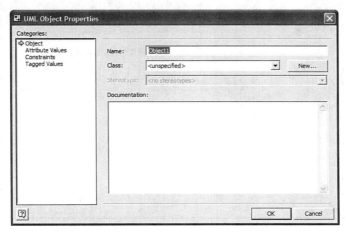

图 B.27　　"UML Object Properties"对话框

在"Name"字段中输入"theSun"替代缺省名字（Object1）。我们还需要表明 theSum 是 Star 类的一个实例，为此，选择"Class"字段并单击下拉列表。这就打开了一个你所创建的类的列表，如图 B.28 所示。

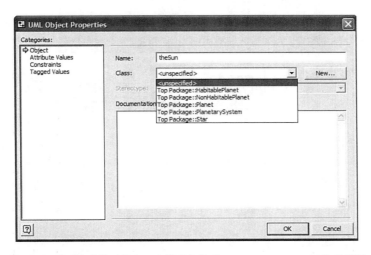

图 B.28　带重命名的对象和一个类列表的"UML Object Properties"对话框

从类列表中选择"Star"，然后单击"OK"按钮，此后对象图如图 B.29 所示。

图 B.29　重命名的 sun 对象示意出它的类名

接下来，用相同的一系列步骤创建一个 earth 对象。图 B.30 示意了重命名对象并选定它的类以后的"UML Object Properties"对话框。

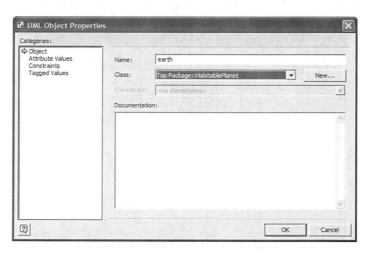

图 B.30　重命名 earth 对象并选定类后的"UML Object Properties"对话框

从"Categories"区域选择"Attribute Values"打开"Attribute Values"表。在这张表中，我们可以填入 diameter 和 distanceFromTheStar 属性的值，这两个属性是 HabitablePlanet 继承自 Planet 的，如图 B.31 所示。记住，我们不能把这些属性放入到 HabitablePlanet 类中。建模工具支持这两个属性，是因为我们在类图中建立了继承关系。

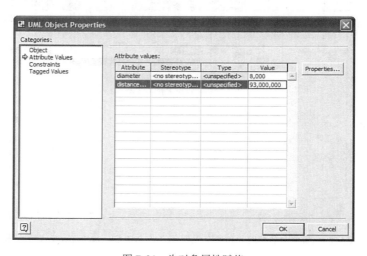

图 B.31　为对象属性赋值

如图 B.31 所示，我们在"Value"列赋值（8 000 和 93 000 000）。单击"OK"按钮后，earth 对象就出现在图 B.32 中。

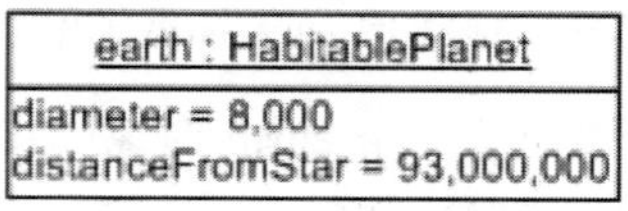

earth : HabitablePlanet
diameter = 8,000 distanceFromStar = 93,000,000

图 B.32　重命名并对属性赋值后的 earth 对象

　　剩下的工作就是在对象之间添加连接了。从"UML Static Structure"中拖动一个"Link"符号到绘图区，将其两端分别和对象连接起来。完成这个步骤后，End1 和 End2 的名字就出现了，在连接上单击鼠标右键并通过"Shape Display Options"可以从图中移除它们。完成后的对象图如图 B.33 所示。

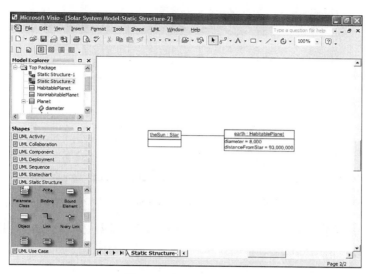

图 B.33　完成后的对象图

B.2.4　顺序图

　　让我们来继续完成顺序图。在"Model Explorer"的"Top Package"图标上单击鼠标右键，在弹出菜单上选择打开一个新的绘图区，打开"Shapes"中的"UML Sequence"标签。

　　从"UML Sequence"中，拖拽一个"Object Lifeline"图标并把它放入到绘图区，操作完成后如图 B.34 所示。

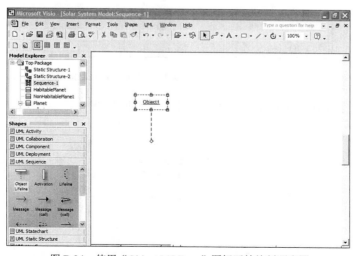

图 B.34　使用"Object Lifeline"图标开始绘制顺序图

　　就像在对象图中所作的操作一样，重命名图标并指定它的类。双击图标打开"UML Classifier Roles"对话框，如图 B.35 所示。

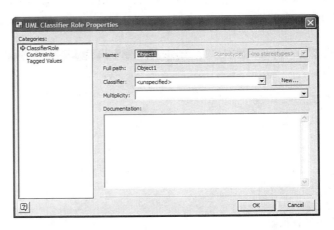

图 B.35　"UML Classifier Roles"对话框

　　在"Name"区域重命名对象以后，在"Classifier"区域从你创建的类列表中选定对象所属的类，完成后的对话框如图 B.36 所示。

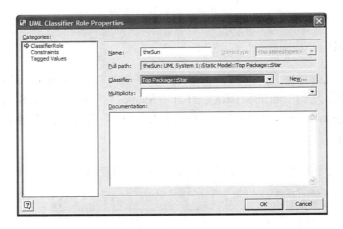

图 B.36　重命名对象并选定它的类后的"UML Classifier Roles"对话框

　　单击"OK"按钮后，"Object Lifeline"图标如图 B.37 所示。

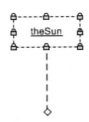

图 B.37　重命名对象并选定它的类后的"Object Lifeline"

单击鼠标右键，通过"Shape Display Options"能够显示类名。通过一系列相似的步骤，创建另一个表示 Earth 的对象生命线图标，如图 B.38 所示。

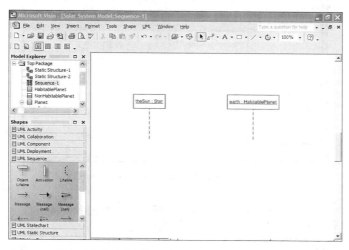

图 B.38　两个对象生命线图标，它们分别显示对象的名字和对象的类

现在该表示从 sun 对象到 earth 对象的消息了。从"UML Sequence"中选择一个"Message"图标，并把它拖拽到绘图区，把它的尾部连接到 sun 对象的生命线，把它的头部连接到 earth 对象的生命线，如图 B.39 所示。

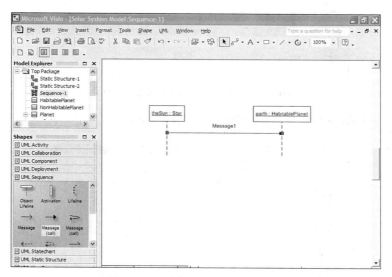

图 B.39　用消息连接两个对象生命线

要改变消息的缺省标记，双击消息图标打开"UML Message Properties"对话框，如图 B.40 所示。

由于只有一个可能的操作，名字（在"Name"区域中）和来自 earth 对象的消息所请求的操作都已经被选好了（如果你已经在类图中为这个类指定了多个操作，在这里你就能够从一个操作列表中选择）。单击"OK"按钮，把操作放到消息之上，如图 B.41 所示。

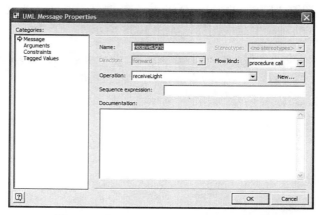

图 B.40　"UML Message Properties"对话框

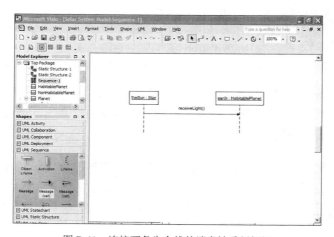

图 B.41　连接两条生命线的消息被重新标记

拖拽一个 Activation 图标完成顺序图，如图 B.42 所示。

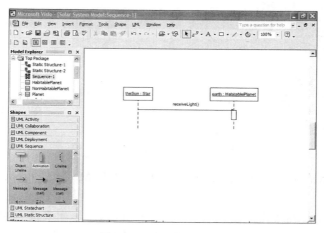

图 B.42　完成后的顺序图

B.3　其他建模工具简介

在这一部分，我们再次遇到了一些老朋友，并且介绍了他们的一些新的发展。就在我撰写此书时，这些工具仍然遵从 UML 1.x 标准（就像我们前面介绍的 Visio 一样）。

B.3.1　Rational Rose

Rational Rose 依然是 UML 建模工具的黄金标准，它的出品公司正是"3 个好朋友"发明 UML 的地方。Rational Rose 更名为 IBM Rose XDE Modeler，反映出了 IBM 对 Rational 的收购。Rose 已经针对众多的领域的建模加入了专门的工具，包括用于数据库建模的、用于和 Microsoft Visual Studio 协同工作的，以及配合 Java 使用的工具等等。请访问 http://www.ibm.com/rationa 以获取更多信息。

B.3.2　Select Component Architect

这种工具是 Select Enterprise 的扩展版本。Select Enterprise 是我以前曾经用过的一种建模工具。我在本书的前两版中介绍过 Select Enterprise。Select Component Architect 则通过软件构件的复用和开发过程联系起来，并基于此提供了 UML 的扩展。它还包括通过实体-关系图来进行数据库设计的功能。

作为 Select Component Factory 中的一种工具，Select Component Architect 是 Select Business Solutions 工作的一部份，这项工作旨在从一般意义上支持和促进基于组建的开发。站点 http://www.selectbs.com 能够为你提供更多相关信息。

B.3.3　Visual UML

现在最新的版本是 3.2，Visual UML 还是受到人们喜爱的工具。实际上，在本书第一版中，我使用 Visual UML 的早期版本绘制了很多的图。它的开放式窗口非常便于使用，安装完毕就可以使用 UML 绘图了。请到 http://www.visualuml.com 获取更多有关 Visual UML 的知识，并下载试用版。

附录 C UML 图总结

本附录展示了每种 UML 图的主要表示法。

C.1 活动图

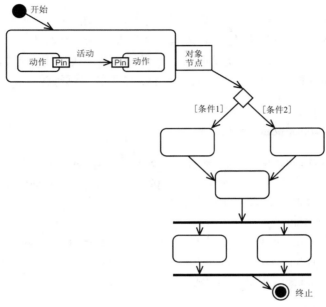

图 C.1

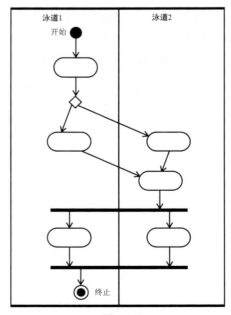

图 C.2

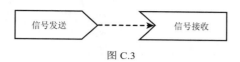

图 C.3

C.2　类图

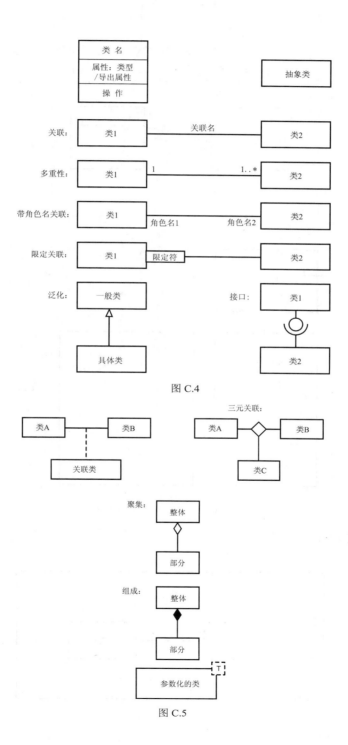

图 C.4

图 C.5

C.3　协作图

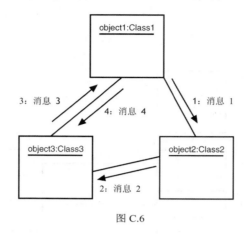

图 C.6

C.4　构件图

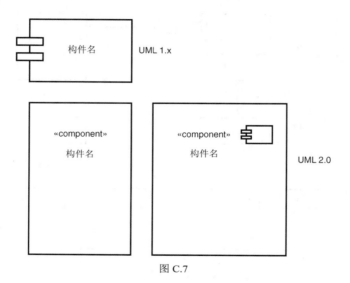

图 C.7

C.5　组成结构图

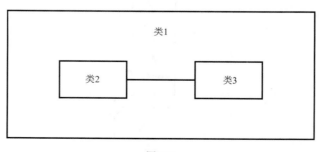

图 C.8

C.6　部署图

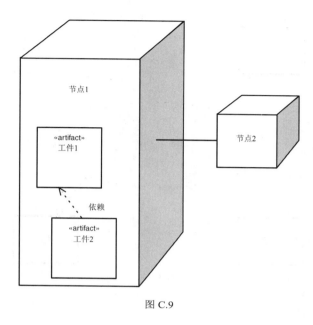

图 C.9

C.7　对象图

图 C.10

C.8　包图

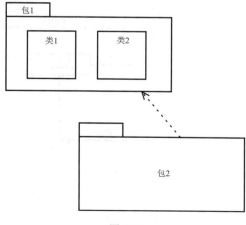

图 C.11

C.9　参数化协作图

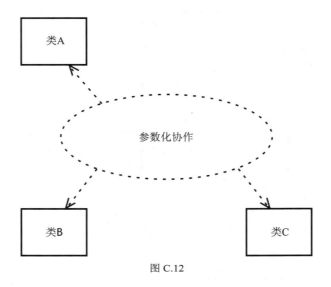

图 C.12

C.10　顺序图

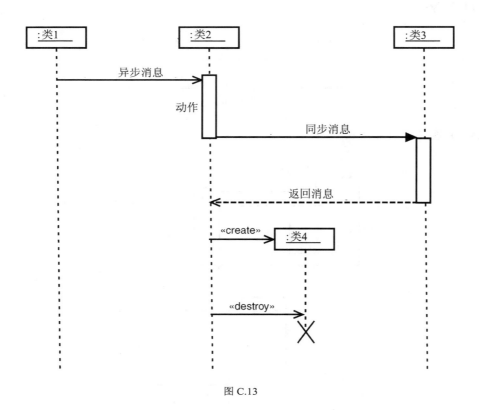

图 C.13

C.11　状态图

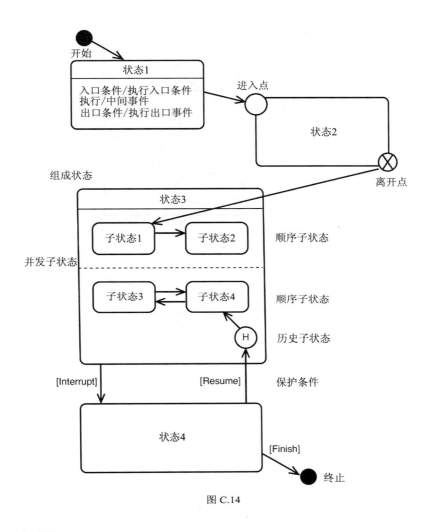

图 C.14

C.12　计时图

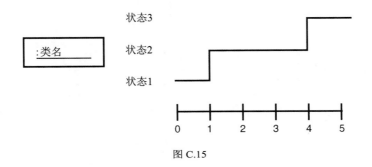

图 C.15

C.13　用例图

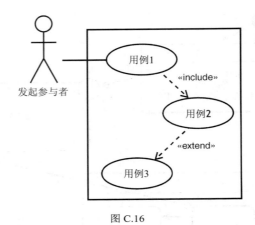

图 C.16

欢迎来到异步社区！

异步社区的来历

异步社区（www.epubit.com.cn）是人民邮电出版社旗下 IT 专业图书旗舰社区，于 2015 年 8 月上线运营。

异步社区依托于人民邮电出版社 20 余年的 IT 专业优质出版资源和编辑策划团队，打造传统出版与电子出版和自出版结合、纸质书与电子书结合、传统印刷与 POD 按需印刷结合的出版平台，提供最新技术资讯，为作者和读者打造交流互动的平台。

社区里都有什么？

购买图书

我们出版的图书涵盖主流 IT 技术，在编程语言、Web 技术、数据科学等领域有众多经典畅销图书。社区现已上线图书 1000 余种，电子书 400 多种，部分新书实现纸书、电子书同步出版。我们还会定期发布新书书讯。

下载资源

社区内提供随书附赠的资源，如书中的案例或程序源代码。

另外，社区还提供了大量的免费电子书，只要注册成为社区用户就可以免费下载。

与作译者互动

很多图书的作译者已经入驻社区，您可以关注他们，咨询技术问题；可以阅读不断更新的技术文章，听作译者和编辑畅聊好书背后有趣的故事；还可以参与社区的作者访谈栏目，向您关注的作者提出采访题目。

灵活优惠的购书

您可以方便地下单购买纸质图书或电子图书，纸质图书直接从人民邮电出版社书库发货，电子书提供多种阅读格式。

对于重磅新书，社区提供预售和新书首发服务，用户可以第一时间买到心仪的新书。

用户账户中的积分可以用于购书优惠。100 积分 =1元，购买图书时，在 里填入可使用的积分数值，即可扣减相应金额。

特 别 优 惠

购买本书的读者专享异步社区购书优惠券。

使用方法：注册成为社区用户，在下单购书时输入 S4XC5 使用优惠码 ，然后点击"使用优惠码"，即可在原折扣基础上享受全单9折优惠。（订单满39元即可使用，本优惠券只可使用一次）

纸电图书组合购买

社区独家提供纸质图书和电子书组合购买方式，价格优惠，一次购买，多种阅读选择。

社区里还可以做什么？

提交勘误

您可以在图书页面下方提交勘误，每条勘误被确认后可以获得 100 积分。热心勘误的读者还有机会参与书稿的审校和翻译工作。

写作

社区提供基于 Markdown 的写作环境，喜欢写作的您可以在此一试身手，在社区里分享您的技术心得和读书体会，更可以体验自出版的乐趣，轻松实现出版的梦想。

如果成为社区认证作译者，还可以享受异步社区提供的作者专享特色服务。

会议活动早知道

您可以掌握 IT 圈的技术会议资讯，更有机会免费获赠大会门票。

加入异步

扫描任意二维码都能找到我们：

| 异步社区 | 微信服务号 | 微信订阅号 | 官方微博 | QQ 群：436746675 |

社区网址：www.epubit.com.cn

投稿 & 咨询：contact@epubit.com.cn